W0350044

elemente Chemie

Unterrichtswerk für Gymnasien

Ausgabe Bayern
10. Schuljahr

von
Bernd Grunwald
Karl-Heinz Scharf

Ernst Klett Verlag
Stuttgart Düsseldorf Leipzig

Bildquellenverzeichnis

19.3 Drägerwerk, Lübeck; **22.3** Kali und Salz, Kassel; **32.1** Zeiss, Oberkochen; **32.2** Lazi, Stuttgart; **41** Medenbach, Witten; Kemper, Sindelfingen; **42.1** Deutsches Museum, München; **43.3** Leitz, Wetzlar; **43.6** Graphitwerk Kropfmühl, München; **44.1** Archiv für Kunst und Geschichte, Berlin; **46.1** Sulfur Institut, Washington; **50.1** Deutsches Museum, München; **51.4** Hoechst, Frankfurt/M.; **51.6** Arbeitsgemeinschaft Deutsche Kunststoffindustrie, Frankfurt/M.; **51.8** Grindler, Sindelfingen; **53** Deutsches Museum, München; **63** Baier, Berlin; **71** BASF, Ludwigshafen; Bayer AG, Leverkusen; **75.3** Lurgi, Frankfurt/M.; **78.2** BASF, Ludwigshafen; **83.2** Deutsches Museum, München; **84.5** Science Photo Library, London; **87.1** Reinhard, Heiligkreuzsteinach; **88.1** BASF, Ludwigshafen; **88.2** dpa, Frankfurt/M.; **89** Revellio, Villingen; Archiv für Kunst und Geschichte, Berlin; Grindler, Sindelfingen; Krewinkel, Böblingen; **91.3** Hoa-Qui, Paris; **93.2** Pfeiffer, Wieden; **93.3** Lazi, Stuttgart; **93.4** Cillichemie, Heilbronn; **94.1** Dr. Lieber, Heidelberg; **95.2** Wacker-Chemietronic GmbH, Burghausen; **95.3** Siemens, München; **97.5** Dr. Lieber, Heidelberg; **97.6** Medenbach, Witten; **98.1** Bavaria, Gauting; **99.5** Schott, Mainz; **99.6** Schölly, Denzlingen; **100.1** Sammer, Neukirchen; **100.2** Bayer AG, Leverkusen; **101.1** Dyckerhoff, Wiesbaden; **101.3** Forschungsinstitut der Zementindustrie, Düsseldorf; **103** Mauritius, Mittenwald; dpa, Frankfurt/M.; Anthony, Starnberg; Wagner, Oberboihingen; action-press, Hamburg; **106.3** Shell AG, Hamburg; **107.6** BP, Hamburg; **111.1** Frey, Tübingen; **114.1** Landesdenkmalamt, Münster; **114.3, 4** Baumüller, Stuttgart; **115.6** Kraft, Gladenbach; Wagner, Esslingen; **117.3** NASA; **121.5** Degussa, Frankfurt/M.

Bildperiodensystem

Autor: Menzel, Esslingen; Fotos: Heinze, Stuttgart

Umschlagbild

Blasen des Elements Wasserstoff aus der Reaktion von Lithiumhydrid mit Wasser (Mikroskopaufnahme in polarisiertem Licht). M. Kage, Weißenstein

Das vorliegende Unterrichtswerk ist eine Regionalbearbeitung für Bayern des Werkes „Elemente Chemie" von W. Amann, W. Eisner, R. Fladt, P. Gietz, A. Justus, K. Laitenberger, J. Maier, W. Schierle und R. Stein.

Gedruckt auf Papier aus chlorfrei gebleichtem Zellstoff, säurefrei.

2. Auflage A 2[6] [5] [4] [3] | 2002 2001 2000 99

Alle Drucke dieser Auflage können im Unterricht nebeneinander benutzt werden, sie sind untereinander unverändert. Die letzte Zahl bezeichnet das Jahr dieses Druckes.

© Ernst Klett Verlag GmbH, Stuttgart 1992.
Alle Rechte vorbehalten.

Internetadresse: http://www.klett-verlag.de

ISBN 3-12-759900-5

Redaktion: Dr. Thomas Bitter

Zeichnungen: Conrad Höllerer, Stuttgart
Umschlagsgestaltung: Conrad Höllerer, Stuttgart
Fotos: Ralph Grimmel, Stuttgart; Werkstatt Fotografie, Stuttgart

Reproduktion: Gölz, Ludwigsburg; KLETT DRUCK H. S. GmbH, Korb
Fotosatz und Satzgrafiken: Iris Druckvorlagen, Sulzbach
Druck: KLETT DRUCK H. S. GmbH, Korb

Hinweise für den Benutzer

elemente
ist ein Lern- und Arbeitsbuch. Es dient sowohl der **unterrichtlichen Arbeit** als auch dem **Nachbereiten** und **Wiederholen** von Lerneinheiten. Das Buch kann jedoch den Unterricht nicht ersetzen. Das **Erleben von Experimenten** und die **eigene Auseinandersetzung mit deren Ergebnissen** sind unerlässlich. Wissen muss erarbeitet werden.

Eine geeignete Aufbereitung soll den Umgang mit dem Buch erleichtern. Zu diesem Zwecke sind verschiedene **Symbole** und **Kennzeichnungen** verwendet worden, die überall im Buch die gleiche Bedeutung haben:

Arbeitsteil

Vor der Durchführung eines Versuchs müssen mögliche Gefahrenquellen besprochen werden. Die geltenden Richtlinien zur Vermeidung von Unfällen beim Experimentieren sind zu beachten.
Die Versuchsanleitungen sind nach Schüler- und Lehrerversuchen differenziert und enthalten in besonderen Fällen Hinweise auf mögliche Gefahren.
Da jedoch chemisches Experimentieren grundsätzlich umsichtig erfolgen muss, wird auf die im Labor selbstverständlichen Verhaltensregeln, insbesondere auf die TRGS 450 „Umgang mit Gefahrstoffen im Schulbereich", nicht jedes Mal erneut hingewiesen.

V **Schülerversuch.** Die allgemeinen Hinweise zur Vermeidung von Unfällen beim Experimentieren (Anhang) müssen bekannt sein.
Auch Schülerversuche sind nur auf Anweisung des Lehrers auszuführen.

V **Lehrerversuch**

⚠ **Gefahrensymbol.** Bei Versuchen, die mit diesem Zeichen versehen sind, müssen vom Lehrer besondere Vorsichtsmaßnahmen getroffen werden.

A **Problem oder Arbeitsaufgabe**

▶ **Verweis auf Bild, Versuch oder Aufgabe**

↗ **Querverweis auf einen Text an anderer Stelle im Buch**

Wichtigste Begriffe eines Kapitels

Fettdruck (schwarz) im Text — **Wichtiger neuer Begriff**

Fettdruck (blau) im Text — Ergebnis vorangehender Überlegungen, Definition, kurz: **Merksatz**

Grundlegende Lerninhalte aus der 9. Jahrgangsstufe

Analyse ergibt:
$m(\text{Cu}) = 1{,}75$ g; $m(\text{S}) = 0{,}44$ g
→ Massenverhältnis:
$m(\text{Cu}) : m(\text{S}) = 3{,}97 : 1$
Einsetzen der Atommassen:
$m(\text{Cu}) = x \cdot m_a(\text{Cu})$
$m(\text{S}) \;= y \cdot m_a(\text{S})$
→ $x \cdot m_a(\text{Cu})/(y \cdot m_a(\text{S})) = 3{,}97 : 1$
→ $x/y = 3{,}97 \cdot 32{,}07\ \text{u}/(63{,}55\ \text{u})$
$x/y = 2{,}0$
→ Verhältnisformel: Cu_2S

B 1 Die Verhältnisformel aus den Massenverhältnissen. Beispiel: Cu_2S

Elementsymbole:	Al	O
Wertigkeiten:	III	II
KgV der Wertigkeiten:	III · II = 6	
Quotient aus KgV/Wertigkeit:	6/III = 2	6/II = 3
Anzahlverhältnis der Atome:	2	3
Formel:	Al_2O_3	

B 2 Die Verhältnisformel aus den Wertigkeiten. Beispiel: Al_2O_3

B 3 Aufstellen einer Reaktionsgleichung

1. Schritt:
Anschreiben der Elementsymbole bzw. der Formeln der Verbindungen als Summe der Edukte und Summe der Produkte. Zwischen den Edukten und den Produkten steht der Reaktionspfeil.
Beispiel: $H_2 + Cl_2 \longrightarrow HCl$

2. Schritt:
Ausgleichen der Bilanzen der Atomsorten durch Voranstellen geeigneter Koeffizienten. Innerhalb der Formel darf bei Schritt 2 nichts mehr geändert werden!
Beispiel: $H_2 + Cl_2 \longrightarrow 2\ HCl$

1. Massenverhältnis. Das Massenverhältnis der Elemente in einer Verbindung ergibt sich aus den Massen der Elementportionen, die diese Verbindung bilden. Es ist für jede Verbindung konstant.
Beispiel: 2,19 g Kupfersulfid sind stets aus 1,75 g Kupfer und 0,44 g Schwefel entstanden. Das Massenverhältnis *m*(Kupfer) zu *m*(Schwefel) beträgt demnach 3,97.

2. Anzahlverhältnis der Atome. Die Atomarten und das Anzahlverhältnis der Atome geben die Zusammensetzung einer Verbindung an. In der **Verhältnisformel** oder **empirischen Formel** wird das Anzahlverhältnis der Atome durch **Indizes** an den Elementsymbolen angegeben.
Beispiel: Das Anzahlverhältnis $N(\text{Cu}) : N(\text{S})$ im Kupfersulfid beträgt 2 : 1. Die Verhältnisformel ergibt sich zu Cu_2S.

3. Atommasse. Die Atommasse eines Elements $m_a(\text{X})$ ist die durchschnittliche Masse seiner Isotope. Sie wird in **atomaren Masseneinheiten u** angegeben. Dabei ist 1 u als der 12. Teil des Kohlenstoffisotops ^{12}C definiert: $1\ \text{u} = 1/12\ m_a(^{12}\text{C})$.
Beispiel: Atommasse von Kupfer: $m_a(\text{Cu}) = 63{,}546$ u.

4. Wertigkeit. Die Wertigkeit eines Elements ergibt sich aus der Anzahl der Wasserstoffatome, die ein Atom des betreffenden Elements in einer Verbindung zu binden oder zu ersetzen vermag.
Beispiel: Wertigkeit von Stickstoff im Ammoniak NH_3: 3.

5. Reaktionsgleichung. Die Symbole der Elemente und die Formeln der Verbindungen werden entsprechend der vorliegenden Reaktion über den **Reaktionspfeil** miteinander in Beziehung gesetzt. Durch Voranstellen von **Koeffizienten** vor Symbole und Formeln wird erreicht, dass auf beiden Seiten des Reaktionspfeils gleich viele Atome einer jeden Atomsorte stehen.
Beispiel: $2\ Cu + S \longrightarrow Cu_2S$

6. Stoffmenge. Die Stoffmenge einer Stoffportion gibt Auskunft über die Teilchenanzahl. Die Einheit der Stoffmenge *n* ist das **Mol** (Einheitszeichen: mol). 1 Mol ist die Stoffmenge eines Systems, das aus ebenso vielen Teilchen besteht, wie Atome in 12 g des Kohlenstoffisotops ^{12}C enthalten sind. Das sind $6{,}022 \cdot 10^{23}$ Teilchen. Die Teilchen des Systems müssen dabei genau gekennzeichnet werden.
Beispiel: $n(\text{S}) = 0{,}5$ mol.

7. Molare Masse. Die molare Masse *M* einer Stoffportion ist der Quotient aus der Masse *m* und der Stoffmenge *n* dieser Stoffportion. Die molare Masse ist eine Kenneigenschaft eines Reinstoffs.
Beispiel: $M(\text{Cu}_2\text{S}) = m(\text{Cu}_2\text{S})/n(\text{Cu}_2\text{S}) = 159{,}1$ g/mol.

8. Molares Volumen. Das molare Volumen V_m der Stoffportion eines Gases ist der Quotient aus dem Volumen *V* und der Stoffmenge *n* dieser Stoffportion. Bei gleichem Druck und gleicher Temperatur nehmen alle Gase das gleiche molare Volumen ein. Bei Normbedingungen ist $V_{mn} = 22{,}4$ l/mol.
Beispiel: $V_{mn}(\text{CO}_2) = V_n(\text{CO}_2)/n(\text{CO}_2) = 22{,}4$ l/mol.

9. Avogadrokonstante. Die Avogadrokonstante N_A ist die Proportionalitätskonstante der Beziehung zwischen Teilchenanzahl $N(X)$ und Stoffmenge $n(X)$:

$N(X) = N_A \cdot n(X)$ | $N_A = 6{,}022 \cdot 10^{23} \cdot 1/\text{mol}$

Beispiel: Die Teilchenanzahl von 0,1 mol Kupferatomen beträgt:
$N(Cu) = N_A \cdot 0{,}1\ \text{mol} = 6{,}022 \cdot 10^{22}$

10. Enthalpie. Die Reaktionswärme Q_P einer chemischen Reaktion bei konstantem Druck bezeichnet man als Enthalpieänderung ΔH. Wird bei der Reaktion Wärme frei, so spricht man von einer **exothermen**, muss man Wärme zuführen, von einer **endothermen** Reaktion.
Beispiel: Wärmeumsatz der Reaktion von 1 mol Zink mit Salzsäure
bei konstantem Druck: $Q_P = -154{,}0$ kJ,
bei konstantem Volumen: $Q_V = -156{,}5$ kJ.

11. Reaktionsenthalpie. Die Reaktionsenthalpie ΔH_R gilt für den in der Reaktionsgleichung angegebenen Stoffumsatz einer Reaktion.
Die Reaktionsenthalpie einer chemischen Reaktion unter Standardbedingungen (298 K, 1013 hPa) wird als **Standard-Reaktionsenthalpie** ΔH_R° bezeichnet.
Beispiel: $2\ H_2(g) + O_2(g) \rightarrow 2\ H_2O(g)$ | $\Delta H_R^\circ = -484$ kJ

12. Molare Standard-Bildungsenthalpie. Die molare Standard-Bildungsenthalpie ΔH_B° ist der Quotient aus der Enthalpieänderung und der Stoffmenge des aus den Elementen unter Standardbedingungen gebildeten Stoffes.
Beispiel: $2\ H_2(g) + O_2(g) \rightarrow 2\ H_2O(l)$ | $\Delta H_R^\circ = -570$ kJ
$\Delta H_R^\circ = 2\ \text{mol} \cdot \Delta H_B^\circ$
$\Delta H_B^\circ = -285$ kJ/mol

13. Aktivierungsenthalpie. Die zum Auslösen einer chemischen Reaktion benötigte Enthalpie nennt man Aktivierungsenthalpie. Ein **Katalysator** setzt die Aktivierungsenthalpie herab und beschleunigt dadurch die chemische Reaktion.
Beispiel: Das Entflammen eines Zündholzes wird durch Reibungswärme gestartet.

14. Ionisierungsenthalpie. Die Ionisierungsenthalpie I ist die zur Abtrennung eines oder mehrerer Elektronen aus einem Atom benötigte Enthalpie. Aus Atomen entstehen hierbei positiv geladene **Ionen**, die **Kationen**.
Beispiel: $Na \rightarrow Na^+ + 1\ e^-$ | $I = 495{,}8$ kJ/mol

15. Elektronenaffinität. Die mit der Aufnahme von einem oder mehreren Elektronen durch ein Atom verbundene Enthalpie nennt man Elektronenaffinität E_A. Aus Atomen entstehen hierbei negativ geladene Ionen, die **Anionen**.
Beispiel: $Cl + e^- \rightarrow Cl^-$ | $E_A = -348{,}7$ kJ/mol

16. Ionenbindung. Kationen und Anionen können zu einem **Ionengitter** zusammentreten. Der elektrostatische Zusammenhalt wird als Ionenbindung bezeichnet. Die dabei freiwerdende Enthalpie ist die **Gitterenthalpie**.
Beispiel: Na^+-Ionen und Cl^--Ionen bilden die Ionenverbindung NaCl.

1. Formulieren der Reaktionsgleichung.
2. Aufstellen des Stoffmengenverhältnisses des angegebenen und des gesuchten Stoffs.
3. Auflösen nach der Stoffmenge des gesuchten Stoffs.
4. Ausdrücken der Stoffmengen je nach angegebenen bzw. gesuchten Größen durch die Quotienten m/M bzw. V/V_m (oder V_n/V_{mn}).
5. Auflösen nach der gesuchten Größe.
6. Einsetzen der Werte und Berechnung.

B 4 Schema für die Berechnung zu molaren Größen

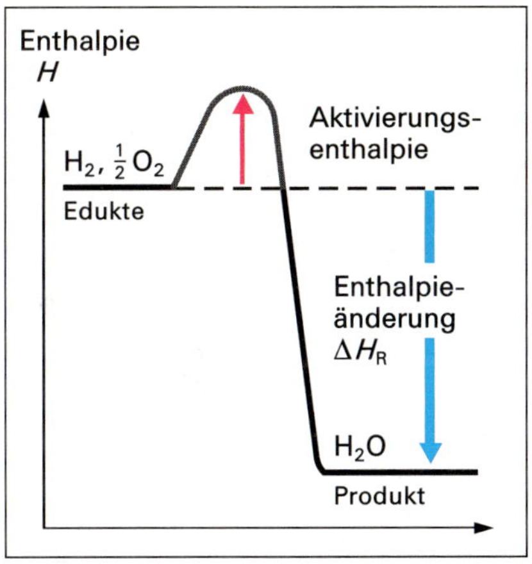

B 5 Enthalpiediagramm. Beispiel: Reaktion von H_2 und O_2 zu H_2O
B 6 Berechnung der Reaktionsenthalpie aus den Bildungsenthalpien

Die Reaktionsenthalpie ΔH_R einer Reaktion ergibt sich aus der Differenz der Summen der Reaktionsenthalpien der Produkte und Edukte:

$\Delta H_R = \sum \Delta H_R(P) - \sum \Delta H_R(E)$

Beispiel:
Reaktion $aA + bB \rightarrow cC + dD$

$\Delta H_R = (\Delta H_R(C) + \Delta H_R(D)) - (\Delta H_R(A) + \Delta H_R(B))$

Einsetzen der Bildungsenthalpien:
$\Delta H_R = (c\ \text{mol}\ \Delta H_B(C) + d\ \text{mol}\ \Delta H_B(D)) - (a\ \text{mol}\ \Delta H_B(A) + b\ \text{mol}\ \Delta H_B(B))$

Inhaltsverzeichnis

1 Von den Elementgruppen zum Periodensystem

Von den rund hundert Elementen haben wir bislang etwa ein Drittel kennen gelernt. Unter den dabei auftretenden Stoffen gab es solche in festem und in gasförmigem Zustand, Metalle und Nichtmetalle, seltene und häufige Stoffe. Bei einer solchen Vielfalt von Stoffen ist ein Ordnungsprinzip nützlich.

Elemente und ihre Verbindungen können nach unterschiedlichen Gesichtspunkten geordnet werden. Zum Nachschlagen in Katalogen und Büchern ist eine alphabetische Anordnung günstig. Bei der Aufbewahrung in einem Lager kann eine Trennung in Feststoffe, Flüssigkeiten und Gase sinnvoll sein.

Es gibt Elemente, die in vielen ihrer Eigenschaften einander auffallend ähnlich sind. Solche Elemente werden in Elementgruppen zusammengefasst.

Eine solche Gruppe bilden die Alkalielemente. Sie treten alle als Metalle in Erscheinung und sind durch eine Reihe außergewöhnlicher Eigenschaften gekennzeichnet. So kann das Alkalimetall Natrium im Dampfzustand ein gelbes Licht aussenden, was man bei der Straßenbeleuchtung ausnutzt.

Auch nichtmetallische Elemente können aufgrund ähnlicher Eigenschaften zu Gruppen zusammengefasst werden. So bilden die Elemente Fluor, Chlor, Brom, Iod und Astat die Elementgruppe der Halogene. Chlor begegnet uns bereits im Alltag. Es wird in Schwimmbädern zur Desinfektion in geringen Mengen dem Wasser zugesetzt.

Mit diesen Elementgruppen der Alkalielemente und der Halogene sowie dem Ordnungssystem der Elemente wollen wir uns im vorliegenden Kapitel beschäftigen.

1.1 Natrium – ein Alkalimetall

V 1 Von einem Stück Natrium wird in einer Petrischale unter Benzin eine Scheibe abgeschnitten. Beobachte die Schnittfläche. (Schutzbrille!)

V 2 Man erhitzt in einem Reagenzglas langsam ein Stück Natrium (etwa 1 cm^3) unter Paraffinöl und ermittelt aus dessen Temperatur die ungefähre Schmelztemperatur des Natriums. Beobachte die Veränderung des Natriumstücks. (Schutzbrille!)

V 3 a) Man taucht in das geschmolzene Natrium aus ▶ V 2 zwei Elektroden (Stricknadeln) ein und prüft die elektrische Leitfähigkeit.
b) Man prüft die elektrische Leitfähigkeit eines Natriumstücks aus der Vorratsflasche. Dazu berührt man zunächst mit den beiden Elektroden die Oberfläche. Danach werden die Elektroden in das Natriumstück gesteckt. (Schutzbrille!)

V 4 Eine große, runde Glaswanne wird zur Hälfte mit Wasser gefüllt und auf den Arbeitsprojektor gestellt. Man entfernt von einem Stück Natrium sorgfältig mit Filterpapier noch anhaftendes Petroleum und schneidet einen kleinen Würfel (etwa erbsengroß) heraus, so dass die Kruste völlig entfernt ist. Man wirft diesen mithilfe einer Pinzette in die Wanne.
(Schutzscheibe! Schutzbrille! Um zu verhindern, dass das Natrium an der Glaswand haftet, gibt man zuvor einige Tropfen Spülmittel in das Wasser.)

V 5 Der Versuch ▶ V 4 wird wiederholt (unter Zusatz eines neutral reagierenden Spülmittels). Vor Zugabe des Natriums wird dem Wasser farblose Phenolphthaleinlösung zugefügt.

Der Name *Alkalielemente* für die Elemente Lithium, Natrium, Kalium, Rubidium und Caesium stammt von dem arabischen Wort *al-kali*. Damit wurde der Rückstand bezeichnet, der bei der Verbrennung von Pflanzen entsteht. Aus dieser Pflanzenasche haben die Ägypter schon im 3. Jahrtausend v. Chr. zwei Verbindungen der Elemente Natrium und Kalium gewonnen, die *Soda* und die *Pottasche*. Diese Stoffe benötigte man zur Herstellung von Seife und Glas.
Wir wollen zunächst das Element Natrium näher betrachten.

Das Element Natrium zeigt einige außergewöhnliche Eigenschaften. Natrium ist bei Zimmertemperatur fest. Betrachten wir die grauen Natriumstücke in der Chemikalienflasche, so fällt auf, dass sie in einer Flüssigkeit aufbewahrt werden. Als Flüssigkeit verwendet man Petroleum, Paraffinöl oder Benzin. Bei dem Versuch, ein Natriumstück unter Benzin zu zerkleinern, stellt man fest, dass Natrium sehr weich ist und sich sogar mit einem Messer schneiden lässt (▶ V 1, ▶ B 2). Die Schnittfläche glänzt silbrig. Diesen Glanz sieht man besonders schön, wenn Natrium unter Paraffinöl erhitzt wird (▶ V 2). Dabei hebt sich die graue Kruste ab, von der das Natrium überzogen war, und es entsteht eine silberglänzende Kugel (▶ B 1). Das Natrium ist dabei geschmolzen, seine Schmelztemperatur beträgt 98 °C.

Natrium leitet im flüssigen und festen Zustand den elektrischen Strom (▶ V 3). Der Glanz und die elektrische Leitfähigkeit zeigen, dass Natrium ein Metall ist. Im Vergleich zu vielen anderen Metallen besitzt Natrium eine sehr geringe Dichte. Selbst das Leichtmetall Aluminium hat eine dreimal so große Dichte wie Natrium.

B 1 Erhitzen von Natrium in Paraffinöl. Die Oberfläche glänzt silbrig

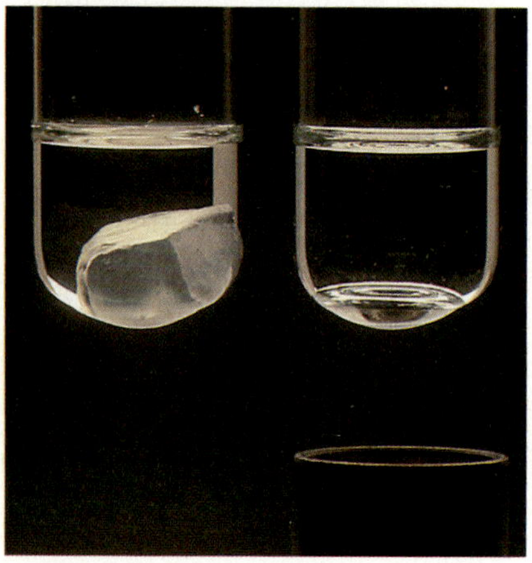

B 2 Schneiden von Natrium an der Luft. Die Schnittfläche glänzt nur kurz

B 3 Prüfung der elektrischen Leitfähigkeit von festem Natrium

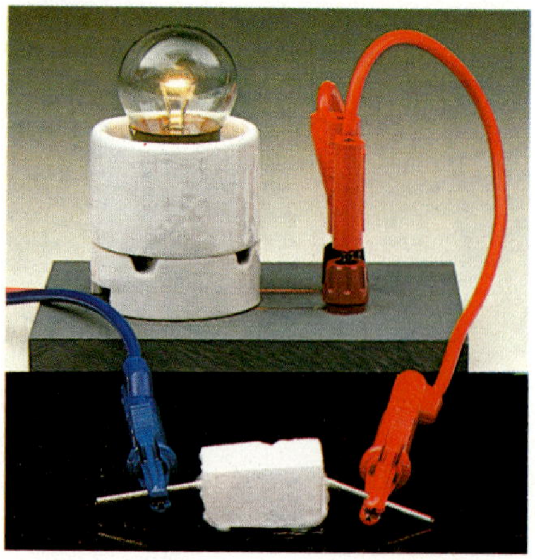

Nimmt man die abgekühlte, glänzende Kugel von ▶ V 2 aus der Flüssigkeit, so erhält sie sofort wieder einen grauen Belag. Natrium reagiert also an der Luft. Erhitzt man Natrium ohne die schützende Flüssigkeit, so schmilzt es zunächst und brennt mit gelber Flamme.

Natrium reagiert mit Wasser. Um Natrium vor Luft zu schützen, kann es nicht unter Wasser aufbewahrt werden, da es mit diesem reagiert. Wirft man ein kleines, würfelförmiges Natriumstück in Wasser (▶ V 4), so bildet sich sofort eine Kugel, die sich auf der Wasseroberfläche zischend hin- und herbewegt. Im Wasser bilden sich Schlieren. Die Kugel wird schnell kleiner und verschwindet.

Natrium reagiert heftig mit Wasser. Die Reaktion verläuft stark exotherm. Dabei entsteht ein Gas und ein weiteres, wasserlösliches Reaktionsprodukt. Das Gas kann aufgefangen (▶ V 6) und untersucht werden. Es handelt sich um Wasserstoff.

Die bei der Reaktion von Natrium mit Wasser erhaltene Flüssigkeit fühlt sich glitschig an, wie wir es von einer Seifenlösung kennen. Mit einem Indikator lässt sich zeigen, dass es sich um eine alkalische Lösung handelt. Dampft man diese Lösung ein, so bleibt ein weißer Feststoff zurück. Dieses Reaktionsprodukt ist eine Natriumverbindung, die mit Wasser eine alkalische Lösung bildet. Lässt man Natrium mit Wasser reagieren, dem etwas farblose Phenolphthaleinlösung als Indikator zugesetzt ist, kann man beobachten, wie die alkalische Lösung entsteht (▶ V 5, ▶ B 6).

B 4 Die Reaktion von Natrium mit Wasser verläuft stark exotherm

V 6 Ein etwa linsengroßes Stück Natrium mit frischen Schnittflächen wird in einem Sieblöffel in einer Wanne unter Wasser gedrückt. Das entstehende Gas wird in einem großen Reagenzglas aufgefangen (▶ B 5). Um das Glas ganz zu füllen, muss der Versuch mit weiteren kleinen Natriumportionen wiederholt werden. Das Reagenzglas wird anschließend mit der Öffnung nach unten einer Flamme genähert. (Schutzscheibe! Schutzbrille!) ⚠

V 7 Auf ein Uhrglas legt man ein schwarzes, mit Wasser getränktes Filterpapier und legt mit einer Pinzette ein kleines, krustenfreies Natriumstückchen darauf. (Vorsicht, das Reaktionsprodukt zerspritzt! Schutzscheibe! Schutzbrille!) ⚠

B 5 Auffangen des Wasserstoffs aus der Reaktion von Natrium mit Wasser

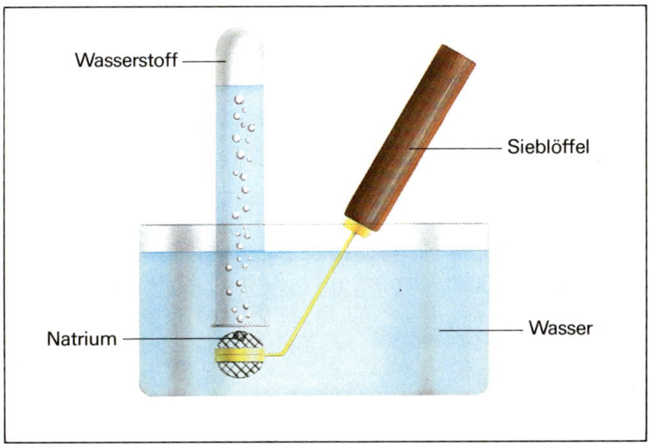

B 6 Entstehen einer alkalischen Lösung bei der Reaktion von Natrium mit Wasser

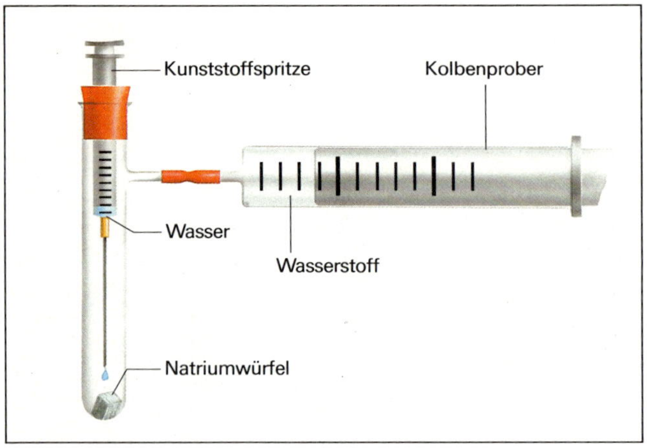

B 1 Bestimmung des Wasserstoffvolumens bei der Reaktion von Natrium mit einer abgemessenen Wasserportion

V 1 Versuchsaufbau wie in ▶ B 1. In das Reagenzglas gibt man einen frisch geschnittenen Natriumwürfel (ca. 1 cm^3). In die Kunststoffspritze werden 0,09 ml Wasser aufgezogen. Das Reagenzglas wird mit Spritze und Stopfen dicht abgeschlossen. Man lässt das Wasser auf das Natriumstück tropfen. Am Kolbenprober wird das Volumen des entstehenden Wasserstoffs abgelesen. Die Raumtemperatur und der Luftdruck werden notiert. (Schutzbrille!)

V 2 (Schutzbrille!) Man wiegt das Reagenzglas (▶ B 1) leer und gibt anschließend ein Stück Natrium, das man sorgfältig von der Oxidschicht befreit hat, in das Reagenzglas. Nach erneuter Wägung wird der Versuch entsprechend ▶ V 1, nur mit einer größeren Wassermenge, durchgeführt, bis die Natriumportion vollständig reagiert hat. Am Kolbenprober wird das Volumen des entstehenden Wasserstoffs abgelesen. Die Raumtemperatur und der Luftdruck werden notiert.

A 1 Geben Sie das Normvolumen der in ▶ V 1 entstehenden Wasserstoffportion an und berechnen Sie deren Stoffmenge. Berechnen Sie die Stoffmenge des eingesetzten Wassers und vergleichen Sie mit der Stoffmenge des erhaltenen Wasserstoffs.

A 2 Geben Sie das Normvolumen der in ▶ V 2 entstehenden Wasserstoffportion an und berechnen Sie deren Stoffmenge. Berechnen Sie die Stoffmenge der eingesetzten Natriumportion und vergleichen Sie mit der Stoffmenge des erhaltenen Wasserstoffs.

Bei der Reaktion von Natrium mit Wasser entsteht Wasserstoff und eine wasserlösliche Natriumverbindung. Ob es sich bei dieser Verbindung um ein Natriumoxid oder eine Verbindung aus Natrium, Sauerstoff und Wasserstoff handelt, kann durch zwei quantitative Versuche (▶ V 1 und ▶ V 2) ermittelt werden.

Reaktion von Natrium mit einer abgemessenen Wasserportion. Wird ein Natriumstück mit einer abgemessenen Wasserportion umgesetzt und das Volumen des entstehenden Wasserstoffs bestimmt, so gelangt man durch Umrechnung (▶ A 1) zu folgendem Ergebnis:

$$n(H_2O) : n(H_2) = 2 : 1$$

Aus 2 mol Wasser entsteht also nur 1 mol Wasserstoff. Wir können zunächst formulieren:

$$\text{Natrium} + \text{Wasser} \rightarrow \text{Natriumverbindung} + \text{Wasserstoff}$$

$$\ldots ? \ldots + 2\,H_2O \rightarrow \ldots ? \ldots + H_2 \qquad \textbf{(1)}$$

Daraus geht hervor, dass bei der Reaktion neben Wasserstoff eine Verbindung aus Natrium, Sauerstoff und Wasserstoff entsteht. Diese Verbindung muss Wasserstoff- und Sauerstoffatome im Anzahlverhältnis 1 : 1 enthalten.
Der Anteil an Natriumatomen kann mit diesem Versuch nicht bestimmt werden.

Reaktion von Wasser mit einer abgemessenen Natriumportion. Um die Formel der Natriumverbindung und damit auch die Reaktionsgleichung angeben zu können, muss in einem weiteren Versuch das Volumen der Wasserstoffportion ermittelt werden, die bei Einsatz einer bestimmten Natriumportion entsteht (▶ V 2).
Die Berechnung (▶ A 2) ergibt:

$$n(Na) : n(H_2) = 2 : 1$$

Das heißt, aus 2 mol Natrium entsteht 1 mol Wasserstoff. Somit kann formuliert werden:

$$\text{Natrium} + \text{Wasser} \rightarrow \text{Natriumverbindung} + \text{Wasserstoff}$$

$$2\,Na + \ldots ? \ldots \rightarrow \ldots ? \ldots + H_2 \qquad \textbf{(2)}$$

Aus den Gleichungen (1) und (2) ergibt sich die Verhältnisformel der gesuchten Natriumverbindung.

$$2\,Na + 2\,H_2O \rightarrow 2\,NaOH + H_2$$

Diese Verbindung mit der Verhältnisformel NaOH heißt Natriumhydroxid und ist ein Salz. Es enthält Natriumionen Na^+ und die so genannten **Hydroxidionen OH^-**. Solche Ionen, die mehrere, durch Atombindungen zusammengehaltene Atome enthalten, werden als *Molekülionen* bezeichnet.

Molekülionen enthalten mehrere, durch eine chemische Bindung zusammengehaltene Atome und sind geladen.

1.2 Natriumhydroxid und Natronlauge

Natriumhydroxid. Im Handel erhält man Natriumhydroxid meist in Form kleiner Körner, Schuppen oder Plätzchen. Lässt man Natriumhydroxid-Plätzchen an der Luft stehen, so zerfließen sie nach einiger Zeit (▶ V 1, ▶ B 1). Natriumhydroxid nimmt aus der Luft Wasserdampf auf, man sagt, es ist *hygroskopisch*.
Natriumhydroxid kann starke Verätzungen auf der Haut verursachen. Besonders gefährdet sind Schleimhäute und Augen. Einen Hinweis auf die ätzende Wirkung des Natriumhydroxids finden wir in der alten Bezeichnung *Ätznatron*. Im Haushalt verwendete Abflussreiniger enthalten oft Natriumhydroxid (▶ B 2), da die mit Wasser entstehende Lösung viele organische Stoffe zerstört.

Natronlauge. Wir wissen bereits, dass Natriumhydroxid in Wasser löslich ist und eine alkalische Lösung bildet.

$$NaOH(s) \xrightarrow{+H_2O(l)} Na^+(aq) + OH^-(aq)$$

Löst man einige Natriumhydroxid-Plätzchen in wenig Wasser, so stellt man eine beachtliche Temperaturerhöhung fest (▶ V 2). Der Lösungsvorgang verläuft also unter Abgabe von Wärmeenergie. Die entstehende Natriumhydroxidlösung nennt man auch **Natronlauge**. Enthält diese einen großen Anteil an gelöstem Natriumhydroxid, spricht man von konzentrierter Natronlauge. Sie wirkt stark ätzend. In heißer, konzentrierter Natronlauge reagieren viele organische Stoffe zu löslichen Reaktionsprodukten (▶ V 3).

Wegen der ätzenden Wirkung müssen beim Umgang mit Natronlauge vor allem die Augen geschützt werden (Schutzbrille!). Gelangt Natronlauge auf die Haut, fühlt sich diese glitschig an, da die Hautoberfläche sofort angegriffen wird. Die Natronlauge muss mit viel Wasser abgespült werden. Beim Umgang mit konzentrierter Natronlauge sind Schutzhandschuhe erforderlich.
Steht Natronlauge längere Zeit in einer Glasflasche, so trübt sich das Glas, da dessen Oberfläche angegriffen wird. Natronlauge sollte deshalb, ebenso wie Natriumhydroxid, in Kunststoffflaschen aufbewahrt werden.

Natronlauge wird in der Technik in großen Mengen erzeugt. Der größte Teil wird bei der Herstellung von Textilien, Aluminium, Papier, Kunststoffen, Farben und Seife eingesetzt. Im chemischen Labor ist Natronlauge ebenfalls unentbehrlich. Häufig wird verdünnte Natronlauge verwendet. Auch der Bäcker benutzt verdünnte Natronlauge bei der Herstellung von Laugengebäck. Dazu wird der Teig kurz in die Lauge eingetaucht. Sie wird beim Backvorgang verbraucht.

Natriumhydroxid und konzentrierte Natronlauge sind stark ätzend.

B 1 Natriumhydroxid ist hygroskopisch. Es zerfließt an feuchter Luft durch Aufnahme von Wasser

V 1 Auf ein Uhrglas gibt man etwa 30 Natriumhydroxid-Plätzchen, stellt es unbedeckt auf die Schale einer Waage und bestimmt die Masse. Nach ungefähr einer halben Stunde bestimmt man noch einmal die Masse. Man vergleicht das Aussehen der Plätzchen mit denen aus der Vorratsflasche.

V 2 In ein Becherglas füllt man 40 ml Wasser und misst die Temperatur. Man gibt 10 g Natriumhydroxid dazu, rührt und verfolgt die Temperaturveränderung. (Schutzbrille!)

V 3 Konzentrierte Natronlauge wird in einer Porzellanschale zum Sieden erhitzt. Man gibt einige Haare, einen Wollfaden, ein Fleischstückchen und eine Vogelfeder dazu. (Schutzbrille! Abzug!)

B 2 Abflussreiniger enthalten Natriumhydroxid. Die Warnhinweise sind unbedingt zu beachten

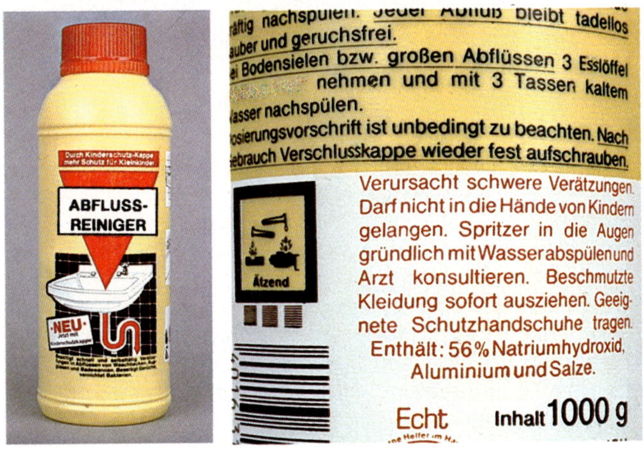

1.3 Die Elementgruppe der Alkalimetalle

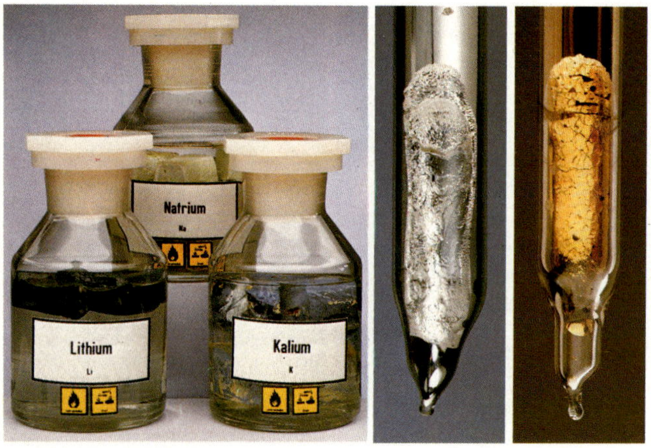

B 1 Alkalimetalle. Rubidium (Mitte) und Caesium (rechts) werden eingeschmolzen, die anderen unter Paraffinöl aufbewahrt

V 1 a) Man wirft ein entrindetes, ungefähr erbsengroßes Stück Lithium in eine runde, zur Hälfte mit Wasser gefüllte Glaswanne. Dem Wasser wurden zuvor einige Tropfen eines neutral reagierenden Spülmittels zugesetzt. (Schutzbrille!)
b) Von einem kleinen Stück Kalium wird die Kruste sorgfältig entfernt. Man wirft ein etwa linsengroßes Stück in eine große, runde Glaswanne, die zur Hälfte mit Wasser (wie bei a) gefüllt ist. Über der Glaswanne muss sich im Abstand von einigen Zentimetern eine Glasscheibe befinden, um hochspritzendes Reaktionsprodukt zurückzuhalten. (Schutzscheibe! Schutzbrille!)
c) Die in a und b entstandenen Lösungen werden mit Phenolphthaleinlösung geprüft.

V 2 Auf ein Drahtnetz mit Keramikfaser legt man je ein frisch geschnittenes Stückchen Lithium, Natrium und Kalium gleicher Größe. Ein Brenner mit rauschender Flamme wird so unter das Drahtnetz gestellt, dass alle Stückchen gleich weit von der erhitzten Stelle entfernt sind. (Schutzscheibe! Abzug!)

V 3 Auf Uhrgläsern werden geringe Mengen von Verbindungen der verschiedenen Alkalimetalle bereitgestellt. Erhitzen Sie die Spitze eines Magnesiastäbchens in der rauschenden Brennerflamme zur Rotglut und berühren Sie damit eine der Stoffproben. Halten Sie das Stäbchen mit dem anhaftenden Stoff wieder in die Flamme und erhitzen Sie stark. Bevor der Versuch mit einer weiteren Verbindung durchgeführt wird, muss die Spitze des Stäbchens abgebrochen werden, um die bereits untersuchte Verbindung vollständig zu entfernen.

Die Elemente Lithium und Kalium. Wie Natrium werden auch Lithium und Kalium in Paraffinöl aufbewahrt (▶ B 1 links). Die dunklen Lithiumstücke schwimmen auf der Flüssigkeit. Lithium hat von allen bei Raumtemperatur festen Stoffen die geringste Dichte.

Lithium und Kalium lassen sich schneiden. Dabei fällt auf, dass Lithium im Vergleich zu Natrium wesentlich zäher, Kalium deutlich weicher ist. Die metallisch glänzenden Schnittflächen überziehen sich an der Luft schnell mit einem Belag. Dieser bildet sich bei Kalium fast momentan, bei Natrium nicht ganz so schnell und bei Lithium deutlich langsamer. Ihre elektrische Leitfähigkeit zeigt, dass Lithium und Kalium ebenfalls Metalle sind.

Lithium und Kalium reagieren mit Wasser (▶ V 1). Wirft man ein Lithiumstück in Wasser, so schwimmt es zischend hin und her, ohne dabei zu schmelzen. Die Reaktion verläuft deutlich langsamer als beim Natrium. Kalium dagegen reagiert äußerst heftig mit Wasser. Gelangt ein Kaliumstückchen in Wasser, schmilzt es sofort zu einer Kugel, entzündet sich und brennt mit violetter Flamme. Gegen Ende der Reaktion zerplatzt die glühende Kugel.

Die Reaktionen des Lithiums und Kaliums mit Wasser verlaufen exotherm. Dabei entstehen jeweils Wasserstoff und ein lösliches Reaktionsprodukt. In beiden Fällen erhält man eine Lösung, die farblose Phenolphthaleinlösung rot färbt und sich glitschig anfühlt.
Es entstehen also jeweils alkalische Lösungen, nämlich die Lösungen von Lithiumhydroxid $LiOH$ bzw. Kaliumhydroxid KOH, auch Kalilauge genannt.

$$2\,Li(s) + 2\,H_2O(l) \longrightarrow 2\,Li^+(aq) + 2\,OH^-(aq) + H_2(g)$$
$$2\,K(s) + 2\,H_2O(l) \longrightarrow 2\,K^+(aq) + 2\,OH^-(aq) + H_2(g)$$

Beide alkalisch reagierenden Lösungen enthalten Hydroxidionen OH^-. Da wir die Hydroxidionen auch schon bei der Natronlauge kennen gelernt haben, liegt der Schluss nahe, dass diese Ionen für die alkalische Reaktion verantwortlich sind.

Die Alkalimetalle reagieren heftig mit Wasser unter Bildung von alkalisch reagierenden Lösungen und Wasserstoff. Diesen Lösungen sind Hydroxidionen OH^- gemeinsam. Sie sind für die alkalische Reaktion verantwortlich.

Die Heftigkeit der Reaktion der Alkalimetalle mit Wasser nimmt von Lithium über Natrium nach Kalium zu.

Erhitzt man Lithium, Natrium und Kalium an der Luft, so entzünden sie sich. Durch ▶ V 2 kann man zeigen, dass die Entzündungstemperatur in der Reihe Lithium, Natrium, Kalium abnimmt.

Die Elementgruppe der Alkalimetalle

Natrium brennt mit einer intensiv gelben Flamme. Bringt man eine beliebige Natriumverbindung in die nicht leuchtende Brennerflamme, so leuchtet diese ebenfalls intensiv gelb. Auch die übrigen Alkalimetalle und ihre Verbindungen erzeugen jeweils charakteristische Flammenfarben (▶ B 2, ▶ V 3).

Die Alkalimetalle bilden eine Elementgruppe. Aufgrund ihres ähnlichen Verhaltens wurden die Elemente Lithium, Natrium und Kalium schon bald nach ihrer Entdeckung zu Beginn des 19. Jahrhunderts zu der Elementgruppe der Alkalimetalle zusammengefasst. Später kamen die Elemente Rubidium und Caesium dazu.

Von den Alkalimetallen ist Caesium das reaktionsfähigste. An der Luft entzündet es sich sofort. Zur Aufbewahrung wird es in eine Glasampulle eingeschmolzen (▶ B 1 rechts). Rubidium und Caesium reagieren mit Wasser äußerst heftig.

Die abgestuften Eigenschaften der Alkalimetalle. Viele Eigenschaften der Alkalimetalle ändern sich stufenweise (▶ B 3). Bei den chemischen Reaktionen gibt ein Alkalimetallatom bekanntlich ein Elektron ab. Die Abspaltung dieses Valenzelektrons erfordert Energie, die so genannte Ionisierungsenergie.

Die Abspaltung eines weiteren Elektrons, dann aus einer kernnäheren Schale, würde eine sprunghaft höhere Energie erfordern. Dieser Energiebetrag könnte durch die frei werdende Energie bei der Bildung der Verbindung nicht mehr aufgebracht werden.

Durch die Abspaltung eines Elektrons erreicht ein Alkalimetallatom die Elektronenkonfiguration eines Edelgasatoms (Edelgasregel).

Bei chemischen Reaktionen gibt ein Alkalimetallatom ein Elektron ab. Es entsteht ein einfach positiv geladenes Ion.

Für die Höhe der Ionisierungsenergie des Valenzelektrons ist der Abstand des Elektrons vom Atomkern ausschlaggebend. Dieser Abstand nimmt in der Reihe vom Lithiumatom zum Caesiumatom durch das Hinzukommen von jeweils einer neuen Schale zu. Die in dieser Reihe ebenfalls zunehmende Anziehungskraft des Atomkerns durch die steigende Protonenzahl wird durch die entsprechend steigende Zahl der Rumpfelektronen abgeschirmt. Somit sinkt in der Reihe vom Lithiumatom zum Caesiumatom die Ionisierungsenergie (▶ B 4), d. h. das Valenzelektron lässt sich immer leichter abspalten. Damit nimmt die Reaktionsfähigkeit der Alkalimetalle in dieser Reihe zu.

Der Atomradius der Alkalimetallatome nimmt vom Lithium zum Caesium zu. Die Ionisierungsenergie für das Valenzelektron sinkt in dieser Reihe. Dadurch nimmt die Reaktionsfähigkeit der Alkalimetalle zu.

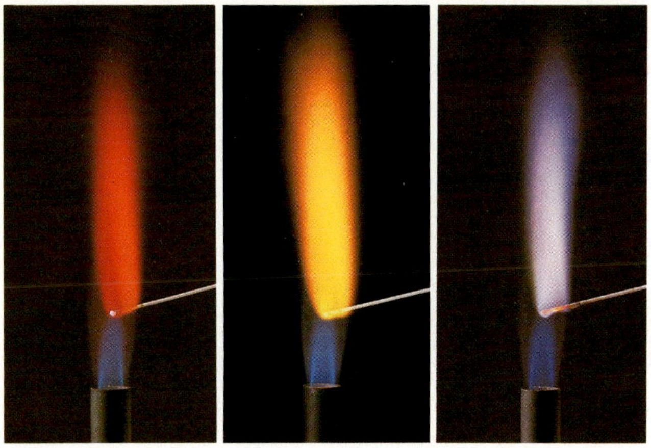

B 2 Flammenfärbung durch Verbindungen der Alkalimetalle Lithium, Natrium und Kalium (von links nach rechts)

Name Symbol	Atommasse (u)	Schmelztemp. (°C)	Dichte (g/cm³)	Härte	Heftigkeit der Reaktion mit Wasser	Flammenfärbung
Lithium Li	6,9	181	0,53			karminrot
Natrium Na	23,0	98	0,97			gelb
Kalium K	39,1	64	0,86	nimmt ab ↓	nimmt zu ↓	violett
Rubidium Rb	85,5	39	1,53			dunkelrot (lat. ruber)
Caesium Cs	132,9	29	1,87			blau (lat. caesius)

B 3 Eigenschaften der Alkalimetalle im Vergleich. Viele Eigenschaften ändern sich regelmäßig

B 4 Ionisierungsenergien für die Abspaltung des äußersten Elektrons und **Radien** bei den Alkalimetallen

Element	Atomradius (pm)	Ionisierungsenergie (10^{-20} J)	Ionenradius (pm)
Li	152	86,5	60
Na	186	82,5	95
K	231	69,7	133
Rb	244	67,1	148
Cs	262	62,4	169

1.4 Eigenschaften der Halogene

B 1 Halogene Chlor, Brom, Iod (von links) und ihre Farben im gasförmigen Zustand

V 1 In einem Apparat nach ▶ B 4 befindet sich auf einer Fritte eine Calciumhypochlorit-Tablette. Diese bildet mit Salzsäure Chlor, das über den Hahn (1) abgeführt wird. Das Schließen des Hahnes bewirkt, dass das dann noch entstehende Chlor die Salzsäure in das Vorratsgefäß zurückdrückt. Die Chlorentwicklung wird dadurch beendet. Überschüssiges Chlor wird durch Natronlauge gebunden. (Abzug!)

V 2 a) In ein Gefäß mit Chlor gibt man farbige Blüten oder ein mit Lackmus gefärbtes, feuchtes Filterpapier. (Abzug!)
b) Ein gleiches Filterpapier gibt man in einen Zylinder, der mit Bromdampf gefüllt ist. (Abzug!)
c) In ein Gefäß mit Methylrotlösung wird Chlor eingeleitet. (Abzug!)

B 2 Meldung aus einer Tageszeitung

Giftige Chlorgaswolke bedroht Memminger Stadtzentrum

Memmingen, Unterallgäu. Gestern wurde kurz nach 8 Uhr die Feuerwehr in eine Memminger Seifenfabrik gerufen, in deren Produktionstrakt sich mehrere Stoffe entzündet hatten und dabei Chlor freigesetzt wurde. Eine mächtige Wolke giftigen Chlorgases trieb auf das Stadtzentrum zu. Die Einsatzleitung der Feuerwehr veranlasste als Erstes die Evakuierung der umliegenden Häuser und forderte die Bevölkerung über Lautsprecher auf, Türen und Fenster zu schließen und die Häuser nicht zu verlassen.
Der Feuerwehr gelang es innerhalb einer Stunde, durch Beregnung das Chlor aus der Luft auszuwaschen.

Die Halogene Fluor F_2, Chlor Cl_2, Brom Br_2 und Iod I_2 sind im gasförmigen Zustand starke Atemgifte. Charakteristisch ist der scharfe Geruch der Halogendämpfe. Flüssiges Brom hinterlässt schwere Verätzungen auf der Haut und darf daher nur mit Handschuhen gehandhabt werden. Beim Arbeiten mit Chlor und Brom dürfen keine Geruchsproben durchgeführt werden. Reste von Brom oder Iod werden mit einer wässrigen Natriumthiosulfat-Lösung entfernt.

Das Element Chlor. Das bekannteste Halogen ist *Chlor*, ein *gelbgrünes* und *sehr giftiges* Gas (von griech. chloros, gelbgrün) von *stechendem Geruch*. Diesen Geruch kennt man vom „gechlorten" Wasser im Schwimmbad. Chlor wirkt dort desinfizierend, da es Bakterien und Krankheitskeime tötet.
Die Darstellung von Chlor im Labor erfolgt durch Auftropfen von halbkonzentrierter Salzsäure auf Kaliumpermanganat oder durch Reaktion von Salzsäure mit Calciumhypochlorit in einem Gasentwickler (▶ V 1, ▶ B 4).

Mit 3,2 g/l (bei 0 °C) hat Chlor eine etwa 2,5-mal so große Dichte wie Luft. Dies ist der Grund dafür, dass bei Unfällen austretendes Chlor lange als „Chlorgaswolke" zusammenbleibt (▶ B 2).

Beim Umgang mit Chlor sind wegen seiner Giftigkeit besondere Schutz- und Vorsichtsmaßnahmen erforderlich. Schon weniger als ein Prozent Chlor in der Luft kann beim Menschen rasch zum Tode führen, da es Atemwege und Lungenbläschen verätzt. Am Arbeitsplatz darf die Konzentration von Chlor 0,5 ml/m^3 nicht überschreiten. Chlor ist eines der reaktionsfähigsten Nichtmetalle. Blatt- und Blütenfarbstoffe von Pflanzen werden von ihm zerstört (▶ V 2, ▶ B 3). Das Gas zeigt gegenüber Farbstoffen eine *bleichende Wirkung*.

Das Element Brom. Brom ist eine *dunkelrotbraune Flüssigkeit*, die schon bei Zimmertemperatur leicht unter Bildung von braunen, *stechend riechenden Dämpfen* verdunstet. Diese sind noch giftiger als Chlordämpfe.
Brom und Quecksilber sind die einzigen Elemente, die bei Zimmertemperatur flüssig sind. Der unangenehme Geruch von Brom gab dem Element seinen Namen (von griech. bromos, übelriechend, Gestank).

Das Element Iod. Iod liegt in Form von metallisch glänzenden, *grauschwarzen Kristallblättchen* vor. Es sublimiert bereits bei schwachem Erwärmen. Ioddampf ist violett (▶ B 1).
Iod ist unter den Halogenen (außer dem in nur sehr geringen Mengen vorkommenden Astat) das reaktionsträgste Element. Jedoch ist es noch so reaktionsfähig, dass es

z. B. Kork und Gummi zerstört und in der Natur nur in Verbindungen vorkommt. Das Element erhielt nach der violetten Farbe des Ioddampfes seinen Namen (von griech. iodes, veilchenblau).

Das Element Fluor. Fluor ist das reaktionsfähigste Element überhaupt. Das schwach *gelbliche* Gas besitzt einen durchdringenden chlorähnlichen Geruch. Beim Einatmen ruft es schwere Entzündungen der Atemwege hervor und verursacht bei der Berührung mit der Haut starke Verätzungen. Seine außergewöhnliche Reaktionsfähigkeit macht größte Vorsicht beim Umgang mit Fluor erforderlich. Es lässt Holz und Gummi entflammen und reagiert mit Wasserstoff noch bei −252 °C explosionsartig. Da Fluor auch Glas zerstört, wird es in Kupfer- oder Nickelgefäßen aufbewahrt.

Lösungsverhalten der Halogene. In Wasser sind Chlor und Brom nur mäßig löslich. So löst ein Liter Wasser bei Zimmertemperatur etwa 2,3 Liter Chlor (▶ V 3 a). Die Löslichkeit von Iod in Wasser ist gering, kann jedoch durch Erwärmen erhöht werden (▶ V 4 a).
Die entstandenen Lösungen werden Chlorwasser, Bromwasser bzw. Iodwasser genannt und enthalten im Wesentlichen gelöste Halogenmoleküle, z. B.:

$$Cl_2(g) + H_2O \longrightarrow Cl_2(aq)$$

In Benzin oder Alkohol lösen sich diese drei Halogene sehr gut (▶ V 3 b und ▶ V 4 b). Iod löst sich außerdem gut in einer wässrigen Kaliumiodidlösung.
Fluor dagegen reagiert mit diesen Lösungsmitteln.

Nachweis der Halogene. Chlor und Brom lassen sich durch ihre Bleichwirkung nachweisen (▶ V 2). Als Nachweis für Iod dient Stärkelösung: Es tritt eine dunkelblaue Färbung auf (▶ V 5).

Salzbildung. Wir kennen bereits die Reaktion von Chlor mit Natrium unter Bildung von Natriumchlorid. Ähnlich reagiert Chlor auch mit anderen Metallen. Die dabei entstehenden Reaktionsprodukte bezeichnet man als **Chloride**.

Auch Brom und Iod reagieren mit Metallen zu Feststoffen. Es entstehen dabei **Bromide** bzw. **Iodide**.

Allgemein bezeichnet man die Reaktionsprodukte der Halogene mit Metallen als **Halogenide**. Es handelt sich in der Regel um feste, kristalline Stoffe mit hohen Schmelztemperaturen, um Salze. Daher stammt auch der Name Halogene: **Salzbildner** (von griech. hals, Salz, und griech. gennan, bilden).

B 3 Bleichende Wirkung von Chlor

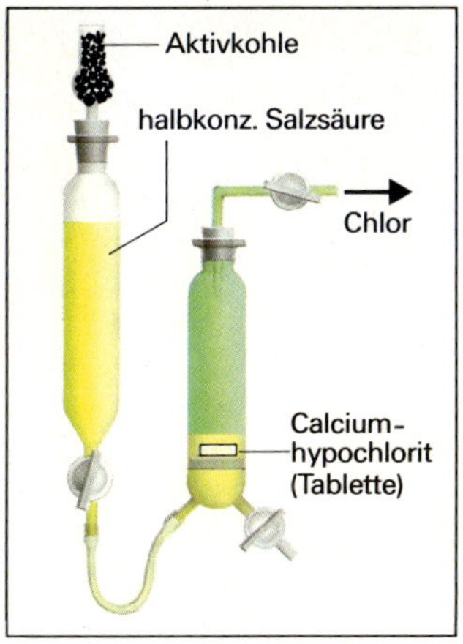

B 4 Herstellung von Chlor aus Calciumhypochlorit

V 3 a) Je ein Zylinder wird mit Chlor bzw. mit gasförmigem Brom gefüllt und mit ca. 20 ml Wasser durchgeschüttelt. (Abzug!) b) Man wiederholt den Versuch mit Alkohol (Brennspiritus) bzw. Benzin als Lösungsmittel. (Abzug!)

V 4 a) Versuchen Sie durch Schütteln etwas Iod in Wasser zu lösen. Erwärmen Sie etwas und vergleichen Sie. b) Wiederholen Sie den Versuch mit Alkohol (Brennspiritus) als Lösungsmittel.

V 5 Geben Sie zu einer Stärkelösung Iodwasser oder einige Tropfen stark verdünnter Iod-Kaliumiodid-Lösung. (Stärkelösung: 2 bis 3 ml Wasser mit einer kleinen Spatelspitze Stärke aufkochen, bis die Lösung klar ist, dann mit 20 ml kaltem Wasser verdünnen.)

B 5 Eigenschaften der Halogene im Vergleich

Name Symbol	Atommasse (u)	Schmelztemp. (°C)	Siedetemp. (°C)	Farbe des Gases	Reaktionsfähigkeit	Giftigkeit
Fluor F	19	−219	−188	schwach gelblich	nimmt ab	sehr giftig
Chlor Cl	35,5	−101	−34	gelbgrün		sehr giftig
Brom Br	80	−7	58	rotbraun		sehr giftig
Iod I	127	113	183	violett		giftig

1.5 Reaktionen der Halogene

B 1 Reaktion von Chlor mit Wasserstoff

B 2 Reaktion von Brom mit Wasserstoff

V 1 Eine Wasserstoffflamme wird langsam in einen Standzylinder mit Chlor getaucht. (Abzug!)

V 2 Man wiederholt ▶ V 1 mit gasförmigem Brom. (Abzug!)

V 3 Zur Bildung von gasförmigem Iod werden wenige Körnchen Iod in einem Gefäß erhitzt. (Abzug!) Man verfährt wie bei ▶ V 2 weiter.

V 4 Man hält eine Kupferfolie (Blattmetall) in je einen Standzylinder mit Chlor-, Brom- und Ioddampf. (Abzug!)
Vergleichen Sie die Reaktionsabläufe.

B 3 Bildungsenthalpien der Halogenwasserstoffe, ausgehend von gasförmigen Elementen

Halogenwasserstoff	Bildungswärme ($\frac{kJ}{mol}$)	Bildungswärme
Fluorwasserstoff	– 271	Bindungsbetreben zu Wasserstoff (Pfeil nach oben zunehmend)
Chlorwasserstoff	– 93	
Bromwasserstoff	– 52	
Iodwasserstoff	– 5	

Reaktionen der Halogene mit Wasserstoff. Beim Eintauchen einer Wasserstoffflamme in Chlor (▶ V 1, ▶ B 1) reagiert Wasserstoff mit fahlweißer Flamme. Dabei verschwindet die Farbe des Chlors. Es entsteht ein farbloses Gas, das stechend riecht und an feuchter Luft Nebel bildet: **Chlorwasserstoff**.

$$H_2(g) + Cl_2(g) \longrightarrow 2\,HCl(g)$$

Auch Brom und Iod reagieren mit Wasserstoff zu **Brom-** bzw. **Iodwasserstoff**, die wie Chlorwasserstoff stechend riechen und an feuchter Luft Nebel bilden (▶ V 2 und ▶ V 3).

Die Reaktion zwischen Wasserstoff und Brom verläuft bei Zündung *schwächer* als die zwischen Wasserstoff und Chlor. Die *sehr heftige* Reaktion des Fluors können wir in der Schule nicht durchführen. Dieser verschieden heftige Reaktionsablauf zeigt ein unterschiedliches Bindungsbestreben der Halogene zu Wasserstoff. Wir können dies auch an den Bildungsenthalpien der Halogenwasserstoffe erkennen (▶ B 3).

Halogene reagieren mit Wasserstoff zu Halogenwasserstoffen. Das Bindungsbestreben zu Wasserstoff nimmt von Fluor zu Iod hin ab.

Reaktion der Halogene mit Metallen. Die Halogene reagieren mit Metallen zu salzartigen Metallhalogeniden. Am Beispiel der Reaktionen von Chlor, Brom und Iod (▶ V 4) mit Kupfer kann das abgestufte Verhalten der Halogene aufgezeigt werden. Die unterschiedliche Heftigkeit der Reaktionen von Chlor, Brom und Iod mit Kupfer zeigt, dass die Halogene zu Kupfer (wie auch zu anderen Metallen) ein unterschiedliches Bindungsbestreben haben. Es nimmt von Chlor über Brom zu Iod hin ab.

Reaktion der Halogene mit Silbernitrat. Gibt man zu Lösungen von Chloriden ein paar Tropfen einer Silbersalzlösung, in der Regel eine Lösung von Silbernitrat $AgNO_3$, so fällt jeweils ein weißer, „käsiger" Niederschlag aus (▶ V 5).
Solche Reaktionen, bei denen durch Zusammengeben zweier Lösungen ein Niederschlag entsteht, nennt man **Fällungsreaktionen**. Sie treten immer dann auf, wenn zwei in Lösung frei bewegliche Ionen aufeinandertreffen und ein **schwer lösliches Salz** bilden. In unserem Fall sind dies Silberionen Ag^+ und Chloridionen Cl^-. Die in der Lösung frei beweglich verbleibenden Ionen, z. B. Natriumionen Na^+ und Nitrationen NO_3^-, nennt man Begleitionen.

$$Na^+(aq) + Cl^-(aq) + Ag^+(aq) + NO_3^-(aq)$$
$$\rightarrow AgCl(s) + Na^+(aq) + NO_3^-(aq)$$

Entsprechend erhalten wir mit Lösungen von Bromiden bzw. Iodiden weißgelbes *Silberbromid (AgBr)* bzw. hellgelbes *Silberiodid (AgI)* (▶ V 5). Man kann also durch Zusatz von Silbersalzlösung zu der Lösung eines Halogenids an dem auftretenden Niederschlag erkennen, welches Halogenid vorliegt.

Silbersalzlösung ist ein Nachweismittel für Chloride, Bromide und Iodide. Es entsteht ein Niederschlag des entsprechenden schwer löslichen Silberhalogenids.

Das abgestufte Verhalten der Halogene. Der Versuch ▶ V 6 zeigt, dass bei der Reaktion von Chlor (Chlorwasser) mit Bromidlösung Brom, mit Iodidlösung Iod freigesetzt wird. Ohne Berücksichtigung der Begleitionen kann formuliert werden:

$$Cl_2(aq) + 2\,Br^-(aq) \rightarrow 2\,Cl^-(aq) + Br_2(aq)$$
$$Cl_2(aq) + 2\,I^-(aq) \rightarrow 2\,Cl^-(aq) + I_2(aq)$$

Auch Brom (Bromwasser) ist in der Lage, aus einer Iodidlösung Iod freizusetzen:

$$Br_2(aq) + 2\,I^-(aq) \rightarrow 2\,Br^-(aq) + I_2(aq)$$

Umgekehrt kann Iod (Iodwasser) weder aus einer Chloridlösung Chlor noch aus einer Bromidlösung Brom freisetzen. Ebenfalls ist Brom nicht in der Lage, aus einer Chloridlösung Chlor zu bilden.

Bei den drei positiv verlaufenden Reaktionen handelt es sich um Elektronenübergänge. Ein Chloratom kann somit sowohl einem Bromidion als auch einem Iodidion jeweils ein Elektron entziehen. Ein Bromatom kann einem Iodidion ein Elektron entziehen.

Das Bestreben der Halogenatome, Elektronen aufzunehmen, nimmt somit von Chlor über Brom zu Iod ab. Dies zeigt sich in den Beträgen der jeweiligen Elektronenaffinitäten der drei Halogene (▶ B 5). Mit steigendem Atomradius vom Chlor zum Iod sinkt der Betrag der Elektronenaffinität, d. h. die Anziehungskraft des Atomkerns auf die Valenzelektronen wird in dieser Reihe immer geringer. Fluor weicht von diesem Verhalten ab und soll hier nicht berücksichtigt werden.

In der Reihe Chlor, Brom und Iod sinkt der Betrag der Elektronenaffinität aufgrund des steigenden Atomradius. Elektronen werden daher in dieser Reihe immer weniger stark aufgenommen.

B 4 Chloridnachweis. Chloridlösungen, mit Silbernitratlösung versetzt, führen zu einem weißen Silberchloridniederschlag

V 5 Geben Sie zu Lösungen von Natrium-, Kalium-, Calciumchlorid, Natriumbromid und -iodid jeweils einige Tropfen einer Silbernitratlösung. Stellen Sie die Reagenzgläser ins Dunkle und lassen Sie die Niederschläge absitzen.

V 6 Stellen Sie Lösungen von Natriumchlorid, Natriumbromid und Natriumiodid her. Teilen Sie sie in jeweils zwei Portionen. Versetzen Sie in getrennten Versuchen jeweils eine Bromid- und eine Iodidlösung mit Chlorwasser, eine Chlorid- und eine Iodidlösung mit Bromwasser und schließlich eine Chlorid- und eine Bromidlösung mit Iodwasser. Beobachten Sie die Farbänderungen. Beachten Sie hierbei Verdünnungseffekte! Erstellen Sie eine tabellar. Übersicht.

B 5 Abgestuftes Verhalten der Halogene

Halogen	Atomradius (pm)	Elektronenaffinität (kJ/mol)	Reaktion mit		
			Cl^-	Br^-	I^-
Cl_2	99	−388	–	$\rightarrow 2\,Cl^- + Br_2$	$\rightarrow 2\,Cl^- + I_2$
Br_2	114	−364	–	–	$\rightarrow 2\,Br^- + I_2$
I_2	133	−331	–	–	–

1.6 Bedeutung der Halogene

VORSICHT

Nicht zusammen mit Säuren und sauren Reinigern, z. B. WC-Reinigern und Entkalkern, verwenden. Es können gefährliche Chlordämpfe entstehen.

Bei Spritzern in die Augen sofort mit Wasser ausspülen. Bei irrtümlicher Einnahme viel Wasser oder Milch trinken. In beiden Fällen sofort Arzt aufsuchen.

B 1 Sanitärreiniger können Chlorverbindungen enthalten. Das Hinweisschild (rechts) mahnt zur Vorsicht

V 1 In einem Reagenzglas gibt man zu etwa 8 ml Sanitärreiniger etwa 4 ml Essig (oder sauren Reiniger oder Entkalker) und hängt in den Gasraum ein angefeuchtetes Indikatorpapier. (Abzug!)

V 2 Versetzen Sie eine verdünnte Stärkelösung mit einigen Tropfen einer Iod-Kaliumiodid-Lösung.

V 3 Stellen Sie jeweils eine Lösung von Natriumchlorid, Natriumbromid und Natriumiodid in dest. Wasser her und geben Sie in jedes Reagenzglas einige Tropfen Silbernitratlösung. Notieren Sie sofort die auftretende Farbe und bedecken Sie die Reagenzgläser mit einem schwarzen Karton nach ▶ B 3. Entfernen Sie den Karton nach etwa 10 min.

B 2 Ausgebleichte Farben eines Sonnenschirms

B 3 Silberbromid verändert sich beim Belichten

Verwendung von Halogenen. Chlor wird zur Herstellung von Farben, Medikamenten, Lösungsmitteln und Kunststoffen (z. B. PVC) eingesetzt. Es dient auch zum Bleichen von Papier und Textilien und wird in gewissem Umfang auch zum Desinfizieren von Trinkwasser (Chlorung) verwendet.

Manche Sanitärreiniger enthalten Chlorverbindungen, die leicht Chlor abspalten. Das Chlor soll die Bakterien in den Sanitäranlagen abtöten. Diese Sanitärreiniger dürfen daher auf keinen Fall zusammen mit Säuren, sauren Reinigern oder Entkalkern verwendet werden (▶ V 1, ▶ B 1). Es können sonst sofort größere Mengen Chlor entstehen.

Iod löst sich bekanntlich schlecht in Wasser. Sehr gut löst es sich hingegen in einer wässrigen Lösung von Kaliumiodid KI. Diese Iod-Kaliumiodid-Lösung (früher Iod-Iodkali-Lösung genannt) dient als Nachweisreagenz für Stärke (▶ V 2).

Lösungen von Iod in Alkohol („Iodtinktur") wurden früher zum Desinfizieren von Wunden verwendet.

Verwendung von Halogeniden. Neben den schon bekannten, vielfältigen Verwendungsmöglichkeiten der Chloride (z. B. Kochsalz NaCl) finden sich auch bei anderen Halogeniden Anwendungsgebiete. So sind Fluorverbindungen in Zahnpflegemitteln zur Zahnhärtung und somit zur Verhinderung von Karies enthalten. Iodverbindungen müssen mit der Nahrung aufgenommen werden, um ein Funktionieren der Schilddrüse zu gewährleisten.

Eine sehr wichtige Eigenschaft zeigen die von den Nachweisreaktionen bekannten Silberhalogenide: Lässt man die frisch gefällten Niederschläge einige Zeit stehen, so ist zu beobachten, dass sie sich langsam dunkel färben (▶ V 3, ▶ B 3). Dies könnte durch eine Reaktion mit dem Sauerstoff der Luft oder vielleicht durch einen Einfluss des Lichts hervorgerufen werden. Da sich der Silberchloridniederschlag im Dunkeln nicht verändert, obwohl Sauerstoff zutreten kann und das mit Papier abgedeckte Silberchlorid beim Belichten im Gegensatz zu dem ungeschützten Silberchlorid keine Dunkelfärbung aufweist (▶ V 3), müssen wir annehmen, dass sich die Silberhalogenide *unter dem Einfluss des Lichts verändern.*
So wird zum Beispiel Silberchlorid in Silber und Chlor gespalten:

$$2\,AgCl \rightarrow 2\,Ag + Cl_2$$

Das entstehende elementare Silber ruft die Dunkelfärbung hervor. Die Silberhalogenide sind also *lichtempfindliche* Substanzen. Silberchlorid und Silberbromid werden daher in der Fotografie eingesetzt. Reaktionen, die unter Einfluss von Licht verlaufen, bezeichnet man als **fotochemische Reaktionen**.

1.7 Exkurs: Bedeutung organischer Halogenverbindungen

Verbindungen von Halogenen mit Kohlenstoff und solche mit Kohlenstoff und Wasserstoff gehören zur Gruppe der organischen Halogenverbindungen und werden als **Halogenkohlenwasserstoffe** oder **Halogenalkane** bezeichnet. Sie finden einerseits in Technik und Alltag vielfältige Verwendung, stellen aber zum Teil auch ein erhebliches Gefährdungspotential dar.

Verwendung von Halogenkohlenwasserstoffen. Halogenalkane sind gute Lösungsmittel für Fette. So wird z. B. Trichlorethan $C_2H_3Cl_3$ in chemischen Reinigungen eingesetzt. Das früher verwendete Chloroform $CHCl_3$ darf hierfür und auch in Fleckenentfernern aufgrund seiner Giftigkeit nicht mehr verwendet werden. Gasförmige Halogenalkane lassen sich unter Druck leicht verflüssigen. Beim erneuten Verdampfen wird ihrer Umgebung Wärme entzogen. Dies nützt man u. a. bei der Verwendung von Halogenalkanen als „Vereisungsspray" bei lokalen Betäubungen von Körperpartien und als Kältemittel bei Kühlschränken. Hierbei ist auch von Bedeutung, dass die Halogenalkane praktisch nicht brennbar sind. Dies sprach auch für ihren Einsatz als Treibgas in Spraydosen (Frigen), als Feuerlöschmittel (Halon) und als Narkosemittel (Halothan, $CHBrClCF_3$).

Umweltprobleme durch Halogenkohlenwasserstoffe. Viele Halogenalkane wirken betäubend, viele sind giftig, manche Krebs erregend. Es gilt als erwiesen, dass Chlorfluorkohlenwasserstoffe die Ozonschicht der Erde gefährden. Gelangen Lösungsmittel mit Halogenalkanen in den Boden oder in Gewässer, so kann es zur Vergiftung von Grund- und Trinkwasser kommen.
Manche mehrfach substituierte, feste Chlorkohlenwasserstoffe besitzen insektizide Wirkung, so z. B. „DDT" („Dichlor-diphenyl-trichlorethan") und Lindan (Hexachlorcyclohexan, „HCH"; ▶ B 2). DDT ist eines der ältesten synthetischen Schädlingsbekämpfungsmittel. Vor allem während und nach dem Zweiten Weltkrieg wurde es in großen Mengen unter anderem zur Bekämpfung der Überträger der Schlafkrankheit und der Malaria eingesetzt. Wegen seiner äußerst langen Abbauzeit ist DDT inzwischen zum Problem geworden. Es ist heute weltweit verbreitet und reichert sich in den Nahrungskreisläufen an. Wegen seiner guten Fettlöslichkeit findet man hohe Konzentrationen im Fettgewebe vor allem von Lebewesen am Ende einer Nahrungskette. Durch die toxische Wirkung von DDT sind manche Tierarten in ihrer Existenz bedroht. Die Anwendung von DDT ist heute in vielen Ländern verboten.
Manche Halogenkohlenwasserstoffe in unserer Umwelt entstehen als unerwünschte Nebenprodukte bei einigen chemischen Reaktionen, so z. B. das hochgiftige „Dioxin" (2,3,7,8-Tetrachlordibenzo-p-dioxin, „TCDD"; ▶ B 2), das sich unter Umständen auch bei der Verbrennung von Müll bilden kann.

Chloroform $CHCl_3$
flüssig, süßlicher Geruch, betäubend, unbrennbar, vermutlich Krebs erregend
Dichte 1,49 g · ml⁻¹, Sdt. 61 °C
Lösungsmittel für Fette und Öle, früher Narkosemittel

Frigen CCl_2F_2
gasförmig, geruchlos, ungiftig, unbrennbar
Gasdichte 5,36 g · l⁻¹, Sdt. − 30 °C
Kältemittel, Treibgas in Sprays

Halon $CBrF_3$
gasförmig, ungiftig, unbrennbar
Gasdichte 6,65 g · l⁻¹, Sdt. − 58 °C
Feuerlöschmittel

B 1 Einige wichtige **Halogenalkane**

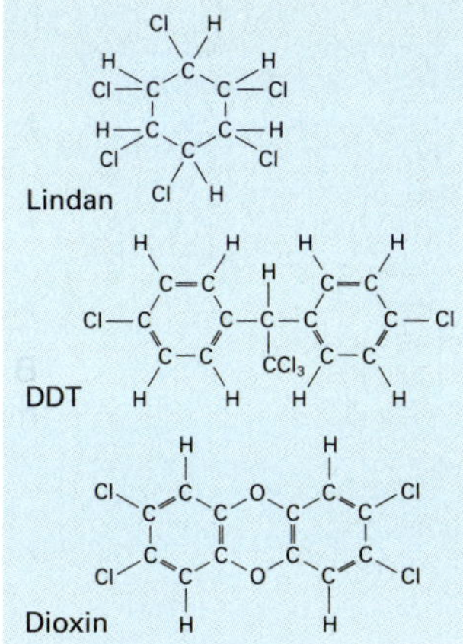

B 2 Chlorierte Kohlenwasserstoffe

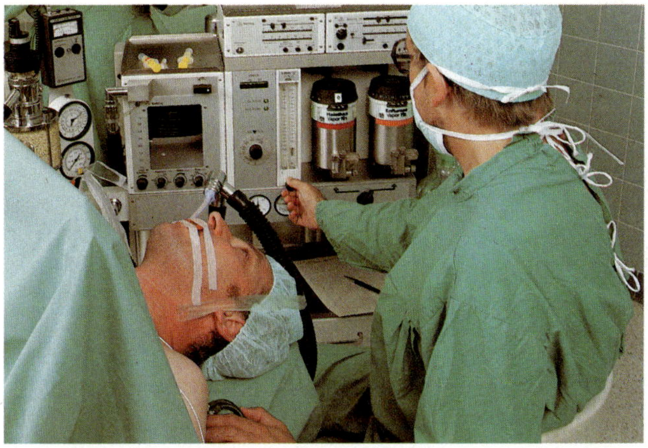

B 3 Halothannarkose. Einige Halogenalkane dienen wegen ihrer betäubenden Wirkung als Narkosemittel

B 4 Sammelbehälter für Halogenkohlenwasserstoffe

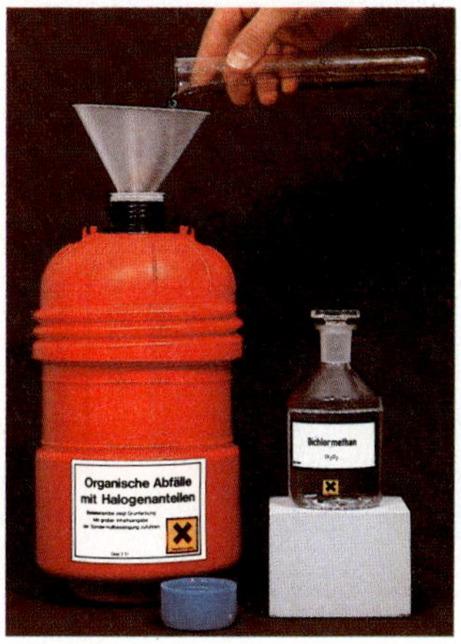

B 5 Meldung aus einer Tageszeitung

Trinkwasserbrunnen stillgelegt

Krs. Esslingen. Ein Trinkwasserbrunnen in Köngen darf nicht mehr weitersprudeln. Er ist mit chlorierten Kohlenwasserstoffen verseucht. Die Behörden sind mittlerweile auf der Suche nach den Verursachern der Verschmutzung. Die Schadstoffquelle muss im Industriegebiet liegen. Chlorkohlenwasserstoffe werden in großen Mengen als Lösungsmittel zum Entfetten von Metallteilen und Schafwolle verwendet. Sie rufen beim Einatmen Übelkeit hervor. Einige stehen auch im Verdacht, Krebs erregend zu wirken. Vorsicht ist also angebracht.

1.8 Das Periodensystem der Elemente

Element	Na	Mg	Al	Si	P	S	Cl
Atomradius (pm)	186	160	143	118	110	104	99
Ionisierungsenergie (kJ/mol) für die Valenzelektronen	497	732 1447	578 1813 2740				
Elektronenaffinität (kJ/mol)						S → S^{2-} +367	Cl → Cl^{-} −355

B 1 Natrium bis Chlor. Wichtige Größen der Elemente der 3. Periode

V 1 In drei Reagenzgläser wird jeweils etwas mit dem Indikator Phenolphthalein versetztes Wasser gegeben. Zu den Wasserportionen gibt man:
a) ein linsengroßes Stückchen Natrium,
b) eine Spatelspitze Magnesiumpulver,
c) eine Spatelspitze Aluminiumpulver.
Die Reagenzgläser zu den Versuchsteilen b und c werden zusätzlich noch erhitzt.

V 2 Ein großes Reagenzglas wird mit Chlor gefüllt und verschlossen. In einem zweiten Reagenzglas wird Schwefel erhitzt, bis das Glas vollständig mit Schwefeldampf erfüllt ist. In beide Reagenzgläser wird mit einer Pinzette erhitzte Eisenwolle getaucht. (Abzug! Schutzbrille!)

B 2 Eigenschaften der Elemente im PSE. Metalle sind blau, Halbmetalle gelb und Nichtmetalle grün unterlegt

Betrag von Ionisierungsenergie und Elektronenaffinität →

	I	II	III	IV	V	VI	VII	VIII
1	1,0 **H** 1							4,0 **He** 2
2	6,9 **Li** 3	9,0 **Be** 4	10,8 **B** 5	12,0 **C** 6	14,0 **N** 7	16,0 **O** 8	19,0 **F** 9	20,2 **Ne** 10
3	23,0 **Na** 11	24,3 **Mg** 12	27,0 **Al** 13	28,1 **Si** 14	31,0 **P** 15	32,1 **S** 16	35,5 **Cl** 17	39,9 **Ar** 18
4	39,1 **K** 19	40,1 **Ca** 20	69,7 **Ga** 31	72,6 **Ge** 32	74,9 **As** 33	79,0 **Se** 34	79,9 **Br** 35	83,8 **Kr** 36
5	85,5 **Rb** 37	87,6 **Sr** 38	114,8 **In** 49	118,7 **Sn** 50	121,8 **Sb** 51	127,6 **Te** 52	126,9 **I** 53	131,3 **Xe** 54
6	132,9 **Cs** 55	137,3 **Ba** 56	204,4 **Tl** 81	207,2 **Pb** 82	209,0 **Bi** 83	209 **Po** 84	210 **At** 85	222 **Rn** 86

Betrag von Ionisierungsenergie und Elektronenaffinität ↑

Metallcharakter ↓

Nichtmetallcharakter ↑

← Metallcharakter

Nichtmetallcharakter →

Die vorausgegangenen Betrachtungen haben gezeigt, dass das abgestufte Verhalten der Alkalimetalle und der Halogene sowohl von der Zahl der Valenzelektronen als auch vom Atomradius abhängt.
Da die Zahl der Valenzelektronen innerhalb einer Periode des Periodensystems vom Alkalimetall zum Halogen zunimmt und der Atomradius in der gleichen Richtung abnimmt, ist anzunehmen, dass auch die Elemente einer Periode abgestuftes Verhalten zeigen.

Verhalten der Elemente einer Periode. Die ersten Elemente der 3. Periode Natrium, Magnesium und Aluminium reagieren mit Wasser unterschiedlich stark (▶ V 1): Natrium reagiert mit Wasser heftig, Magnesium reagiert sehr schwach (bei Erwärmung etwas stärker), und Aluminium zeigt keine sichtbare Reaktion. An der Rotfärbung des Indikators erkennt man die entstandene alkalische Lösung.

$$2\,Na(s) + 2\,H_2O(l) \rightarrow 2\,Na^{+}(aq) + 2\,OH^{-}(aq) + H_2(g)$$
$$Mg(s) + 2\,H_2O(l) \rightarrow Mg^{2+}(aq) + 2\,OH^{-}(aq) + H_2(g)$$

Wie vermutet besteht zwischen diesem abgestuften Verhalten und der Zahl der Valenzelektronen ein Zusammenhang: Zum Erreichen des Elektronenoktetts muss das Natriumatom ein Elektron abspalten, das Magnesiumatom zwei. Die Abspaltung des zweiten Elektrons vom nun schon positiv geladenen Ion erfordert einen wesentlich höheren Energiebetrag (▶ B 1). Ein Aluminiumatom müßte 3 Valenzelektronen zum Erreichen des Oktetts abgeben, was insgesamt eine sehr hohe Ionisierungsenergie erfordert.
Den zweiten Gesichtspunkt liefert der vom Natrium- zum Magnesiumatom wegen ansteigender Kernladung abnehmende Atomradius. Die Elektronen werden vom größeren Natriumatom leichter abgespalten.
Eine Ausnahme bildet hierbei das Aluminiumatom: Obwohl der Atomradius kleiner als der vom Magnesiumatom ist, erfolgt die Abspaltung des äußersten Elektrons leichter.

Entsprechend verhalten sich Nichtmetalle einer Periode. Der Versuch ▶ V 2 zeigt, dass Chlor wesentlich heftiger mit Eisenwolle reagiert als Schwefeldampf.

$$3\,Cl_2(g) + 2\,Fe(s) \rightarrow 2\,FeCl_3(s)$$
$$S(g) + Fe(s) \rightarrow FeS(s)$$

Das Chloratom nimmt zum Erreichen des Oktetts ein Elektron auf, das Schwefelatom muss zwei Elektronen aufnehmen, wobei die Aufnahme des zweiten Elektrons bereits mit einem Aufwand von Energie verbunden ist (die Elektronenaffinität ist positiv). Zudem zieht das Chloratom Elektronen aufgrund des kleineren Atomradius stärker an als das Schwefelatom.

Ionisierungsenergie und Metallcharakter. Die Eigenschaft der Metallatome, leicht Elektronen abzugeben, bezeichnet man als **Metallcharakter**. Die Abgabe von Elektronen geschieht umso leichter, je geringer die Ionisierungsenergie ist. Da die Ionisierungsenergie, wie gesehen, in den Gruppen von oben nach unten und in den Perioden von rechts nach links abnimmt, steigt in diese Richtungen jeweils der Metallcharakter (▶ B 2).

Als Metallcharakter bezeichnet man die Eigenschaft der Metallatome, leicht Elektronen abzugeben. Der Metallcharakter verläuft im PSE entgegengesetzt zur Ionisierungsenergie.

Elektronenaffinität und Nichtmetallcharakter. Die Eigenschaft der Nichtmetallatome, Elektronen aufzunehmen, bezeichnet man als Nichtmetallcharakter. Er ist umso ausgeprägter, je negativer die Elektronenaffinität ist. Da die Elektronenaffinität in den Perioden von links nach rechts und in den Gruppen von unten nach oben negativer wird, nimmt in diese Richtungen auch der Nichtmetallcharakter zu (▶ B 2).

Als Nichtmetallcharakter bezeichnet man die Eigenschaft der Nichtmetallatome, Elektronen aufzunehmen. Der Nichtmetallcharakter nimmt im PSE von links unten nach rechts oben zu.

Das Periodensystem von MENDELEJEW und MEYER. Die Ähnlichkeiten im Verhalten und Eigenschaften einer Reihe von Elementen veranlasste im vorigen Jahrhundert Wissenschaftler, sich mit der Verwandtschaft von Elementen zu beschäftigen.
Einige Jahre nach DALTONS Atomhypothese und seiner „Atomgewichts"-Tabelle erkannte der Chemiker J. W. DÖBEREINER 1817 als erster einen Zusammenhang zwischen Atommassen und Eigenschaften von Elementen. Das erste umfassende Periodensystem stellten in den Jahren 1868 bis 1871 unabhängig voneinander der russische Forscher DIMITRIJ MENDELEJEW und der deutsche Chemiker LOTHAR MEYER auf. Sie ordneten die 56 bis dahin bekannten Elemente nach zunehmender Atommasse so an, dass Elemente mit ähnlichem Verhalten in Gruppen *nebeneinander* zu stehen kamen (▶ B 3).
MENDELEJEW ließ Lücken für noch nicht entdeckte Elemente und sagte zum Teil deren Eigenschaften mit, wie sich später zeigen sollte, verblüffender Genauigkeit voraus (▶ B 4, ▶ B 5).

Das Ordnungsprinzip des heutigen Periodensystems der Elemente (PSE). Bei einer Anordnung nach steigender Atommasse müsste z. B. Kalium (K) vor Argon (Ar) und Iod (I) vor Tellur (Te) stehen. Da aber bei der Einteilung in Gruppen die Verwandtschaft Vorrang hat, mussten einige Elemente ihre Plätze tauschen. Um die Reihenfolge der Elemente festzulegen, erhielt jedes Element eine **Ordnungszahl**.
Jedoch war die Periodizität in den Elementeigenschaften ohne die Kenntnis über den Aufbau der Atome nicht zu verstehen. Erst durch das Kern-Hülle-Modell von ERNEST RUTHERFORD, die Bestimmung von Kernladungszahlen durch JAMES CHADWICK und durch Untersuchungen von HENRY MOSELEY war eine sichere Einordnung aller Elemente in das Periodensystem möglich. Danach ist die Zunahme der Kernladungszahl das ordnende Prinzip des Periodensystems. Die Kernladungszahl nimmt von Element zu Element jeweils um 1 zu und entspricht damit der Ordnungszahl.

Die Einordnung der Elemente ins PSE erfolgt nach steigender Kernladungszahl ihrer Atome. Die Kernladungszahl ist identisch mit der Ordnungszahl, der Zahl der Protonen und der Zahl der Elektronen.

B 3 System der Elemente von MENDELEJEW von 1869. Die Anordnung unterscheidet sich von der heutigen

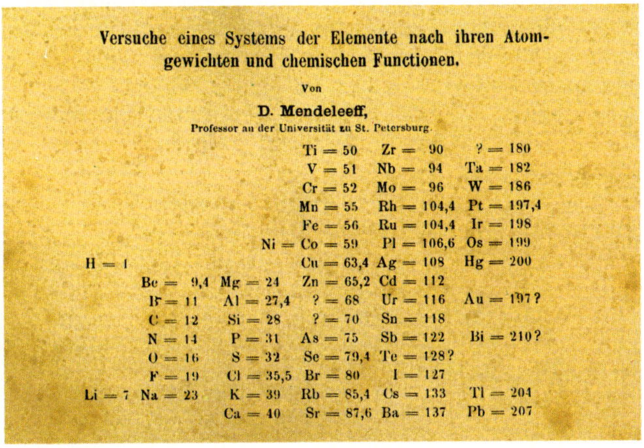

Versuche eines Systems der Elemente nach ihren Atomgewichten und chemischen Functionen.

Von

D. Mendeleeff,

Professor an der Universität zu St. Petersburg.

			Ti = 50	Zr = 90	? = 180
			V = 51	Nb = 94	Ta = 182
			Cr = 52	Mo = 96	W = 186
			Mn = 55	Rh = 104,4	Pt = 197,4
			Fe = 56	Ru = 104,4	Ir = 198
			Ni = Co = 59	Pl = 106,6	Os = 199
H = 1			Cu = 63,4	Ag = 108	Hg = 200
	Be = 9,4	Mg = 24	Zn = 65,2	Cd = 112	
	B = 11	Al = 27,4	? = 68	Ur = 116	Au = 197?
	C = 12	Si = 28	? = 70	Sn = 118	
	N = 14	P = 31	As = 75	Sb = 122	Bi = 210?
	O = 16	S = 32	Se = 79,4	Te = 128?	
	F = 19	Cl = 35,5	Br = 80	I = 127	
Li = 7	Na = 23	K = 39	Rb = 85,4	Cs = 133	Tl = 204
		Ca = 40	Sr = 87,6	Ba = 137	Pb = 207

B 4 Gallium schmilzt wie vorhergesagt bei 29,8 °C

B 5 Eigenschaften von Germanium

Germanium-	vorausgesagt	festgestellt
Atommasse (u)	70	72,59
Schmelztemp. (°C)	hoch	958
Dichte (g/cm³)	5,5	5,32
Oxid	XO_2	GeO_2
Dichte (g/cm³)	4,7	4,7
Chlorid	XCl_4	$GeCl_4$
Siedetemp. (°C)	< 100	83

1.9 Überprüfung und Vertiefung

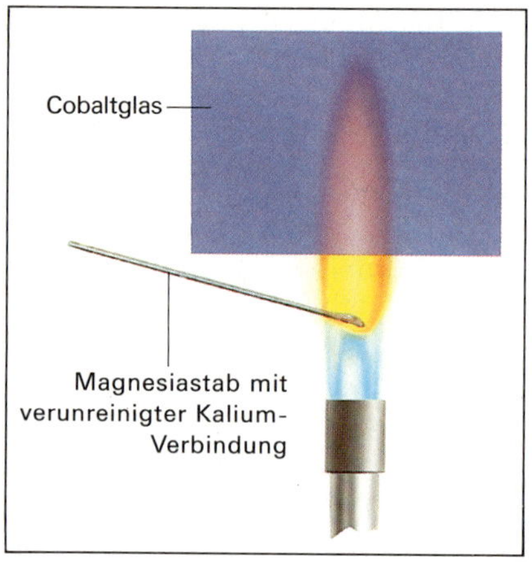

B 1 Zu Aufgabe 1

B 2 Zu Aufgabe 2

B 3 Zu Aufgabe 5 a

B 4 Zu Aufgabe 5 b

1 Um Kaliumverbindungen, die häufig durch Spuren einer anderen Alkalimetallverbindung verunreinigt sind, an ihrer Flammenfärbung zu erkennen, betrachtet man die Flamme durch ein Cobaltglas. Dieses blaue Glas hält gelbes Licht zurück (▶ B 1). Welche Verunreinigung macht die Verwendung von Cobaltglas notwendig?

2 Das intensiv gelbe Licht einer Natriumflamme erhält man auch, wenn sich gasförmiges Natrium unter geringem Druck in einer Glasröhre befindet und an die eingeschmolzenen Elektroden Hochspannung angelegt wird. Beim Einschalten dieser Natriumdampflampen (▶ B 2) beobachtet man zunächst ein schwach violettes Licht, da diese außer Natrium ein weiteres, leicht verdampfbares Metall enthalten. Um welches Metall könnte es sich handeln?

3 Wie kann man nachweisen, dass es sich bei einer Lösung um
a) gelöstes Natriumchlorid,
b) gelöstes Kaliumbromid,
c) gelöstes Kaliumiodid
handelt?

4 Gibt man Silbersalzlösung zu Leitungswasser, so tritt eine schwache weiße Trübung auf. Erklären Sie!

5 a) In Salzlagerstätten findet man neben Kochsalz noch Schichten anderer Salze. Besonders die über dem Kochsalz liegenden Kali- und Magnesiumsalze sind wertvoll, da sie wichtige Rohstoffe für die Herstellung von Mineraldünger sind. Bei ihrer Gewinnung fallen riesige Mengen an Salzrückständen an (▶ B 3). Ein Teil davon wird in die Flüsse geleitet. So transportiert der Rhein täglich viele tausend Tonnen an Salzen in die Nordsee (▶ B 4). Berechnen und vergleichen Sie, welche Salzfracht täglich den Rhein bei Basel und bei Koblenz passiert.
b) Millionen von Menschen werden aus dem Rhein mit Trinkwasser versorgt. Jahreszeitlich bedingt können bei der Aufbereitung von Trinkwasser Schwierigkeiten auftreten. Das salzhaltige Flusswasser kann dann nur zum Teil als Trinkwasser verwendet werden. Versuchen Sie hierfür eine Erklärung zu finden.

Diese Begriffe sollten Ihnen etwas sagen:

Metall, Hydroxid, Hydroxidion, Molekülion, Komplexion, Begleition, Flammenfärbung, Nachweisreaktion, Niederschlag, Fällungsreaktion, schwer lösliches Salz, Nachweismittel, fotochemische Reaktion, Metallcharakter, Nichtmetallcharakter, Ordnungszahl.

2 Molekülstruktur und Stoffeigenschaften

Wir wissen bereits, dass Salze aus Ionen aufgebaut sind, und können damit typische Eigenschaften dieser Stoffe, z. B. ihre hohe Schmelztemperatur und ihre sehr hohe Siedetemperatur, erklären.
Wir kennen aber auch Stoffe mit grundsätzlich anderen Eigenschaften. Wasserstoff, Sauerstoff und Stickstoff sind Gase, Brom und Iod gehen leicht in den Gaszustand über. All diesen Stoffen ist gemeinsam, dass sie aus Molekülen bestehen, die nur aus wenigen Atomen aufgebaut sind. Zu den molekularen Stoffen zählen fast alle Nichtmetalle unter den Elementen sowie eine Vielzahl von Verbindungen.

Die leichte Verdampfbarkeit molekularer Stoffe weist darauf hin, dass zwischen den Molekülen nur geringe Kräfte wirken. Die Moleküle selbst bleiben aber auch im Gaszustand erhalten. Die Atome in den Molekülen müssen also fest aneinander gebunden sein.

Wir wollen der Frage nachgehen, wie neutrale Atome in einem Molekül zusammenhalten und hierzu uns bereits bekannte, einfache Moleküle behandeln. Dabei werden wir auch erfahren, wie sich viele Molekülformeln mit einer einfachen Regel ableiten lassen. Mithilfe der Molekülformeln können wir den räumlichen Bau der Moleküle erschließen und gelangen dadurch zu einem Verständnis wichtiger Eigenschaften einzelner molekularer Stoffe.

Wir werden auch sehen, dass ein so vertrauter Stoff wie Wasser einige ungewöhnliche Eigenschaften besitzt, die ebenfalls auf den Bau der Moleküle zurückgeführt werden können.

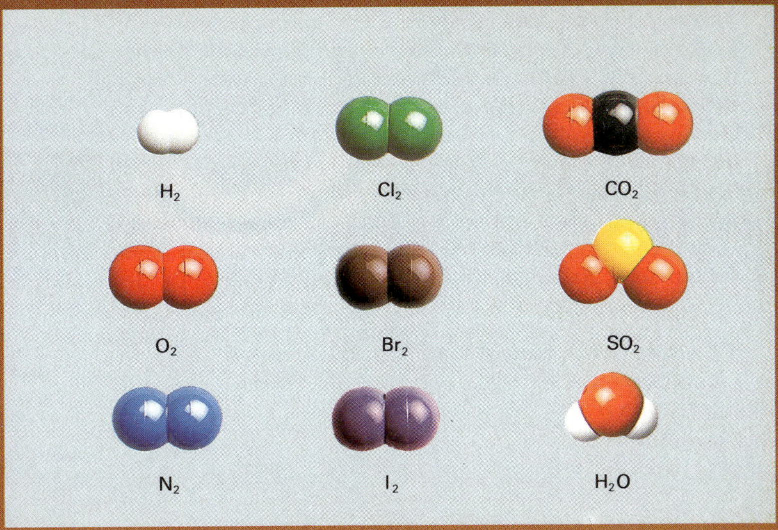

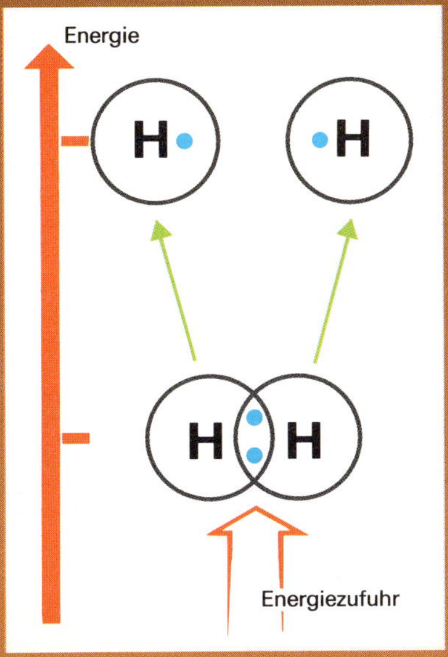

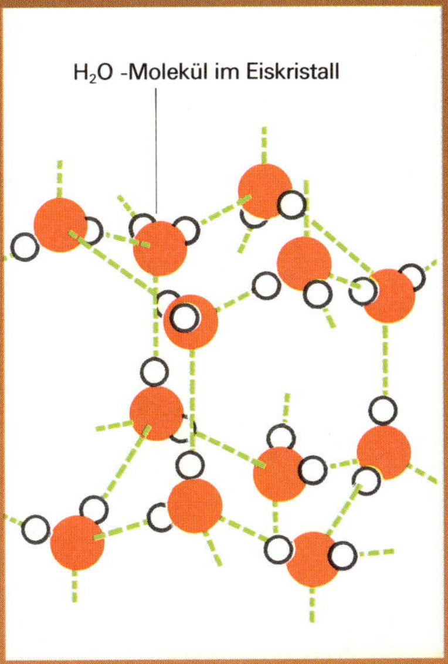

2.1 Die Bindung in Molekülen

Einzelne, isolierte Atome kommen unter den gewöhnlichen Bedingungen, die auf der Erde herrschen, nur selten vor. Z. B. sind die Teilchen der Edelgase unter diesen Bedingungen einzelne Atome. Die meisten Atome liegen in Atomverbänden vor.

Wir kennen bereits Ionenverbindungen, die Salze. Stoffe, die aus Ionen bestehen, zeigen eine hohe Schmelztemperatur und liegen damit bei Zimmertemperatur in fester Form vor. Die meisten bei Zimmertemperatur flüssigen und gasförmigen Stoffe bestehen aus Molekülen.
Einer der einfachsten molekularen Atomverbände ist das zweiatomige Wasserstoffmolekül. Um die Moleküle des Wasserstoffs in Atome zu zerlegen, muss sehr viel Energie zugeführt werden. Die Atome innerhalb der Moleküle müssen offenbar von starken Bindungskräften zusammengehalten werden. Wir werden uns im Folgenden mit dem Zustandekommen dieser Bindungen in Molekülen beschäftigen.

Atomorbitale. Wie schon bei der Ionenbindung sind auch bei der Bindung in Molekülen nur die Valenzelektronen beteiligt. Früher versuchte man, den Elektronen definierte Bahnen, auf denen sie sich mit einer bestimmten Geschwindigkeit bewegen, zuzuordnen.
Man musste diese Vorstellung revidieren und gibt heute für die Elektronen im Atom Bereiche an, innerhalb derer sie sich mit einer hohen Wahrscheinlichkeit aufhalten. Diese Räume werden als **Elektronenwolken** oder **Atomorbitale** bezeichnet. Die negative Ladung des Elektrons ist über den ganzen Raumbereich verteilt.

Wasserstoffmolekül und Molekülorbital. In einem nicht gebundenen Wasserstoffatom bewegt sich das Elektron in einem Raumbereich, der den Kern kugelförmig umgibt.

Zwei Wasserstoffatome können nun so zusammentreffen, dass sich die Elektronenwolken durchdringen. Damit bewegen sich die Elektronen im Anziehungsbereich beider Kerne. Es kommt zwischen diesen zu einer Verdichtung der negativen Ladung, zu der beide Elektronen gleich viel beitragen. Die Elektronen bilden eine **gemeinsame Elektronenwolke** um beide Kerne, die durch die negative Ladung zwischen ihnen zusammengehalten werden.
Diesen Aufenthaltsbereich der beiden Elektronen um beide Kerne bezeichnet man als **Molekülorbital** (▶ B 1). Zwischen beiden Atomen besteht also eine **Bindung**. Die beiden Elektronen, die diese Bindung bewirken, bezeichnet man als **bindendes Elektronenpaar**.

Man spricht bei dieser Art von Bindung von einer **Elektronenpaarbindung** oder **Atombindung**.
Der Abstand zwischen den Kernen im Molekül ist experimentell bestimmbar. Da dieser Abstand kleiner als die Summe der Atomradien ist, müssen sich die beiden Atomorbitale bei der Ausbildung der Bindung teilweise durchdringen.

Die chemische Bindung im Wasserstoffmolekül entsteht aus einer Durchdringung beider Atomorbitale zu einem Molekülorbital.
Sie ist verbunden mit der Ausbildung eines gemeinsamen Elektronenpaares und wird daher auch Elektronenpaarbindung oder Atombindung genannt.

Liegt *ein* bindendes Elektronenpaar vor, spricht man von einer **Einfachbindung**. Das Elektronenpaar wird durch zwei Punkte oder durch einen Strich zwischen den Zeichen der Atome angegeben, z. B.:

H : H oder H – H

B 1 Bildung eines Wasserstoffmoleküls aus Wasserstoffatomen in Modell und Elektronenschreibweise

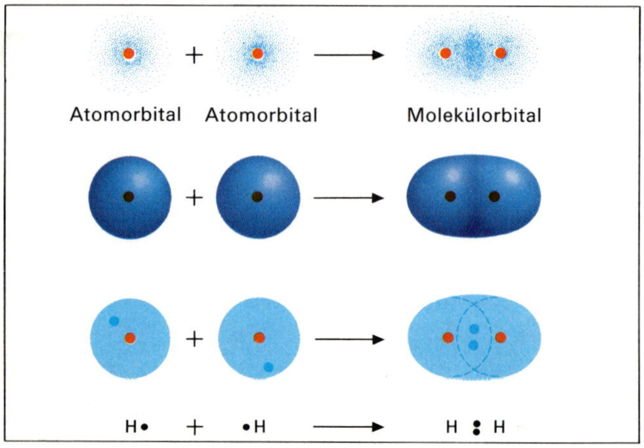

B 2 Verlauf der Gesamtenergie zweier Wasserstoffatome als Funktion des Kernabstandes

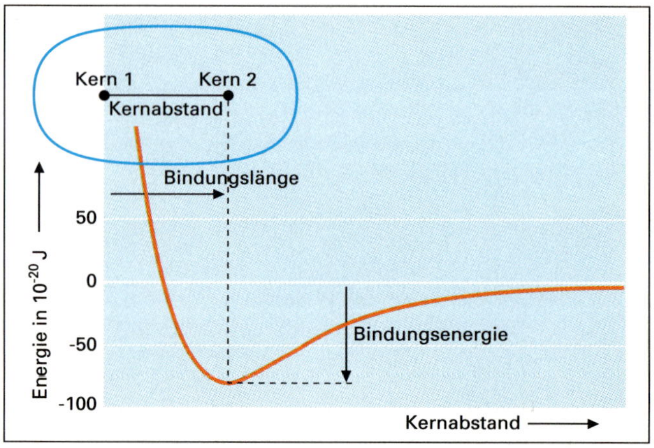

Die Bindung in Molekülen

Diese Darstellung des Moleküls drückt die Vergrößerung der Ladungsdichte zwischen den Kernen aus.
Die beiden Kerne im Wasserstoffmolekül werden über das gemeinsame Elektronenpaar zusammengehalten. Bei dieser Wiedergabe von Atomen oder Molekülen mit Elektronen-Punkten bzw. Elektronen-Strichen spricht man von **Elektronenformeln**.

Halogenwasserstoffmoleküle. Die Moleküle des Chlorwasserstoffs sind aus je einem Wasserstoff- und einem Chloratom zusammengesetzt. Die Molekülformel ist HCl. Beide Atome liefern je ein Elektron zum bindenden Elektronenpaar. Die restlichen sechs Außenelektronen des Chloratoms bilden drei Paare. Elektronenpaare der Außenschale, die nur zu einem Atom gehören, nennt man **freie Elektronenpaare**.

H — F| H — Cl| H — Br| H — I|

Halogenmoleküle. In den Molekülen der Halogene sind jeweils zwei Halogenatome miteinander verbunden. Von den jeweils sieben Außenelektronen der beiden Halogenatome beteiligt sich je eines an der Bildung des gemeinsamen Elektronenpaares. Die übrigen Außenelektronen bilden freie Elektronenpaare. Man erhält folgende Formeln in Elektronenpaar-Schreibweise:

|F — F| |Cl — Cl| |Br — Br| |I — I|

Oktettregel. Ordnet man das bindende Elektronenpaar bei den Halogenmolekülen jeweils beiden gebundenen Atomen zu, so ergibt sich für jedes Atom die Zahl von acht Außenelektronen. Mehr als acht Außenelektronen treten bei Atomen der zweiten Periode in ihren Verbindungen prinzipiell nicht auf (Oktettregel).

Mithilfe der Oktettregel lassen sich häufig Molekülformeln vorhersagen (▶ B 3). Für ein Molekül, das z. B. aus einem Stickstoffatom und Wasserstoffatomen aufgebaut wird, erhält man nur für das Molekül NH_3 ein Elektronenoktett um den Stickstoffatomrumpf.

In vielen Molekülen ergeben bindende und freie Elektronen um die Atome jeweils ein Elektronenoktett.

Für Moleküle mit Atomen, die mehr als zwei Elektronenschalen besitzen, gilt die Oktettregel nicht immer.

Mehrfachbindungen. Dem Sauerstoffatom fehlen zwei Elektronen zum Oktett. Wir beschreiben daher das Sauerstoffmolekül modellhaft mit zwei Bindungselektronenpaaren, einer so genannten **Doppelbindung** (▶ B 3). Im Kohlenstoffdioxidmolekül liegen an den Atomen nur dann Oktette vor, wenn vom Kohlenstoffatom vier bindende Elektronenpaare ausgehen.

Die Anzahl der Elektronenpaarbindungen eines Atoms im Molekül bezeichnet man als seine **Bindigkeit**.

Bindungsenthalpie und Bindungslänge. Bei der Ausbildung von Elektronenpaarbindungen wird Energie, die Bindungsenthalpie, frei. Ihr Betrag wird in der Regel umso größer sein, je mehr Bindungselektronen vorhanden sind (▶ B 4). Für den Abstand der Atomkerne im Molekül legt man den tiefsten Punkt der Kurve in ▶ B 2 zugrunde. Diese Bindungslänge wird in der Regel mit zunehmender Zahl der Bindungselektronen kleiner (▶ B 4).

Je höher die Zahl der Bindungselektronen zwischen zwei Atomen im Molekül ist, desto größer ist der Betrag der Bindungsenthalpie und desto kleiner ist die Bindungslänge dieser Bindung.

B 3 Anwendung der Oktettregel zur Erstellung eines Modells der Bindigkeit in Molekülen

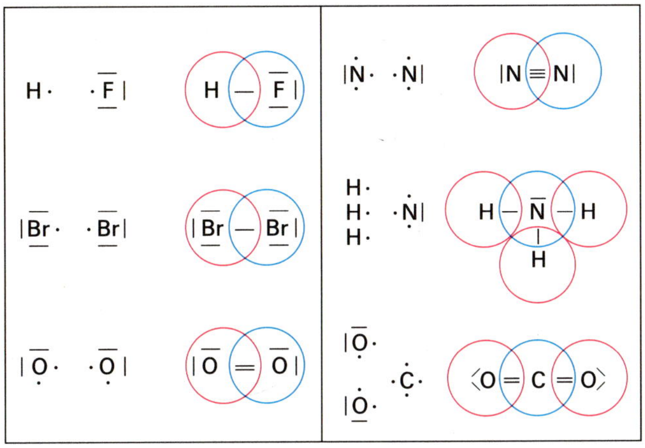

B 4 Bindigkeit, Bindungslänge und Bindungsenthalpie einiger Moleküle

Molekül	Bindigkeit	Bindungslänge (pm)	Bindungsenthalpie (kJ/mol)
H — H	1	74	−436
|Cl — Cl|	1	199	−242
|Br — Br|	1	228	−193
|I — I|	1	267	−151
|O = O|	2	121	−498
|N ≡ N|	3	110	−945

2.2 Der räumliche Bau von Molekülen

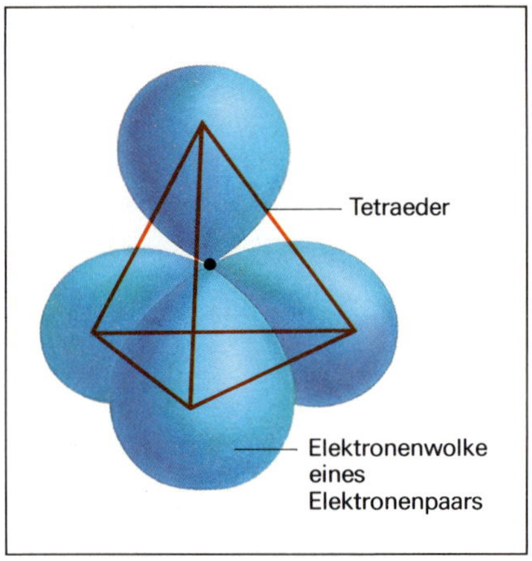

B 1 Vier Elektronenpaarwolken ordnen sich durch Abstoßung tetraedrisch an

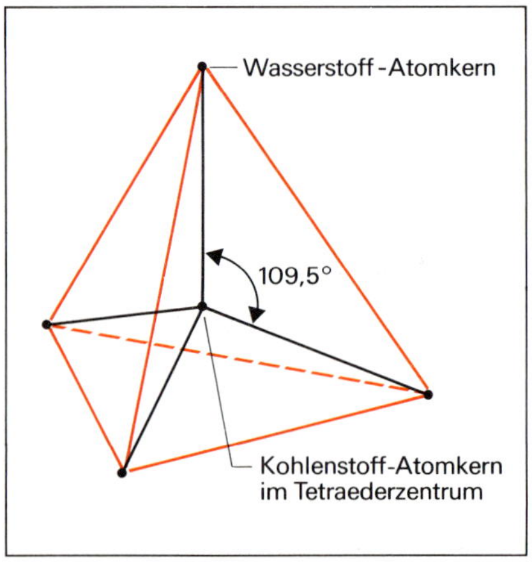

B 2 Atomanordnung im CH_4-Molekül

Mit der Oktettregel lassen sich Atome zu möglichen Molekülen kombinieren. Besteht ein Molekül aus mehr als zwei Atomen, so sind *verschiedene räumliche Anordnungen* der Atome denkbar. Der amerikanische Chemiker GILLESPIE hat eine einfache Modellvorstellung entwickelt, die es erlaubt, mithilfe der Formel den räumlichen Bau eines Moleküls zu bestimmen.

Elektronenpaare und Molekülstruktur. Geht man davon aus, dass sich Elektronenwolken aus Elektronenpaaren gegenseitig abstoßen, lässt sich der räumliche Bau eines Moleküls ableiten.
Das CH_4-Molekül besitzt vier bindende Elektronenpaare. Vom Kohlenstoffatom gehen also vier bindende Elektronenwolken aus, die von je zwei Elektronen gebildet werden. Durch die gegenseitige *Abstoßung der Elektronenwolken* ordnen sich diese so an, dass sie den größtmöglichen Abstand voneinander einnehmen. Es ergibt sich die in ▶ B 1 dargestellte Anordnung. Die Kerne der Wasserstoffatome sind alle gleich weit voneinander entfernt und bilden die Ecken eines gedachten *Tetraeders*. ▶ B 2 zeigt die Verbindungslinien zwischen den Kernen der Wasserstoffatome und dem Kern des Kohlenstoffatoms. Alle von diesen Linien gebildeten Winkel sind gleich. Man nennt sie *Tetraederwinkel*, sie betragen jeweils 109,5°. Aus der Anordnung der Elektronenpaare folgt also, dass die vier Wasserstoffatome tetraedrisch um das Kohlenstoffatom angeordnet sind (▶ B 3a); dieses befindet sich im Zentrum des Tetraeders.
Neben den bindenden bestimmen auch die freien Elektronenpaare den räumlichen Bau eines Moleküls. Das freie Elektronenpaar des NH_3-Moleküls (↗ Kap. 2.1, ▶ B 3) sowie dessen drei bindende Elektronenpaare stoßen sich gegenseitig ab. Dadurch ergibt sich wie im CH_4-Molekül eine tetraedrische Anordnung der Elektronenpaare (▶ B 3b). Die Winkel zwischen den bindenden Elektronenpaaren sind allerdings etwas kleiner als der Tetraederwinkel. Man kann zur Erklärung annehmen, dass durch ein freies Elektronenpaar wegen größerer Raumbeanspruchung dieser Elektronenwolke eine etwas stärkere Abstoßung erfolgt als durch ein bindendes Elektronenpaar.
Auch im H_2O-Molekül sind vier Elektronenpaare ungefähr tetraedrisch angeordnet (▶ B 3c). Wegen der noch stärkeren Abstoßung der bindenden Elektronenpaare durch die beiden freien Elektronenpaare weicht der Bin-

B 3 Ableitung einiger Molekülstrukturen aus der tetraedrischen Anordnung der bindenden und freien Elektronenpaare: a) tetraedrisch, b) pyramidal, c) gewinkelt, d) linear (gestreckt)

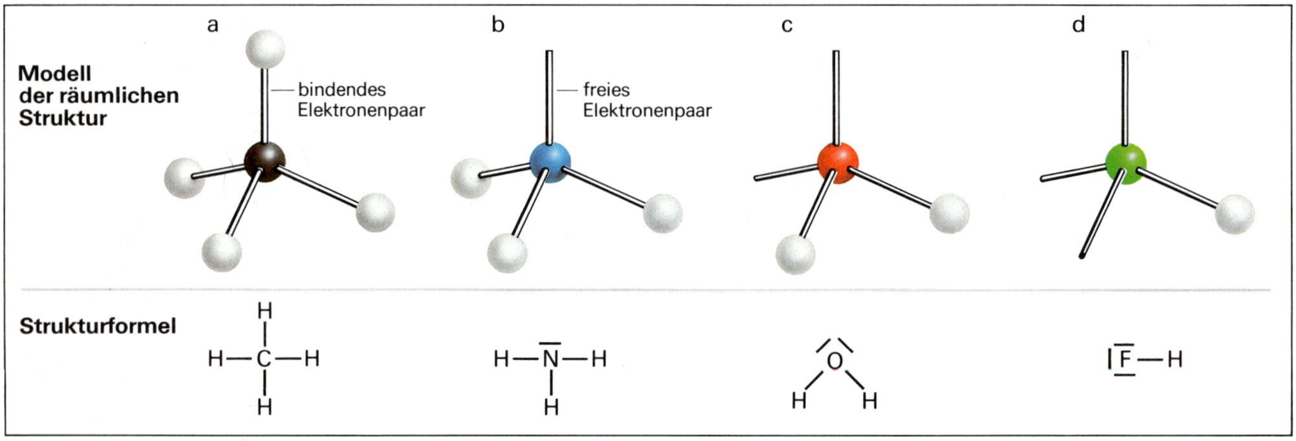

dungswinkel weiter vom Tetraederwinkel ab als beim NH_3-Molekül. Der Bindungswinkel im Wassermolekül beträgt 105°.

Moleküle können durch das Elektronenpaar-Abstoßungsmodell beschrieben werden. Hierbei stoßen sich die Elektronenwolken aller Valenzelektronenpaare ab und ordnen sich dadurch möglichst weit voneinander entfernt an.

Die Strukturformel. Eine Formel, in der die bindenden Elektronenpaare angegeben sind und die die räumliche Anordnung der Atome berücksichtigt, nennt man *Strukturformel*. Es ist zweckmäßig, in ihr auch die freien Elektronenpaare anzugeben. Bei Molekülen, deren Atome nicht in einer Ebene liegen, kann die Strukturformel die Bindungswinkel nicht richtig angeben (► B 3a, b). In solchen Fällen werden tetraedrische Bindungswinkel durch rechte Winkel in der Strukturformel wiedergegeben.

Mit dem Modell der Elektronenpaar-Abstoßung ist es auch möglich, die Struktur von Molekülen mit *Doppel-* oder *Dreifachbindungen* zu bestimmen. Eine Doppelbindung wird durch zwei bindende Elektronenwolken gebildet. In ► B 4 ist dies für die Doppelbindung zwischen dem Kohlenstoff- und dem Sauerstoffatom des H_2CO-Moleküls dargestellt. Zur Strukturbestimmung eines Moleküls behandelt man deshalb eine Doppelbindung näherungsweise wie eine Einfachbindung. Gehen von einem Atom, das kein freies Elektronenpaar besitzt, drei Bindungen aus, so führt ihre gegenseitige Abstoßung zu Bindungswinkeln von 120°. Damit haben die drei Bindungen den größtmöglichen Abstand voneinander. Alle vier Atome liegen in einer Ebene.
Die beiden Doppelbindungen im CO_2-Molekül bilden durch die gegenseitige Abstoßung den größtmöglichen Winkel von 180°. Die drei Atome sind linear angeordnet (► B 5 links).
Bei der Ermittlung einer Molekülstruktur anhand des Modells der Elektronenpaar-Abstoßung können auch Dreifachbindungen ähnlich wie Einfachbindungen behandelt werden. Das Kohlenstoffatom im HCN-Molekül ist von zwei Atomen umgeben. Da das Kohlenstoffatom keine freien Elektronenpaare hat, führt die Abstoßung zwischen der Einfach- und der Dreifachbindung zu einer linearen Anordnung der Atome (► B 5 rechts).

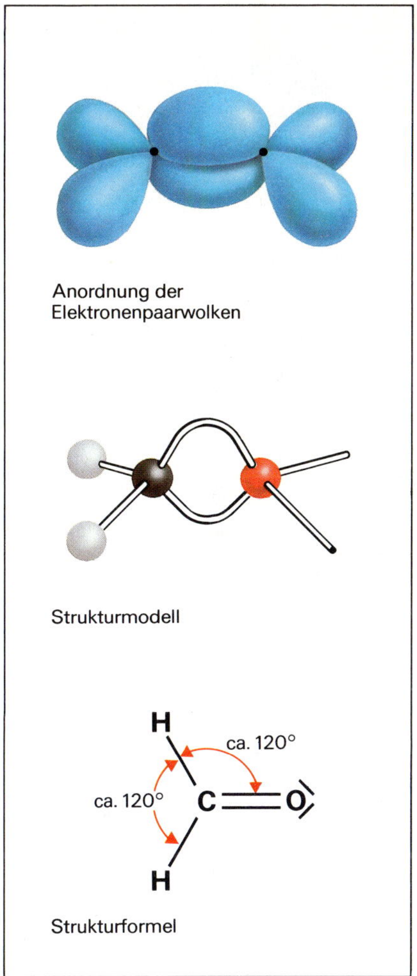

B 4 Ebener, gewinkelter Bau im H_2CO-Molekül durch Doppelbindung

B 5 Gestreckter Molekülbau bei zwei Doppelbindungen (links) und Dreifachbindung (rechts)

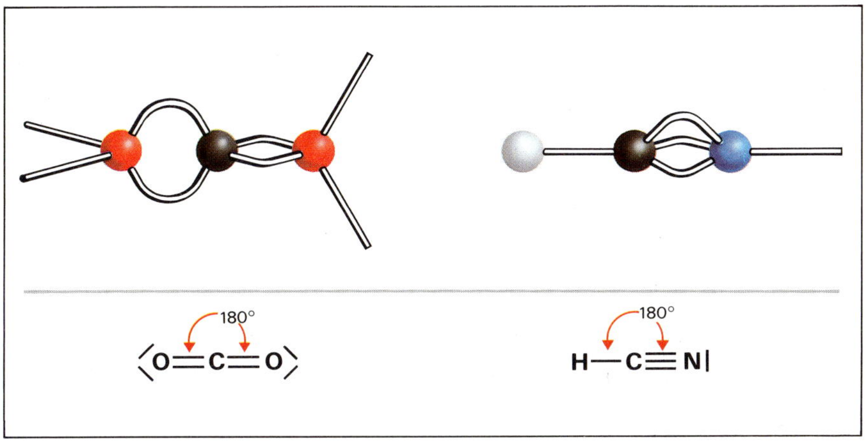

A 1 Bauen Sie Kugel-Stab-Modelle folgender Moleküle: CCl_4, H_2S, C_2H_4, C_2H_2. Geben Sie die Strukturformeln dieser Moleküle an.

A 2 Zeichnen Sie die Strukturformeln der Moleküle mit den allgemeinen Molekülformeln AB_4, $|AB_3$, $\langle AB_2$. In ihnen sind die freien Elektronenpaare angegeben. Machen Sie jeweils eine Angabe über die Bindungswinkel. Ordnen Sie Ihnen bekannte Moleküle den allgemeinen Formeln zu.

2.3 Die polare Atombindung

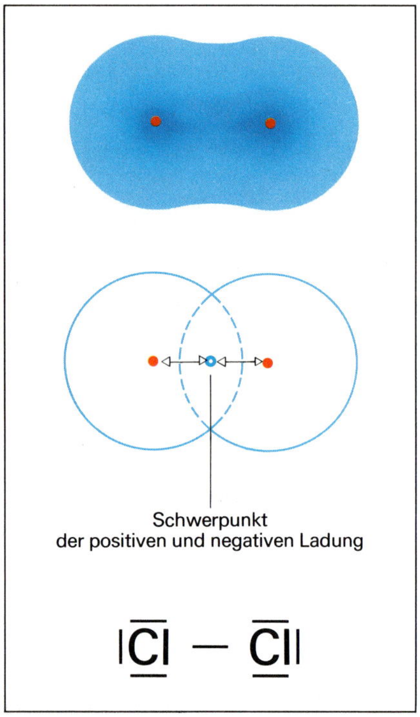

B 1 Chlormolekül: Ladungsschwerpunkte

B 2 Chlorwasserstoffmolekül: Ladungschwerpunkte

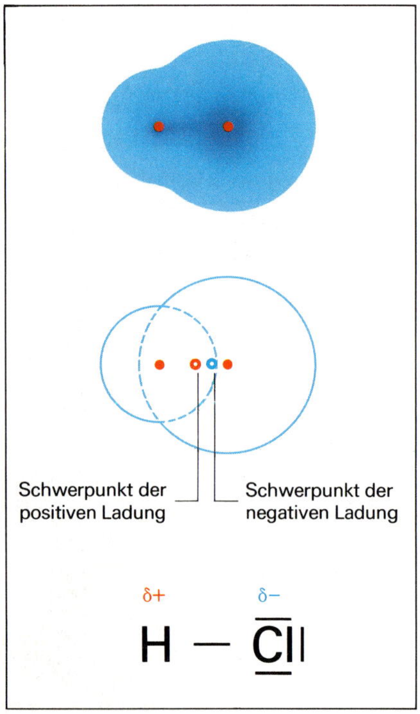

Die Bindung zwischen den Atomen im Chlormolekül erfolgt durch eine gemeinsame Elektronenwolke, die von zwei Elektronen gebildet wird. Sie bewegen sich im Anziehungsbereich der Kerne. Die Bildung der Bindung führt zu einer Verdichtung der negativen Ladung zwischen den Kernen (▶ B 1 oben). Die bindende Elektronenwolke ist symmetrisch um beide Kerne angeordnet. Das Zentrum der negativen Ladung liegt also an derselben Stelle wie das Zentrum der positiven Ladung beider Kerne (▶ B 1 Mitte). Man sagt, beide *Ladungsschwerpunkte* fallen zusammen.

Die polare Atombindung. Im Chlorwassserstoffmolekül befindet sich die bindende Elektronenwolke im Anziehungsbereich von Kernen mit sehr unterschiedlicher Ladungszahl. Die Bindungselektronen werden also von den beiden Kernen *unterschiedlich* stark angezogen, die Elektronenwolke ist zum Chloratom verschoben (▶ B 2 oben), obwohl beim Chloratom die Wirkung der Kernladung durch innere Elektronenschalen abgeschwächt wird. Dadurch fallen die Schwerpunkte der positiven und der negativen Ladung nicht mehr zusammen. Dies ist in ▶ B 2 Mitte schematisch dargestellt. Durch die nicht symmetrische Verteilung der Bindungselektronen besitzt das Chloratom einen Überschuss an negativer Ladung. Diese zusätzliche Ladung ist jedoch kleiner als eine negative Elementarladung und wird deshalb als *negative Teilladung* (Zeichen: δ −) bezeichnet. Entsprechend besitzt das Wasserstoffatom die gleich große *positive Teilladung* δ + (▶ B 2 unten).

In Molekülen können Teilladungen vorliegen, wenn zwei unterschiedliche Atome durch eine Atombindung miteinander verbunden sind. Diese Bindung bezeichnet man als polare Atombindung.

Die Elektronegativität. Das Vorzeichen und die Größe der Teilladung eines gebundenen Atoms wird durch seine Anziehungskraft auf die Bindungselektronen bestimmt. Um die Fähigkeit eines Atoms, Bindungselektronen anzuziehen, mit anderen Atomen vergleichen zu können, hat man den Begriff der **Elektronegativität** *EN* eingeführt. Da diese Anziehungskraft mit größer werdendem Atomradius abnimmt und der Atomradius im PSE bekanntlich in den Gruppen von oben nach unten sowie in den Perioden von rechts nach links zunimmt, nimmt die Elektronegativität bis auf wenige Ausnahmen in diese Richtungen ab (▶ B 3, ↗ Anhang).

B 3 Elektronegativitätswerte von Atomen der Hauptgruppenelemente

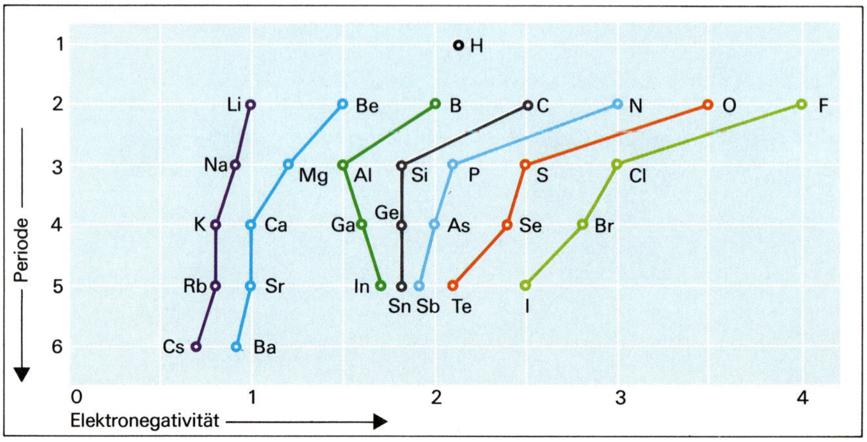

Um die Anziehung auf die Bindungselektronen bei verschiedenen Atomen miteinander vergleichen zu können, wird die Elektronegativität nach dem Chemiker L. PAULING durch eine Vergleichszahl ohne Benennung ausgedrückt. Da von allen Atomen das Fluoratom die Elektronen einer Atombindung am stärksten anzuziehen vermag, wurde ihm der größte Elektronegativitätswert zugeordnet. Dafür wählte PAULING die Zahl 4.
Sind zwei Atome miteinander verbunden, so besitzt das elektronegativere die negative Teilladung. Die Bindung wird in der Regel umso polarer, je größer die Differenz der Elektronegativitätswerte ist.

Die Anziehungskraft, die Atome auf Bindungselektronen ausüben, wird durch Elektronegativitätswerte ausgedrückt.

Dipolmoleküle. Beim Chlorwasserstoffmolekül fallen die Ladungsschwerpunkte von positiver und negativer Teilladung nicht zusammen. Das Molekül zeigt ein positives und ein negatives Ende und ist damit ein Dipolmolekül (▶ B 4). Da die Elektronegativität vom Fluoratom zum Iodatom abnimmt, ist das Fluorwasserstoffmolekül von allen Halogenwasserstoffmolekülen der stärkste Dipol.

Im Kohlenstoffdioxidmolekül liegen zwei polare Bindungen vor, wobei die positive Teilladung am Kohlenstoffatom genauso groß ist wie die beiden negativen Teilladungen an den Sauerstoffatomen zusammen.
Trotzdem ist es kein Dipol, da die Ladungsschwerpunkte von positiver und negativer Teilladung zusammenfallen (▶ B 4). Dies ist bei allen Molekülen der Fall, bei denen die Teilladungen symmetrisch angeordnet sind. Auch das tetraedrisch gebaute CCl_4-Molekül ist deshalb kein Dipol.

Das Wassermolekül ist gewinkelt gebaut. Die positiven Teilladungen liegen daher auf einer Seite des Moleküls. Ihr Schwerpunkt liegt auf der Winkelhalbierenden des Bindungswinkels und fällt nicht mit der negativen Teilladung zusammen. Das Wassermolekül ist also ein Dipol. Dies zeigt der Versuch in ▶ B 5: Ein Wasserstrahl wird durch einen elektrisch aufgeladenen Stab deutlich abgelenkt. Ist der Stab z. B. negativ geladen, orientieren sich die Wassermoleküle so, dass die positive Ladung zum Stab zeigt. Dadurch überwiegt die Anziehungskraft.
Dagegen wird ein Strahl von Tetrachlormethan, CCl_4, nicht abgelenkt, da die CCl_4-Moleküle keinen Dipolcharakter besitzen.

Dipolmoleküle sind Moleküle, bei denen die Ladungsschwerpunkte der positiven und negativen Teilladungen nicht zusammenfallen.

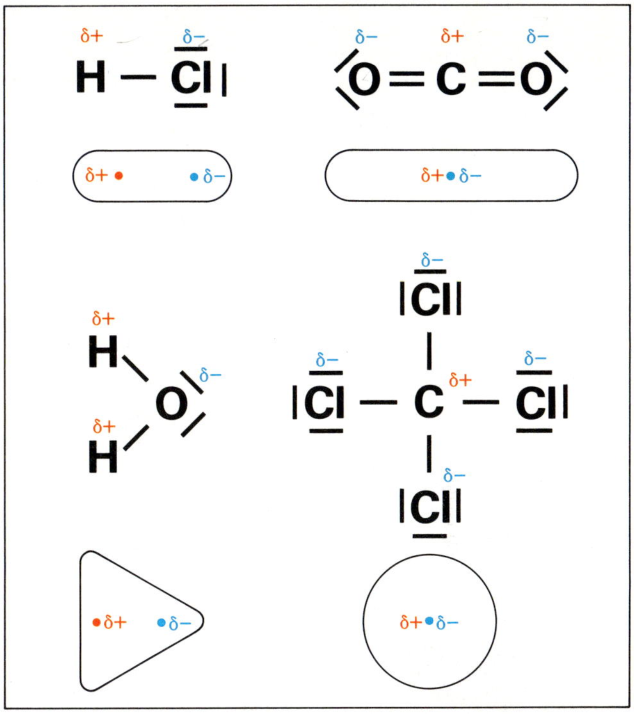

B 4 Moleküle mit Teilladungen. Die Schwerpunkte der Teilladungen sind durch Punkte gekennzeichnet

A 1 Ist das NH_3-Molekül ein Dipol? Wo liegt der Schwerpunkt der positiven Teilladungen?

A 2 Ordnen Sie folgende Bindungen nach steigender Polarität: N – H, C – H, F – H, O – H.

B 5 Ablenkung eines Wasserstrahls durch einen geladenen Stab im Experiment (links) und im Schema (rechts)

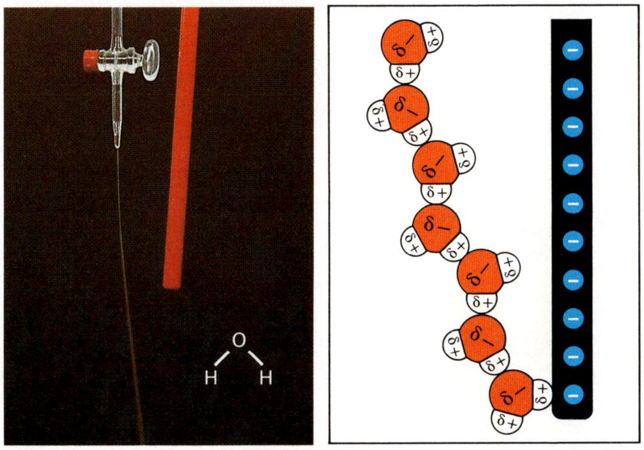

2.4 Kräfte zwischen Molekülen

Helium	−269 °C		
Neon	−246 °C	Fluor	−188 °C
Argon	−186 °C	Chlor	−35 °C
Krypton	−152 °C	Brom	58 °C
Xenon	−108 °C	Iod	183 °C
Wasserstoff	−253 °C		
Stickstoff	−196 °C		
Sauerstoff	−183 °C		

B 1 Siedetemperaturen einiger Elemente

B 2 Molekülgitter des Iods

Um Feststoffe zu schmelzen oder Flüssigkeiten zu verdampfen, muss man Energie zuführen, da zwischen den Teilchen Anziehungskräfte herrschen. Durch Energiezufuhr können diese Anziehungskräfte überwunden werden. Die Teilchen sind dann in der Schmelze verschiebbar bzw. im Gas frei beweglich. Anziehungskräfte herrschen zwischen Ionen in Salzen, zwischen Atomen bei den Edelgasen und zwischen Molekülen. Je größer diese Anziehungskräfte sind, desto höher sind in der Regel Schmelz- bzw. Siedetemperatur des Stoffes.

Van-der-Waals-Kräfte. Die tiefen Siedetemperaturen der Edelgase zeigen, dass zwischen den Atomen dieser Stoffe nur sehr geringe Kräfte wirken. Dies gilt auch für unpolare Moleküle, wie z. B. die Halogen- oder Sauerstoffmoleküle. Diese Kräfte sind ebenfalls wie die Elektronenpaarbindung und die Ionenbindung auf die Anziehung zwischen entgegengesetzten elektrischen Ladungen zurückzuführen. In einem Atom oder in den Atomen eines Moleküls bewegen sich die Elektronen innerhalb bestimmter Räume. Wird nun die Ladungsverteilung während ganz kurzer Zeit unsymmetrisch, so erscheint das Atom oder das Molekül als Dipol mit einer negativen und einer positiven Seite. Man spricht von einem **spontanen Dipol** (▶ B 3).
In der Nähe befindliche Atome oder Moleküle werden von diesem spontanen Dipol nun so polarisiert, dass in ihnen die Elektronen zur positiven Seite des spontanen Dipols verschoben werden. Von der negativen Seite werden die Elektronen abgestoßen. Es entstehen damit Dipole, die im Gegensatz zu polaren Molekülen wie HCl oder H_2O erst unter Einwirkung eines äußeren Feldes entstehen und deshalb als **induzierte Dipole** bezeichnet werden. Diese sogenannten Van-der-Waals-Kräfte sind also elektrostatische Kräfte zwischen spontanen und induzierten Dipolen.

Die Siedetemperaturen von Edelgasen und Halogenen zeigen, dass diese Kräfte mit zunehmender Größe der Atome beziehungsweise der Moleküle stärker werden (▶ B 1). Ab einer bestimmten Größe der Teilchen können die Van-der-Waals-Kräfte so groß werden, dass die Teilchen bei Zimmertemperatur nicht mehr verschiebbar sind und sich regelmäßig in einem Molekülgitter anordnen. Dies ist zum Beispiel beim Iod der Fall, das bei Zimmertemperatur fest ist (▶ B 2).

B 3 Das Zustandekommen der Van-der-Waals-Kräfte

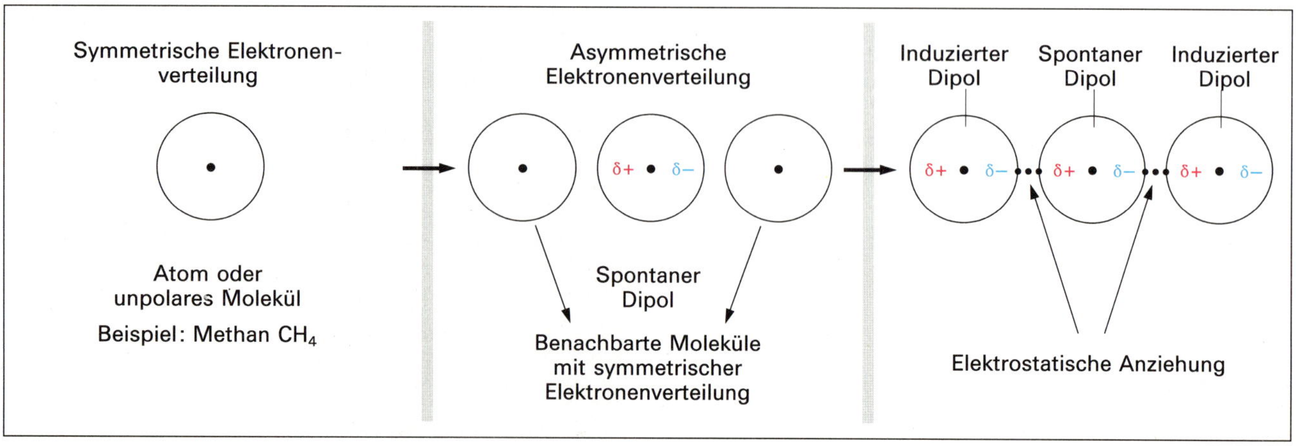

Die Tatsache, dass Iod leicht sublimiert, also beim Erwärmen vom festen in den gasförmigen Zustand übergeht, zeigt allerdings, dass die Van-der-Waals-Kräfte schwache zwischenmolekulare Kräfte sind.

Van-der-Waals-Kräfte sind schwache zwischenmolekulare Kräfte, die auf der elektrostatischen Anziehung zwischen spontanen und induzierten Dipolen bei Atomen oder Molekülen beruhen.
Die Kräfte nehmen mit der Größe der Atome oder Moleküle zu.

Dipol-Dipol-Wechselwirkungen. Die Siedetemperaturen der Wasserstoffverbindungen der Elemente der 4. Hauptgruppe steigen von CH_4 bis SnH_4. Dies lässt sich mit den steigenden Van-der-Waals-Kräften aufgrund der zunehmenden Atomgröße in dieser Reihe erklären (▶ B 4).
Vergleicht man jedoch die Siedetemperaturen von Germaniumwasserstoff GeH_4 und Chlorwasserstoff HCl, so findet man sehr ähnliche Werte. Entsprechendes findet man beim Vergleich von Zinnwasserstoff SnH_4 mit Bromwasserstoff HBr, obwohl die Halogenwasserstoffmoleküle jeweils die weitaus geringeren Teilchengrößen besitzen.
Der Grund liegt im Dipolcharakter der Halogenwasserstoffmoleküle, wie die Elektronegativitätsdifferenzen zwischen dem Wasserstoffatom und den Halogenatomen zeigen.
Im Gegensatz zu den Van-der-Waals-Kräften zwischen spontanen und induzierten Dipolen, die nur kurzfristig auftraten, handelt es sich bei den Halogenwasserstoffmolekülen um Kräfte zwischen **permanenten Dipolen**, die man **Dipol-Dipol-Kräfte** nennt.

Die Kräfte zwischen polaren Molekülen nennt man Dipol-Dipol-Wechselwirkung.

Wasserstoffbrückenbindung. Beim Vergleich der Siedetemperaturen der Halogenwasserstoffe fällt der hohe Wert von Fluorwasserstoff auf. Zwischen den HF-Molekülen müssen starke Kräfte herrschen. Diese Kräfte kommen dadurch zustande, dass das kleine, stark elektronegative Fluoratom den Aufenthaltsbereich der bindenden Elektronen weit zu sich zieht und damit der positive Kern des Wasserstoffatoms kaum mehr durch Elektronen abgeschirmt ist. Daher zieht das positiv polarisierte Wasserstoffatom im HF-Molekül das negativ polarisierte Fluoratom des benachbarten HF-Moleküls stark an.
Diese starken zwischenmolekularen Kräfte treten noch bei den Wasserstoffverbindungen von Stickstoff und Sauerstoff, NH_3 und H_2O, auf, die dadurch ebenfalls anomal hohe Siedepunkte besitzen. Man spricht bei diesen zwischenmolekularen Kräften von einer Wasserstoffbrückenbindung. Die Stärke dieser Wasserstoffbrücken nimmt in der Reihe N—H, O—H, F—H zu.
Man darf jedoch nicht übersehen, dass zur Spaltung einer Wasserstoffbrücke immer noch ein wesentlich geringerer Energiebetrag aufgewendet werden muss als zur Trennung einer Atombindung.

Jedes *Wassermolekül* kann zu Nachbarmolekülen zwei Wasserstoffbrücken ausbilden (▶ B 5). Sie bewirken, dass die Siedetemperatur von Wasser noch höher ist als die von Fluorwasserstoff. Zwischen H_2S-Molekülen wirken wesentlich geringere Kräfte, da die Polarität der H-S-Bindung nur gering ist. Die Zunahme der zwischenmolekularen Kräfte in der Reihe H_2S, H_2Se und H_2Te beruht auf der Zunahme der Van-der-Waals-Kräfte.

Die Kräfte zwischen den Molekülen der Wasserstoffverbindungen von Stickstoff, Sauerstoff und Fluor bezeichnet man als Wasserstoffbrückenbindung.

B 4 Siedetemperaturen einiger Wasserstoffverbindungen und Elektronenanzahlen der Moleküle

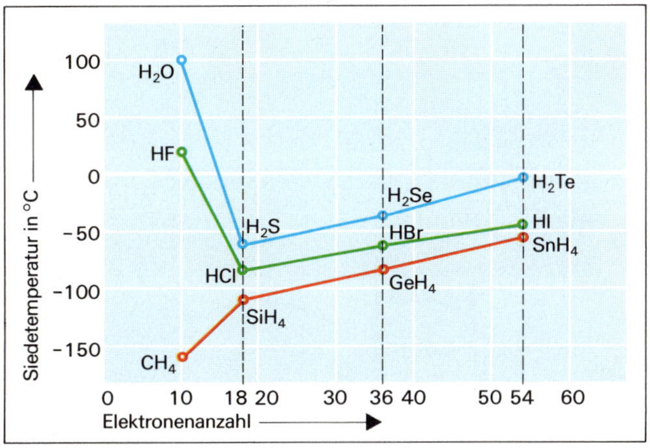

B 5 Wasserstoffbrücken zwischen Fluorwasserstoffmolekülen und zwischen Wassermolekülen

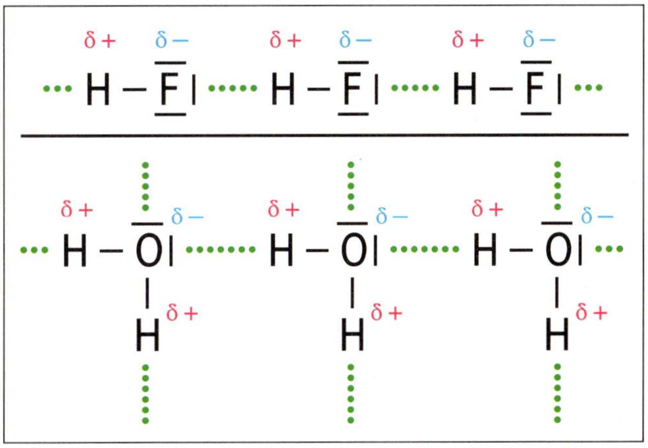

2.5 Exkurs: Das Molekülgitter von Eis

B 1 Ein Eiskristall hat einen sechseckigen Querschnitt

B 2 Eisberg. $\frac{1}{12}$ ragt aus dem Wasser

A 1 In welcher Reihenfolge sieden die Hauptbestandteile der Luft bei der Destillation von flüssiger Luft? Begründen Sie die Reihenfolge.

A 2 Skizzieren Sie analog der Darstellung in ▶ B 4, ↗ Kap. 2.4, den Verlauf der Siedetemperaturen in der Reihe der Wasserstoffverbindungen der Elemente der 5. Hauptgruppe.

A 3 Beschreiben Sie die vertikalen Wasserbewegungen, die aufgrund von Dichteunterschieden in einem See entstehen, wenn die Lufttemperatur von +10 °C auf −10 °C sinkt.
Welche biologische Bedeutung hat dieser Sachverhalt?

Eis- oder Schneekristalle bilden regelmäßige sechseckige Muster (▶ B 1). Dies gibt einen Hinweis auf die besonders regelmäßige Anordnung der Wassermoleküle. Im Eis ist jedes Sauerstoffatom tetraedrisch von vier Wasserstoffatomen umgeben (▶ B 3). Zu zwei Wasserstoffatomen führt je eine Atombindung, zu den beiden anderen, etwas weiter entfernten, je eine Wasserstoffbrücke. Diese Anordnung ergibt ein weitmaschiges Gitter mit durchgängigen Hohlräumen von *sechseckigem* Querschnitt. Wegen dieser weiträumigen Struktur besitzt Eis eine geringere Dichte als flüssiges Wasser und schwimmt in diesem (▶ B 2).

Wenn Eis schmilzt, bricht das Gitter zusammen, und die Dichte nimmt zu. Die Moleküle können enger zusammenrücken. Die Hohlräume werden kleiner. Allerdings existieren im flüssigen Wasser immer noch Zusammenlagerungen von Molekülen mit der Struktur des Eises. Man nennt diese Molekülverbände *Cluster*. Mit steigender Temperatur nimmt die Größe dieser Cluster ab, das heißt, die Moleküle können enger zusammenrücken. Die Dichte des Wassers nimmt daher bis 4 °C zu. Dies bezeichnet man als Anomalie des Wassers. Bei weiterer Temperaturerhöhung vergrößern sich die Abstände der Wassermoleküle wieder, die Dichte nimmt ab, und Wasser dehnt sich wie jede andere Flüssigkeit aus.

Vor allem im Winter ist diese Dichteanomalie des Wassers für den Lebensraum Gewässer von großer Bedeutung.
Da Wasser mit der größten Dichte, also mit einer Temperatur von 4 °C nach unten sinkt, gefrieren die Gewässer stets von oben. Die Eisdecke schützt vor weiterer Abkühlung. Die Gefahr, dass der See ganz zufriert, ist damit geringer. Die Organismen können überwintern.

B 3 Molekülgitter von Eis. Durch die Anordnung der Wassermoleküle entstehen Hohlräume. Deren sechseckige Form ist Grundlage für die sechseckigen Muster der Schneekristalle

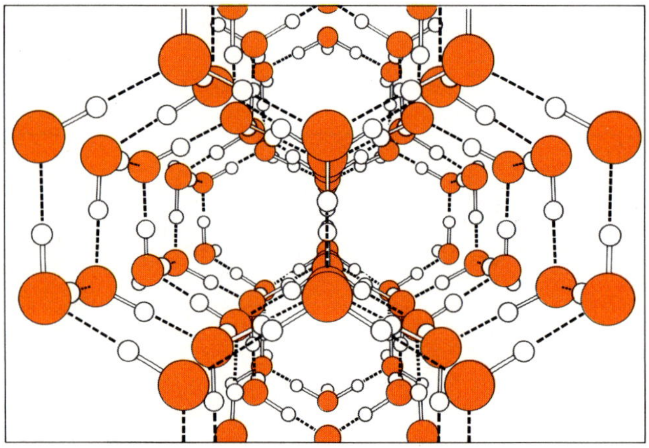

B 4 Wasser hat bei 4 °C seine größte Dichte, da das Volumen bei dieser Temperatur am geringsten ist. Das Wasser mit der größten Dichte ist am Boden eines Teiches

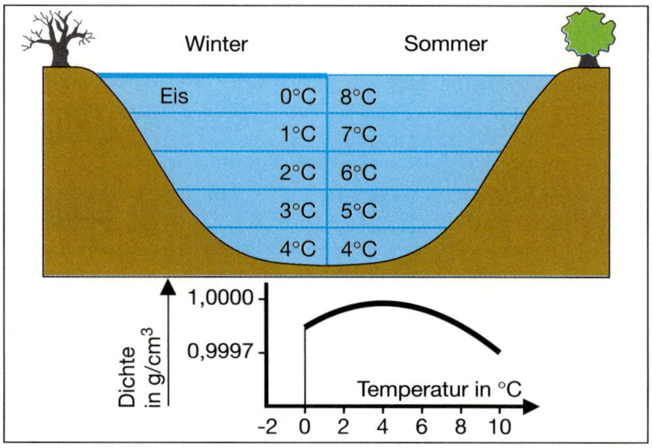

2.6 Atombindung und Ionenbindung

Molekül	Bindungs-enthalpie (kJ/mol)	ΔEN
H – F	–567	1,9
H – Cl	–431	0,9
H – Br	–366	0,7
H – I	–298	0,4
O – H (H_2O)	–463	1,4
N – H (NH_3)	–369	0,9
C – Cl (CH_3Cl)	–339	0,5
C – Br (CH_3Br)	–285	0,3
C – I (CH_3I)	–218	ca. 0

B 1 Bindungsenthalpie und Polarität bei einer Reihe vergleichbarer Moleküle

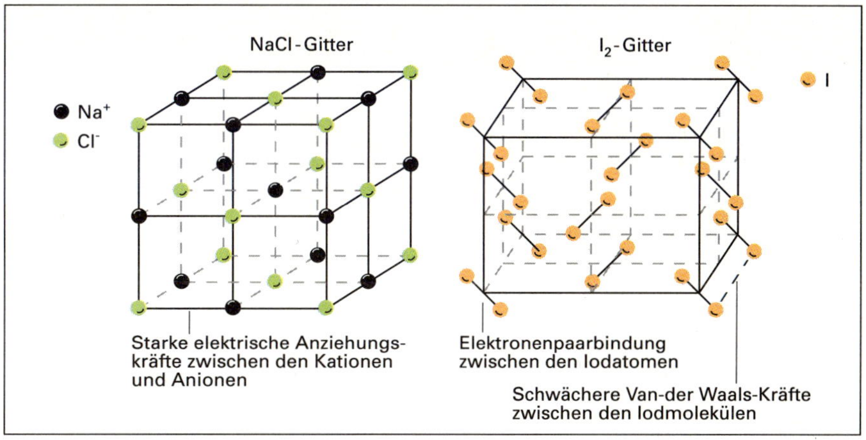

B 2 Ionengitter und Molekülgitter im Vergleich

Polarität und Bindungsenthalpie. Bei polaren Atombindungen sind die Beträge der Bindungsenthalpien oft besonders hoch. Sie sind umso höher, je größer die Differenz ΔEN der Elektronegativitäten, also die Polarität der Bindung ist (▶ B 1). Diesen stärkeren Zusammenhalt der Atome bei polaren Bindungen erklärt man mit einem gewissen ionischen Anteil. Die beiden Partialladungen verstärken die Bindungswirkung des gemeinsamen Elektronenpaares.
Die Einteilung von Stoffen nach ihren Bindungsverhältnissen lässt sich damit nicht streng durchführen. Ausgehend von einer völlig unpolaren Elektronenpaarbindung, wie z. B. im Chlor- oder Sauerstoffmolekül, ist ein kontinuierlicher Übergang über immer stärker polare Atombindung hin bis zur Ionenbindung möglich (▶ B 3).

Molekülgitter und Ionengitter. Molekular aufgebaute Verbindungen besitzen im Gegensatz zu den Salzen mit Ionengitter in der Regel niedrige Schmelz- und Siedetemperaturen. Sie werden deshalb als flüchtig bezeichnet. Bei hinreichend tiefen Temperaturen lassen sie sich jedoch auch in Feststoffe überführen. In solchen Molekülgittern werden die Moleküle nur durch die schwachen zwischenmolekularen Kräfte zusammengehalten.
Bei großen Molekülen, wie im Fall des Iod, können diese Kräfte schon bei Zimmertemperatur für die Bindung eines Molekülgitters ausreichen (▶ B 2). Festes Iod geht schon bei schwachem Erwärmen in den gasförmigen Zustand über, d. h. es sublimiert. Dies zeigt, dass auch hier die Gitterkräfte zwischen den Iodmolekülen schwach sind und die Beträge der Gitterenthalpie gering. Ionengitter zeichnen sich hingegen durch hohe Gitterenthalpien aufgrund der starken elektrischen Kräfte zwischen Kationen und Anionen aus (▶ B 2).

Molekülgitter sind aus einzelnen Molekülen aufgebaut. Sie zeigen im Gegensatz zu Ionengittern geringe Beträge der Gitterenthalpie.

B 3 Übergang Ionenbindung – Atombindung am Beispiel von Chloriden der 3. Periode

Verbindung	NaCl	$MgCl_2$	$AlCl_3$	$SiCl_4$	PCl_3	SCl_2	Cl_2
Aggregatzustand bei Zimmertemp.	fest	fest	fest	flüssig	flüssig	flüssig	gasförmig
Schmelztemperatur (°C)	801	714	193 (unter Druck)	–68	–91	–80	–101
ΔEN	2,1	1,8	1,5	1,2	0,9	0,5	0
Bindungstyp	Ionenbindung	Ionenbindung	Feststoff: Bindung mit Ionencharakter Schmelze/Dampf: Al_2Cl_6-Moleküle	Polare Atombindung ← Polarität ──			Unpolare Atombindung

2.7 Wasser als Lösungsmittel

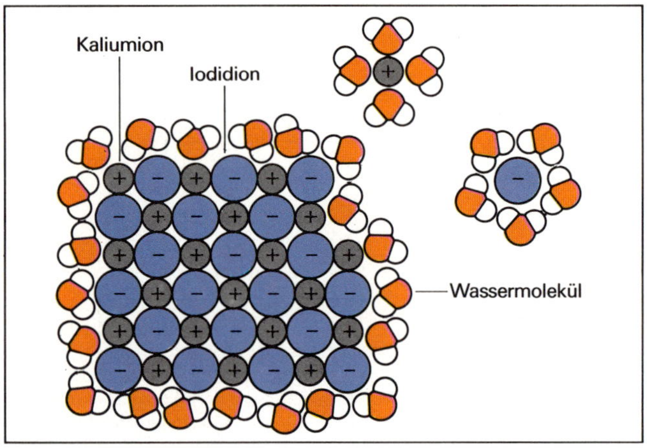

B 1 Zerteilung eines Ionengitters durch Wassermoleküle. Die Ionen werden von den Dipolmolekülen umhüllt

V 1 Füllen Sie in je ein Reagenzglas ca. 0,5 cm hoch je eine der in a, b und c angegebenen Substanzen. a) Calciumchlorid, Lithiumchlorid, Zinkbromid; b) Kaliumchlorid, Kaliumbromid, Kaliumiodid; c) Magnesiumoxid, Eisensulfid, Calciumfluorid, Eisenoxid. Füllen Sie ein Becherglas mit Wasser und bestimmen Sie die Temperatur. Geben Sie anschließend zu jedem Reagenzglas 5 ml Wasser aus dem Becherglas und verfolgen Sie bei jedem Salz unter Rühren die Temperaturänderung während des Lösungsvorganges bis zum Temperaturmaximum bzw. -minimum.

A 1 Ordnen Sie die Salze aus ▸ V 1 nach der Löslichkeit, dem Vorzeichen und dem Betrag der Temperaturänderung.

B 2 Hydratationsenthalpien und Radien einiger Ionen

Ion	Li^+	Na^+	K^+	Rb^+	Cs^+
ΔH_H(kJ/mol)	−510	−400	−325	−300	−270
Ionenradius (pm)	60	95	133	148	169
Ion	Be^{2+}	Mg^{2+}	Ca^{2+}	Sr^{2+}	Ba^{2+}
ΔH_H(kJ/mol)	−2500	−1910	−1580	−1430	−1290
Ionenradius (pm)	31	65	97	113	135
Ion		Al^{3+}			
ΔH_H(kJ/mol)		−4610			
Ionenradius (pm)		50			
Ion	F^-	Cl^-	Br^-	I^-	
ΔH_H(kJ/mol)	−510	−380	−340	−300	
Ionenradius (pm)	136	181	195	216	

Wasser ist ein gutes Lösungsmittel für viele Salze und für zahlreiche molekulare Stoffe. Viele chemische Reaktionen in Labor und Technik, aber auch in den Zellen von Organismen, laufen in wässrigen Lösungen ab. Das in der Natur vorkommende Wasser enthält meist viele gelöste Stoffe. Im Wasser können sich Feststoffe, Flüssigkeiten oder Gase lösen.

Vorgänge beim Lösen eines Salzkristalls. Beim Lösen von Natriumchlorid werden die Ionen des Gitters voneinander getrennt und sind in der Lösung beweglich. Wie kommt es, dass ein Ionengitter, in dem große Anziehungskräfte wirken, durch Wassermoleküle zerteilt werden kann?

Da Wassermoleküle Dipole sind, werden sie von den Ionen angezogen und lagern sich an der Oberfläche des Gitters an. Auf die randständigen Ionen wirken geringere Kräfte als auf die übrigen Ionen des Gitters; deshalb können die randständigen durch Anlagerung von Wassermolekülen am leichtesten abgetrennt werden. Dabei werden die Ionen vollständig von den Dipolmolekülen umhüllt. Dieser Vorgang kann sich bis zum völligen Abbau des Gitters wiederholen. In der Lösung besitzen alle Ionen eine Hülle von Wassermolekülen, die so genannte **Hydrathülle**.
Diese Hydrathülle vermindert die Anziehungskraft zwischen benachbarten, entgegengesetzt geladenen Ionen. Die hydratisierten Ionen sind somit in der Lösung frei beweglich.
Die Auflösung des Salzes geschieht so lange, bis die Lösung keine hydratisierten Ionen mehr aufnehmen kann. Die Lösung ist dann **gesättigt**.
Um hydratisierte Ionen zu kennzeichnen, verwendet man das Zeichen **aq** (von lat. aqua, Wasser) und schreibt z. B. $Na^+(aq)$ bzw. $Cl^-(aq)$. Die Bildung einer Hydrathülle durch Anlagerung von Wassermolekülen an Teilchen nennt man **Hydratation**.

$$NaCl(s) \longrightarrow Na^+(aq) + Cl^-(aq)$$

Beim Lösen eines Salzes in Wasser geht der Ionenverband in frei bewegliche, hydratisierte Ionen über.

Die Hydratationsenthalpie. Zur Hydratation der Ionen müssen unter Energieaufwand Wasserstoffbrücken zwischen den Wassermolekülen getrennt werden. Bei der Ausbildung der Hydrathüllen wird aufgrund der Anziehung zwischen den Wasserdipolen und den Ionen Energie frei. Die Energiedifferenz beider Vorgänge ist die Hydratationsenthalpie. Ihr Betrag hängt von Radius und Ladung des hydratisierten Ions ab (▸ B 2).

Die bei der Hydratation eines Ions frei werdende Wärme nennt man Hydratationsenthalpie ΔH_H.

Die Lösungsenthalpie. Bestimmte Salze, wie Calciumchlorid, lösen sich in Wasser exotherm, andere, wie Kaliumchlorid, endotherm. Magnesiumoxid löst sich nur in sehr geringem Umfang. Wie sind diese Unterschiede zu erklären?
Um die Ionen vollständig aus dem Gitterverband zu trennen, muss die Gitterenthalpie ΔH_G des betreffenden Salzes aufgewendet werden. Die Differenz zwischen den frei werdenden Hydratationsenthalpien der Ionen und der Gitterenthalpie bezeichnet man als die **Lösungsenthalpie** ΔH_L. Folgende Fälle lassen sich unterscheiden (► B 4):

a) $|\Delta H_H| > |\Delta H_G| \rightarrow \Delta H_L < 0$ Der Lösungsvorgang ist exotherm (Lösungswärme)

b) $|\Delta H_H| < |\Delta H_G| \rightarrow \Delta H_L > 0$ Der Lösungsvorgang ist endotherm („Lösungskälte")

c) $|\Delta H_H| \ll |\Delta H_G|$ Das Salz löst sich nur sehr wenig (schwer lösliches Salz)

Im Fall a führt der Wärmeüberschuss zur Temperaturerhöhung der Lösung. Bei b wird der zum Auflösen fehlende Enthalpiebetrag vom Wärmeinhalt des Wassers aufgebracht. Die Lösung kühlt ab.

Die Lösungsenthalpie eines Salzes ist die Differenz aus der Summe der Hydratationsenthalpien der Ionen und der Gitterenthalpie des Salzes.

Beispiel: Ermittlung der Lösungsenthalpie beim Auflösen von 1 mol Calciumchlorid $CaCl_2$ in Wasser:

$$\Delta H_L(CaCl_2) = (\Delta H_H(Ca^{2+}) + 2\,\Delta H_H(Cl^-)) - \Delta H_G(CaCl_2)$$
$$= (-1580\ kJ/mol + 2 \cdot (-380\ kJ/mol)) - (-2197\ kJ/mol)$$
$$= -143\ kJ/mol$$

Kation \ Anion	F^-	Cl^-	Br^-	I^-	O^{2-}	S^{2-}
Li^+	−1029	−849	−804	−753		
Na^+	−915	−781	−743	−699		
K^+	−813	−710	−679	−643		
Rb^+	−779	−685	−656	−624		
Ag^+	−943	−890	−877	−867		
Be^{2+}	−3456	−2983	−2895	−2803	−4519	
Mg^{2+}	−2883	−2489	−2414	−2314	−3933	−3255
Ca^{2+}	−2582	−2197	−2125	−2038	−3523	−3021
Sr^{2+}	−2427	−2109	−2046	−1954	−3310	−2874
Ba^{2+}	−2289	−1958	−1937	−1841	−3125	−2745
Al^{3+}					−15110	

B 3 Gitterenthalpien von Ionenverbindungen in kJ/mol

V 2 In einen Styroporbecher werden genau $100\ cm^3$ Wasser gefüllt. Unter Rühren werden 10 g Lithiumchlorid LiCl in das Wasser eingebracht und die Temperatur gemessen. (Genauere Ergebnisse werden durch Aufnahme des Temperaturganges und Extrapolation der Temperatur erzielt, ↗ S. 62, Elemente 9).

A 2 Berechnen Sie die molare Lösungsenthalpie von Lithiumchlorid mit dem Ergebnis von ► V 2.
$Q = c(H_2O) \cdot m(H_2O) \cdot \Delta\vartheta$; $c(H_2O) = 4{,}19\ J \cdot g^{-1} \cdot K^{-1}$
(Die Wärmekapazität des Kalorimetergefäßes wird vernachlässigt.)
$\Delta H_L(LiCl) = Q \cdot M(LiCl)/m(LiCl)$

B 4 Hydratationsenthalpie und Gitterenthalpie. Enthalpieschema für einen exothermen (links) und einen endothermen (rechts) Lösungsvorgang

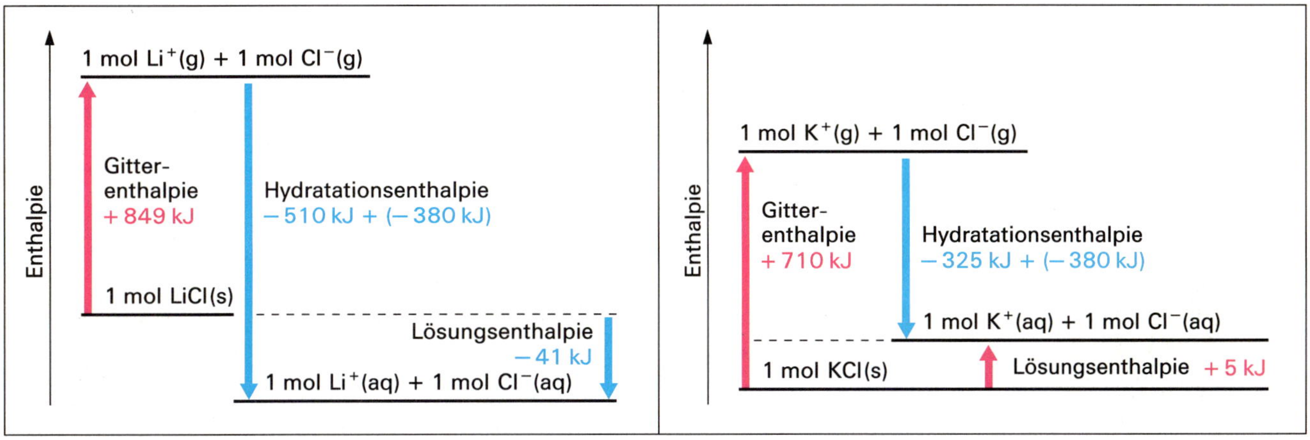

Größe	Größen-symbol	Definitions-gleichung	übliche Einheit(en)
Massen-anteil	w	$w(X) = \frac{m(X)}{m(Ls)}$	1, %, ‰
Volumen-anteil	φ	$\varphi(X) = \frac{V(X)}{V(Ls)}$	1, %, ‰
Stoffmengen-konzentration	c	$c(X) = \frac{n(X)}{V(Ls)}$	$\frac{mol}{l}$

m: Masse, *V*: Volumen, *n*: Stoffmenge
Ls: Lösung, X: gelöster Stoff bzw. Teilchen des gelösten Stoffs

B 5 Gehaltsgrößen zur Beschreibung der Zusammensetzung einer Lösung

V 3 a) Ca. 2 g Natriumchlorid und b) ca. 2 g Haushaltszucker werden jeweils mit 10 cm^3 Hexan versetzt.
b) Einige Iodkristalle werden jeweils mit etwas Wasser bzw. etwas Hexan versetzt.

A 3 In einer Lösung mit $V(Ls) = 80\ cm^3$ sind 3,2 g Calciumchlorid $CaCl_2$ gelöst. Berechnen Sie den Massenanteil *w* von Calciumchlorid in % sowie die Stoffmengenkonzentrationen $c(CaCl_2)$, $c(Ca^{2+})$ und $c(Cl^-)$ der Lösung. $\varrho(\text{Lösung}) \approx 1\ g/cm^3$.

A 4 Suchen Sie Beispiele von festen, flüssigen und gasförmigen Stoffen, für die Wasser als Lösungsmittel dient.

B 6 Löslichkeit einiger Stoffe

Stoff	Wasserlöslichkeit in in g/(100 g)
Rohrzucker	203,9
Kochsalz	35,88
Kaliumnitrat	31,66
Soda	21,66
Alaun	6,01
Gips	0,20
Löschkalk	0,12
Sauerstoff	0,0043
Stickstoff	0,0019
Kalkstein	0,0015

Stoff	Lösungsmittel: Benzin	Wasser
Kohlenstoff	nein	nein
Öl, Fett	ja	nein
Kochsalz	nein	ja
Alkohol	ja	ja
Rohrzucker	nein	ja
Naphthalin	ja	nein
Kerzenwachs	ja	nein

Löslichkeit. Die Löslichkeit *L* eines Stoffes gibt an, wie viel Stoff in einer Wasserportion der Masse 100 g bei einer bestimmten Temperatur gelöst werden kann.
Die Lösung ist damit gesättigt. Die Löslichkeit *L* hat die Einheit g/(100 g) (▶ B 6). Die Wasserlöslichkeit ist eine temperaturabhängige Stoffeigenschaft.

Gehaltsangaben für Lösungen. Häufig gibt man den **Massenanteil** einer Lösung in % an. Der Massenanteil *w* ist der Quotient aus der Masse *m*(X) des gelösten Stoffes X (in g) und der Masse der Lösung *m*(Ls) (in g). Eine 5%ige Kochsalzlösung enthält somit 5 g Natriumchlorid in 100 g Lösung.

Gelöste Flüssigkeiten werden meist durch den **Volumenanteil** in % gekennzeichnet. Der Volumenanteil φ ist der Quotient aus dem Volumen *V*(X) der gelösten Flüssigkeit X und dem Volumen der Lösung *V*(Ls) (in ml). Ein Volumenanteil von 8% bedeutet demnach, dass 8 ml einer Flüssigkeit in 100 ml Lösung vorliegen. Auf diese Weise werden z. B. Alkoholgehalte angegeben.

Die in der Chemie gebräuchlichste Gehaltsgröße ist die **Stoffmengenkonzentration** *c*(X). Sie ist der Quotient aus der Stoffmenge *n*(X) des gelösten Stoffes X (in mol) und dem Volumen der Lösung *V*(Ls) (in l). Eine Stoffmengenkonzentration $c(NaCl) = 0{,}5\ mol/l$ bedeutet demnach, dass z. B. in 0,5 l Lösung die Stoffmenge von 0,25 mol Natriumchlorid vorliegt.

Die Stoffmengenkonzentration *c*(X) einer Lösung ist der Quotient aus der Stoffmenge *n*(X) des gelösten Stoffs und dem Volumen *V*(Ls) der Lösung. Die übliche Einheit ist mol/l.

Polare und unpolare Lösungsmittel. Wassermoleküle sind polar. Man spricht daher beim Wasser von einem polaren Lösungsmittel. Die Polarität der Wassermoleküle ist die Voraussetzung für den Lösungsvorgang. Daher ist Wasser nicht nur für Salze ein gutes Lösungsmittel, sondern auch für Stoffe, deren Moleküle mit den Wasserdipolen Wasserstoffbrücken ausbilden können, wie z. B. Zuckermoleküle (▶ V 3).
Lösungsmittel, die unpolare Moleküle enthalten, lösen Salze und auch andere polare Stoffe nur sehr wenig. In ihnen können hingegen unpolare Stoffe gut gelöst werden (▶ V 3).

Polare Lösungsmittel enthalten polare Moleküle. Sie lösen bevorzugt Salze und polar gebaute Stoffe. Unpolare Lösungsmittel enthalten unpolare Moleküle. Sie lösen bevorzugt unpolar gebaute Stoffe.

2.8 Wasser als Hydratwasser

Bildung von Salzhydraten. Gibt man zu farblosem Kupfersulfat Wasser, so erhält man eine blaue Lösung. Durch Verdunsten des Lösungsmittels Wasser kristallisiert ein blaues Salz aus. Erhitzt man das blaue Salz, so entweicht Wasser, und es bildet sich wieder ein farbloses Salz (▶ V 1, ▶ B 1).

Die Versuchsreihe legt die Vermutung nahe, dass es sich auch beim blauen Salz um Kupfersulfat handelt, das sich vom farblosen durch Wassermoleküle unterscheidet, die in das Ionengitter des blauen Kupfersulfates eingelagert sind. Unterstützt wird diese Annahme durch das unterschiedliche Lösungsverhalten beider Salze in Wasser: Die Lösungsenthalpie für das farblose Kupfersulfat ($\Delta H_L = -67$ kJ/mol) unterscheidet sich deutlich von der des blauen Salzes ($\Delta H_L = 11$ kJ/mol), wie ▶ V 2 zeigt. Die frei werdende Wärme beim Lösen des farblosen Kupfersulfates beruht auf der Hydratation der Kupferionen. Sind nun die Kupferionen im blauen Salz, wie angenommen, bereits von Wassermolekülen umgeben, wird bedeutend weniger Hydratationsenthalpie frei, was in der positiven Lösungsenthalpie zum Ausdruck kommt.

Analysen beider Salze zeigen, dass das farblose Kupfersulfat wasserfrei ist und das blaue Kupfersulfat tatsächlich Wasser gebunden hat. Pro Formeleinheit $CuSO_4$ enthält das blaue Kupfersulfat fünf Moleküle Wasser. Es ist als $CuSO_4 \cdot 5\,H_2O$ zu formulieren und wird Kupfersulfat-Pentahydrat genannt (alter Name: *Kupfervitriol*).

Viele Salze kristallisieren aus wässrigen Lösungen in Form ihrer Hydrate aus. Die Anzahl der eingelagerten Wassermoleküle ist hierbei von Salz zu Salz verschieden, z. B. Bariumchlorid-Dihydrat ($BaCl_2 \cdot 2\,H_2O$) oder Natriumcarbonat-Decahydrat ($Na_2CO_3 \cdot 10\,H_2O$).

Das im Ionengitter eines Salzes gebundene Wasser nennt man Hydratwasser, die Salze bezeichnet man als Salzhydrate.

Bedeutung von Salzhydraten. Salze, die Hydrate bilden können, sind meist hygroskopisch, d. h. sie nehmen Wasser aus der Luft auf. Dabei werden Wassermoleküle in das Ionengitter des Salzes eingebaut. Daher werden einige von ihnen, z. B. Calciumchlorid ($CaCl_2$), als Trockenmittel verwendet.
Rotes Cobaltchlorid-Hexahydrat ($CoCl_2 \cdot 6\,H_2O$) gibt bereits beim schwachen Erwärmen Wasser ab und geht dabei in ein wasserärmeres, tiefblaues Hydrat über. Dieses nimmt umgekehrt wieder leicht Wasser auf unter Rückbildung der roten Farbe. Es wird daher im Labor als Nachweismittel für Wasser, im Haushalt als Wetteranzeiger verwendet (▶ V 3, ▶ B 2).

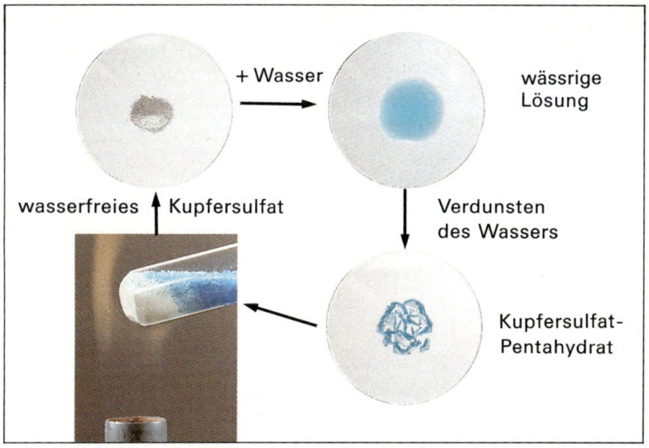

B 1 Farbänderung durch Hydratation der Kupferionen (Kupfersulfat)

V 1 In einer Kristallisierschale wird farbloses Kupfersulfat vollständig in Wasser gelöst. Man lässt das Wasser verdunsten. Die entstandenen Kristalle aus V 1 werden im Reagenzglas vorsichtig erhitzt (ϑ_{max} = ca. 250 °C), bis kein Wasserdampf mehr entsteht.

V 2 Gleiche Mengen von farblosem und blauem Kupfersulfat werden jeweils in der gleichen Wassermenge gelöst und die Temperatur vor und nach dem Lösungsvorgang gemessen.

V 3 Schreiben Sie mit verdünnter Cobaltchloridlösung auf rosafarbenes Papier. Nach dem Antrocknen erwärmen Sie das Papier mit einem Föhn. Besprühen Sie es nach dem Abkühlen mit einem Wasserzerstäuber.

B 2 Wetteranzeiger. Der Farbwechsel beruht auf der Aufnahme (links) und Abgabe (rechts) von Hydratwasser

2.9 Exkurs: Bedeutung des Wassers und seine Gefährdung

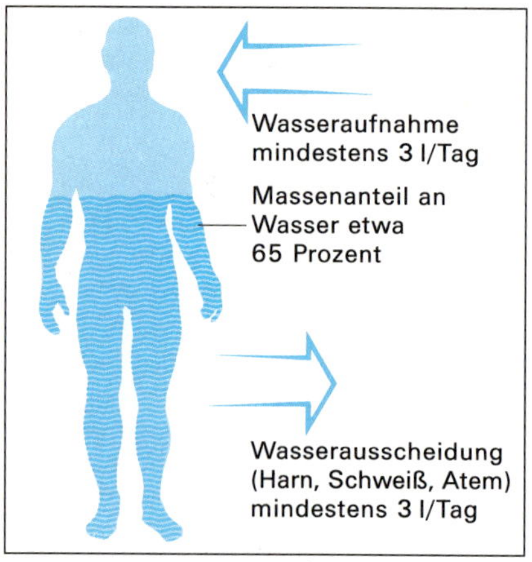

B 1 Wasserhaushalt eines Menschen

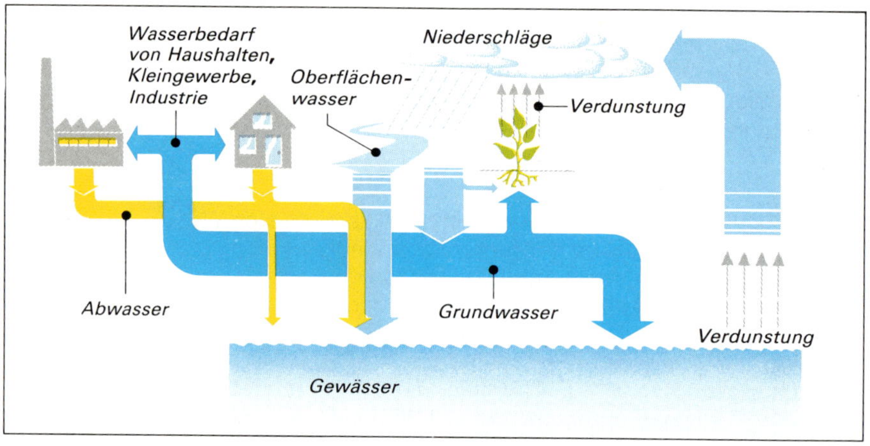

B 2 Wasserkreislauf. In der Natur vollzieht sich ein Kreislauf des Wassers, in den sich der Mensch eingeschaltet hat

	Liter
Duschen Baden	40
Wäsche waschen	20
WC	45
Körperpflege (ohne Baden)	10
Wohnungsreinigung	4
Geschirrspülen	4
Trinken und Kochen	3
Anteil am öffentlichen Verbrauch, z. B. Schwimmbäder	150

B 3 Durchschnittlicher Wasserverbrauch pro Person und Tag (Aufteilung)

B 4 Massenanteil an Wasser (in %) in Nahrungsmitteln (Auswahl)

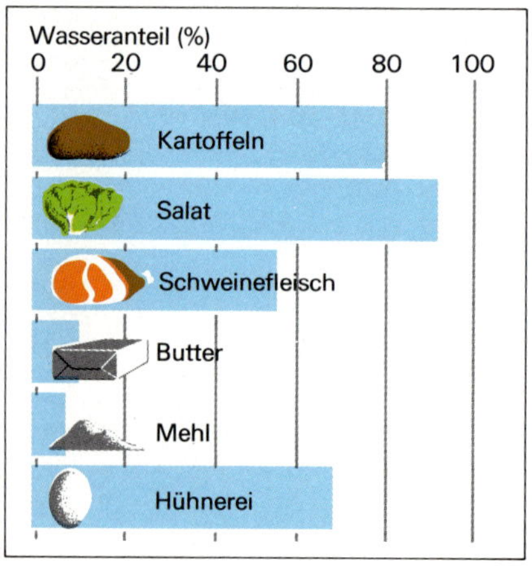

Ohne Wasser kein Leben. Der Körper der Pflanzen, Tiere und des Menschen besteht zu einem großen Teil aus Wasser. Ein Erwachsener muss täglich mindestens 3 Liter Wasser mit der Nahrung aufnehmen, um seinen *Wasserbedarf* zu decken. Völliger Wasserentzug führt nach wenigen Tagen zum Tode. Wasser erfüllt im Körper wichtige Aufgaben. Es *löst* und *transportiert* die lebensnotwendigen und verbrauchten Stoffe. Durch Ausscheiden und Verdunsten regulieren viele Lebewesen ihren Wärmehaushalt.

Der Kreislauf des Wassers. Fast drei Viertel der Erdoberfläche sind von Ozeanen, Seen, Flüssen und Eis bedeckt. Die gesamte Wassermenge schätzt man auf 1,35 Milliarden Kubikkilometer. Davon befinden sich etwa 97 Prozent als Meerwasser in den Ozeanen, rund 2 Prozent liegen im Eis der Polargebiete und Gletscher fest, und etwa 1 Prozent steht als Süßwasser zur Verfügung. Die Gesamtmenge des Wassers bleibt praktisch unverändert. Im Alltag spricht man zwar vom Wasserverbrauch, tatsächlich wird das Wasser nur für kurze Zeit einem *Kreislauf* entzogen.
Wasser verdunstet vom Erdboden, von Pflanzen- und Wasseroberflächen und wird von der Luft als Wasserdampf aufgenommen. In großen Höhen kondensiert Wasserdampf unter Bildung von Wolken. Als Niederschlag kehrt das Wasser zur Erdoberfläche zurück.

In Deutschland verdunstet etwa die Hälfte des Niederschlages sofort wieder. Ein weiterer großer Teil der Niederschläge fließt direkt in Flüsse und Seen ab, die das **Oberflächenwasser** bilden. Nur ein Achtel des Gesamtniederschlages versickert im Erdreich und bildet über wasserundurchlässigen Schichten das **Grundwasser**.

Wasserverbrauch. Nur aus diesem Grundwasser wurde früher das Trinkwasser gewonnen. Der tägliche Wasserverbrauch ist aber bei uns nicht auf das lebensnotwendige Maß von 3 Litern beschränkt. Hohe Ansprüche an Lebensqualität und Hygiene führen zu einem durchschnittlichen häuslichen Wasserverbrauch von über 130 l pro Person und Tag. Viel größer ist der Verbrauch der *Industrie*. Mancher Industriebereich verbraucht so viel Wasser wie eine Großstadt. Grundwasser alleine reicht schon lange nicht mehr, es muss verstärkt Oberflächenwasser eingesetzt werden.

Temperatur	$\leq 20\,°C$
pH-Wert	6,5 bis 9,5
Nitrationen	$50\,mg \cdot l^{-1}$
Nitritionen	$0{,}1\,mg \cdot l^{-1}$
Arsenionen	$0{,}04\,mg \cdot l^{-1}$
Bleiionen	$0{,}04\,mg \cdot l^{-1}$
Cyanidionen	$0{,}05\,mg \cdot l^{-1}$
CKW	$0{,}025\,mg \cdot l^{-1}$
Tetrachlormethan	$0{,}003\,mg \cdot l^{-1}$
Pflanzenschutzmittel	
(Summe)	$0{,}0005\,mg \cdot l^{-1}$
(Einzelstoff)	$0{,}0001\,mg \cdot l^{-1}$

B 5 Grenzwerte nach der Trinkwasserverordnung

Im Wasser lösen sich auch Gase. Erwärmt man Leitungs- und Mineralwasser, steigen *Gasblasen* hoch, lange bevor das Wasser siedet. In manchen Mineralwässern ist besonders viel *Kohlenstoffdioxid* gelöst.
Sowohl im Leitungs- als auch im Fluss- und Seewasser sind *Gase der Luft* gelöst. Besonders wichtig für das Leben in Gewässern ist der *Sauerstoff*. Bei höheren Temperaturen löst Wasser weniger Sauerstoff als bei niedrigen, deshalb kann eine starke Erwärmung des Wassers für Fische zu Sauerstoffmangel führen. Warme Abwässer von Industriebetrieben und Kraftwerken müssen deshalb vor dem Einleiten in Flüsse und Seen gekühlt werden.

Gefährdung des Wassers. Die Selbstreinigung des Wassers erfolgt durch Kleinstlebewesen, die hierfür den im Wasser gelösten Sauerstoff benötigen. Sie bauen einen Großteil der Abfälle zu ungefährlichen Stoffen ab. Oft überschreitet jedoch die Menge ungenügend oder nicht geklärten Abwassers die Selbstreinigungskraft des Gewässers. Dabei wirken Fäkalien und Waschmittelrückstände als Dünger und steigern das Wachstum der Wasserpflanzen. Die absterbenden Pflanzen zehren bei ihrem Abbau den im Wasser gelösten Sauerstoff auf.

Der Grad der Verschmutzung wird heute durch zahlreiche Untersuchungsmethoden laufend festgestellt. Dadurch können Verschmutzungsquellen schnell und sicher gefunden werden. Diese Maßnahmen und ein dichtes Netz wirkungsvoller Kläranlagen führten in den letzten Jahren zu einer Verbesserung der Wasserqualität vieler Gewässer (▶ B 6).

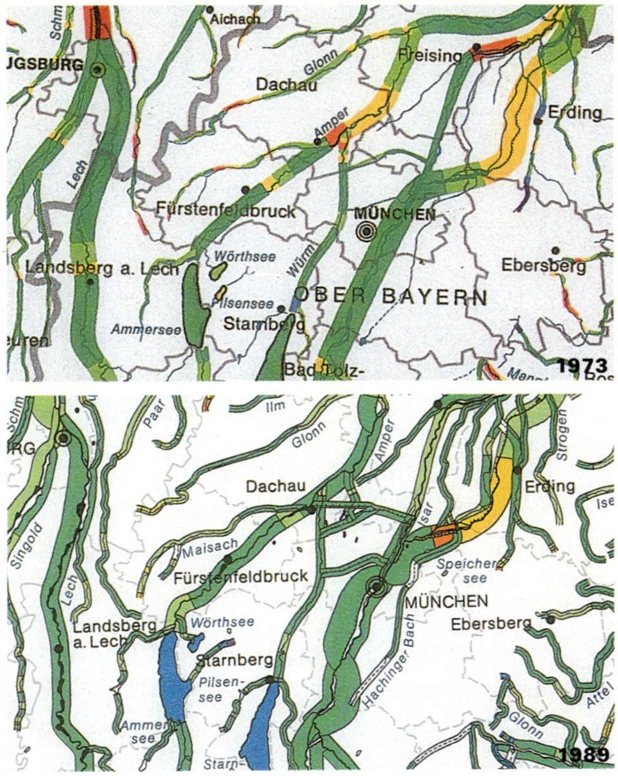

Güteklassen der Fließgewässer

- I: unbelastet bis sehr gering belastet
  Gewässerabschnitte mit reinem, stets annähernd sauerstoffgesättigtem und nährstoffarmem Wasser; geringer Bakteriengehalt; mäßig dicht besiedelt, vorwiegend von Algen, Moosen, Strudelwürmern und Insektenlarven; Laichgewässer für Edelfische.
- I – II: gering belastet
  Gewässerabschnitte mit geringer anorganischer oder organischer Nährstoffzufuhr ohne nennenswerte Sauerstoffzehrung; dicht und meist in großer Artenvielfalt besiedelt.
- II: mäßig belastet
  Gewässerabschnitte mit mäßiger Verunreinigung und guter Sauerstoffversorgung; sehr große Artenvielfalt und Individuendichte von Algen, Schnecken, Kleinkrebsen, Insektenlarven.
- II – III: kritisch belastet
  Gewässerabschnitte, deren Belastung mit organischen, Sauerstoff zehrenden Stoffen einen kritischen Zustand bewirkt; Fischsterben infolge Sauerstoffmangel möglich.
- III: stark verschmutzt
  Gewässerabschnitte mit starker organischer, Sauerstoff zehrender Verschmutzung und meist niedrigem Sauerstoffgehalt; örtlich Faulschlammablagerungen.
- III – IV: sehr stark verschmutzt
  Gewässerabschnitt mit weitgehend eingeschränkten Lebensbedingungen durch sehr starke Verschmutzung mit organischen, Sauerstoff zehrenden Stoffen, oft durch toxische Einflüsse verstärkt; zeitweilig totaler Sauerstoffschwund.
- IV: übermäßig verschmutzt
  Gewässerabschnitte mit übermäßiger Verschmutzung durch organische Sauerstoff zehrende Abwässer; Fäulnisprozesse herrschen vor; Sauerstoff über lange Zeit in sehr niedrigen Konzentrationen vorhanden oder gänzlich fehlend.

B 6 Gewässergütekarte von Bayern. Ausschnitte 1973 und 1989

2.10 Überprüfung und Vertiefung

Moleküle	Bindungs-länge (pm)	Bindungs-enthalpie (kJ/mol)
H_2	74	−436
N_2	110	−945
O_2	121	−498
F_2	142	−159
Cl_2	199	−242
Br_2	228	−193
I_2	267	−151
HF	92	−567
HCl	128	−431
HBr	141	−366
HI	160	−298

B 1 Zu Aufgabe 4

B 2 Zu Aufgabe 7

1 Geben Sie die Strukturformeln folgender Moleküle an: H_2S, CF_4, NH_3, $CHCl_3$, C_2H_4.
Tragen Sie in die Strukturformeln die Teilladungen der Atome ein. Welche dieser Moleküle sind Dipole?

2 Ordnen Sie folgende Atome nach steigender Elektronegativität:
a) O, F, H, Na, S, Al
b) Br, C, O, H, Cl, Mg

3 Ordnen Sie folgende Bindungen nach steigender Polarität: Cl—H, O—H, C—H, F—H, Br—H.

4 Der Abstand der Kerne von zwei Atomen, die durch eine Atombindung verbunden sind, wird als *Bindungslänge* bezeichnet.
a) Vergleichen Sie die in ▶ B 1 angegebenen Bindungsenthalpien und die Bindungslängen folgender Bindungen: H—H, Cl—Cl, Br—Br, I—I. Welcher Zusammenhang besteht hier? Gilt dieser auch in der Reihe H—F, H—Cl, H—Br, H—I?
b) Vergleichen Sie die Bindungsenthalpie für das Stickstoffmolekül mit denen der übrigen in ▶ B 1 aufgeführten unpolaren Moleküle. Erklären Sie den Unterschied.
c) Das Fluorwasserstoffmolekül hat einen größeren Betrag der Bindungsenthalpie als das Wasserstoffmolekül, obwohl die F—H-Bindung länger ist als die H—H-Bindung. Erklären Sie dieses.

5 Im Folgenden sind die Siedetemperaturen (in °C) einiger Stoffe angegeben. Interpretieren Sie die Daten.
Sauerstoff: −183; Stickstoff: −196; Helium: −269; Chlorwasserstoff: −85; Bromwasserstoff: −67.

6 Warum liegt die Siedetemperatur des Wassers höher als die des Fluorwasserstoffs, obwohl die Polarität der H—F-Bindung größer ist als die der O—H-Bindung?

7 In ▶ B 2 ist die Anordnung der Wassermoleküle im Eis durch die Kalottenmodelle der Moleküle veranschaulicht. Vergleichen Sie mit ▶ B 3, S. 32.
Welche Struktur ist in beiden Modellen zu erkennen?
In welchen Aussagen unterscheiden sich die beiden Modelle?

8 Zwischen einem HF-Molekül und einem H_2O-Molekül kann sich eine Wasserstoffbrücke ausbilden, ebenso zwischen einem NH_3- und einem H_2O-Molekül.
Zeichnen Sie die Strukturformeln der Moleküle und die verbindende Wasserstoffbrücke.

9 Gegeben sind die Stoffe Brom, Bromwasserstoff und Kaliumbromid. Bei welchen dieser Stoffe liegt a) eine Ionenbindung, b) eine unpolare und c) eine polare Atombindung vor? Begründen Sie Ihre Entscheidung.

10 2 g Bariumchlorid ($BaCl_2$) werden in 100 ml Wasser gelöst. Berechnen Sie die hierbei auftretende Lösungsenthalpie.
Verwenden Sie hierfür die Tabellen in ▶ B 2, S. 34 und ▶ B 3, S. 35.
Berechnen Sie unter Verwendung der Angaben in Aufgabe ▶ A 2, S. 35, welche Temperaturänderung bei diesem Versuch gemessen wird.

11 Kaliumbromid schmilzt bei 734 °C, Eis bei 0 °C. Geben Sie eine Begründung für diese sehr unterschiedlichen Schmelztemperaturen beider Gitter.

12 Das Verhalten von Kupfer(II)-sulfat-Pentahydrat beim Erhitzen soll untersucht werden. Hierzu wird eine Stoffportion von genau $m(CuSO_4 \cdot 5\,H_2O) = 1\,g$ eingewogen und auf 100 °C erhitzt. Nach dem Abkühlen ergibt sich eine Masse von $m = 0{,}712\,g$. Durch Erhitzen dieser Stoffportion auf etwas über 200 °C erhält man völlig wasserfreies Kupfersulfat. Ermitteln Sie den Wassergehalt des Kupfersulfats nach Erhitzen auf 100 °C.

Diese Begriffe sollten Ihnen etwas sagen:

Atomorbital, Elektronenwolke, gemeinsame Elektronenwolke, bindendes Elektronenpaar, Elektronenpaarbindung, Atombindung, Elektronenformel, freie Elektronenpaare, Einfachbindung, Doppelbindung, Dreifachbindung, Bindigkeit, Bindungsenthalpie, Bindungslänge, Molekülstruktur, Strukturformel, polare Bindung, Elektronegativität, Dipolmolekül, Van-der-Waals-Kräfte, spontaner Dipol, induzierter Dipol, Dipol-Dipol-Wechselwirkung, Wasserstoffbrückenbindung, Molekülgitter, Cluster, Hydrathülle, gesättigte Lösung, Hydratation, Hydratationsenthalpie, Lösungsenthalpie, Löslichkeit, Massenanteil, Volumenanteil, Stoffmengenkonzentration, polare und unpolare Lösungsmittel, Hydratwasser.

3 Vom Kleinmolekül zum Makromolekül

Etwa ein Sechstel aller Elemente sind Nichtmetalle. Die meisten von ihnen haben wir bereits kennen gelernt. Außer den Edelgasen bestehen sie überwiegend aus kleinen Molekülen. Dies gilt auch für Verbindungen der Nichtmetalle untereinander.

Mit den Elementen Kohlenstoff, Phosphor und Schwefel lernen wir nunmehr einige nichtmetallische Feststoffe kennen, die eine auffällige Besonderheit besitzen: von jedem dieser Elemente gibt es jeweils unterschiedliche Stoffe mit teilweise sehr verschiedenen Eigenschaften.

Wir werden sehen, dass der Grund für diese verschiedenen Erscheinungsformen in der Anordnung der Atome zu verschiedenen, meist größeren Verbänden zu suchen ist.

Solche Makromoleküle findet man auch in Naturstoffen, wie z. B. Cellulose oder in den synthetisch hergestellten Kunststoffen wie z. B. Nylon.

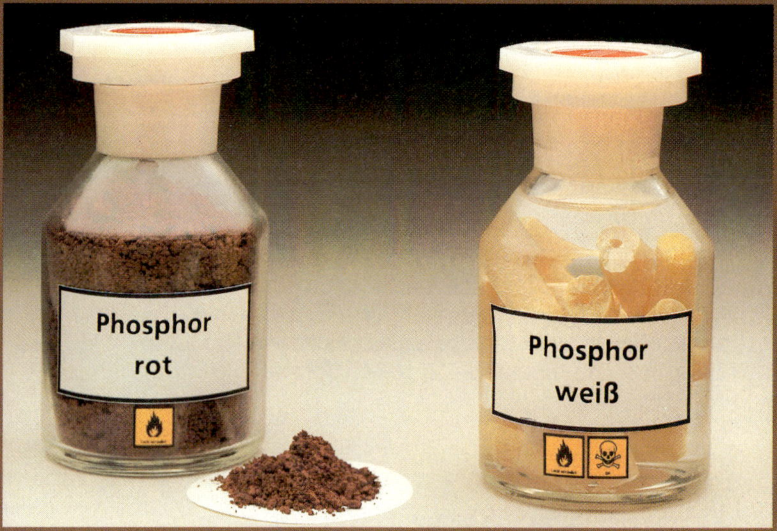

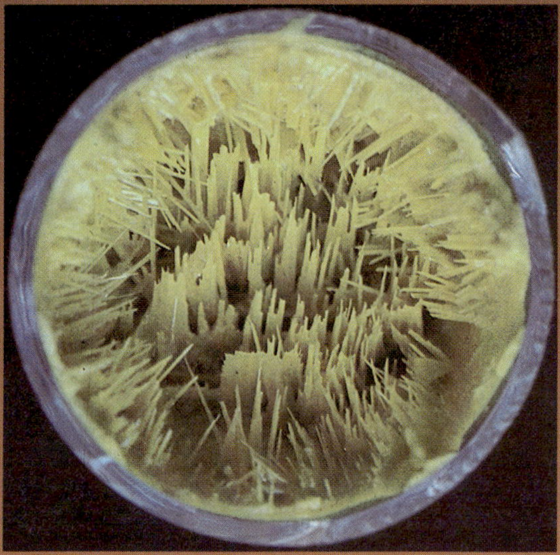

3.1 Kohlenstoff

B 1 Verbrennung eines Diamanten durch LAVOISIER auf dem Marktplatz von Paris im Jahre 1775

V 1 Untersuchen Sie die elektrische Leitfähigkeit von Graphit im Vergleich zu Metallen wie Kupfer und Eisen.

A 1 Wie kann man nachweisen, dass Diamant und Graphit nur aus Kohlenstoffatomen bestehen?

A 2 Um einen besonders hellen und heißen Lichtbogen zu erzeugen, verwendet man Graphitstäbe als Elektroden. Warum ist Graphit dafür geeigneter als Metall?

A 3 Ein Brillant ist ein sehr reiner, mit einem besonderen Schliff versehener Diamant. Wie kann man ihn von einem gleich geschliffenen Glasstück unterscheiden?

B 2 Verwendung von Graphit als Schmiermittel

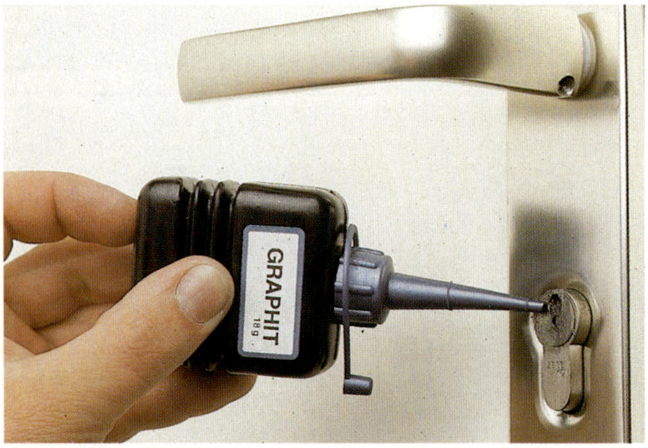

Der durchsichtige *Diamant* und der schwarze *Graphit* unterscheiden sich außerordentlich stark in ihren Eigenschaften. Beiden ist jedoch eines gemeinsam: Diamant ist, ebenso wie Graphit, *brennbar*. Diese erstaunliche Entdeckung machte 1775 der französische Chemiker LAVOISIER, der mit einer Apparatur aus zwei großen Brennspiegeln auf einem Marktplatz in Paris öffentlich Diamanten verbrannte (▶ B 1). Da bei der Verbrennung von Diamant und Graphit nur Kohlenstoffdioxid entsteht, können sowohl Diamant als auch Graphit nur aus Kohlenstoffatomen bestehen. Graphit und Diamant sind verschiedene *Erscheinungsformen* des Elements Kohlenstoff.

Verschiedene Erscheinungsformen eines Elements bezeichnet man als Modifikationen.

Diamant. Diamant (von griech. adamas, unbezwingbar) ist der *härteste* aller Stoffe. Auf einer 10-stufigen Härteskala (nach MOHS), die durch Ritzversuche ermittelt wird, nimmt er den Härtegrad 10 ein. Die Leitfähigkeitsprüfung zeigt, dass Diamant ein *Nichtleiter* ist. In reinem Sauerstoff *verbrennt* Diamant bei Temperaturen über 800 °C, an der Luft erst bei etwa 3000 °C. Reiner Diamant ist ein völlig *farbloser, stark Licht brechender* Stoff.

Geschliffene Naturdiamanten, *Brillanten* genannt, sind wegen ihres lebhaften Farbenspiels und ihres Glanzes kostbare Schmucksteine (▶ B 3). Ihre Masse wird in Karat angegeben (1 Karat = 0,2 g).

Durch Erhitzen unter Luftabschluss auf 1500 °C geht Diamant in einer exothermen Reaktion in Graphit über. Graphit ist die unter Standardbedingungen stabilere Modifikation.
Im Jahr 1955 ist es erstmals gelungen, bei hohem Druck (ca. 10^8 hPa) und hoher Temperatur (3000 °C) unter Mitwirkung geschmolzener Metalle *künstliche Diamanten* aus Graphit herzustellen. Sie werden ausschließlich als Industriediamanten verwendet, da sie den natürlichen Diamanten an Härte, Größe und Reinheit unterlegen sind.

Graphit. Im Gegensatz zu Diamant ist Graphit ein *weicher* Stoff (Härtegrad 1 nach MOHS), der sich *fettig* anfühlt. Da sich beim Reiben auf Papier kleine Graphitplättchen abspalten, kann Graphit in „Bleistift"minen verwendet werden. Aus dieser Verwendungsart ist der Name abgeleitet (von griech. graphein, schreiben). Auch Ruß besteht aus winzigen Graphitkristallen.

Graphit schmilzt erst bei 3730 °C. Er wird deshalb zur Herstellung von Schmelztiegeln und als Schmiermittel für Maschinenteile verwendet, die hohen Temperaturen ausgesetzt sind. Die *elektrische Leitfähigkeit* wird bei der Herstellung von Elektroden aus Graphit ausgenutzt. Die Dichte von Graphit ist geringer als die von Diamant.

B 3 Diamantschmuck. Der farblose Diamant kann durch Lichtbrechung farbenprächtig funkeln

Eigenschaft	Diamant
Aussehen	farblos, durchsichtig, stark Licht brechend
Härte	sehr hart
Spaltbarkeit	schwer spaltbar
elektrische Leitfähigkeit	keine
Dichte	3,5 g/cm^3
Schmelz-temperatur	schmilzt nicht (Umwandlung in Graphit)
Verwendung: in Bohr-, Schleif- und Schneidewerkzeug; als Schmuckstein	

B 4 Eigenschaften von Diamant im Überblick

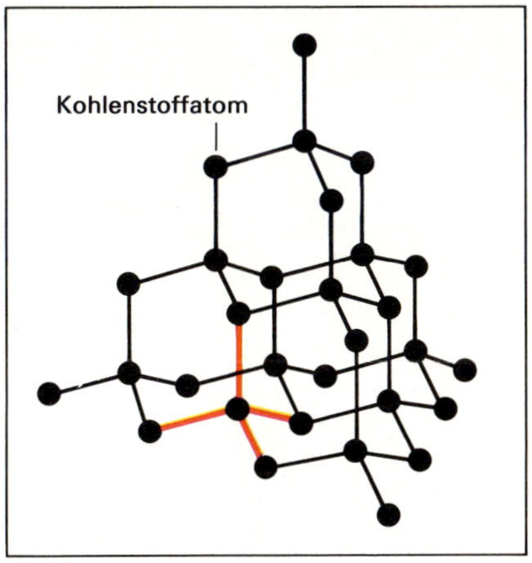

B 5 Aufbau von Diamant. Alle Atome halten durch Elektronenpaarbindung fest zusammen

Struktur von Diamant und Graphit. Die unterschiedlichen Eigenschaften von Diamant und Graphit beruhen auf der *unterschiedlichen Anordnung der Kohlenstoffatome* in den beiden Gittern.

Im **Diamantgitter** ist jedes Kohlenstoffatom mit *vier* weiteren Kohlenstoffatomen über gleich lange Atombindungen verbunden. Dadurch ergibt sich ein sehr *regelmäßiges, stabiles* Gitter (► B 5). Die große Härte des Diamants beruht darauf, dass bei der Spaltung des Kristalls immer Atombindungen gelöst werden müssen. Da alle vier Außenelektronen an Atombindungen beteiligt sind, ist der Diamant ein Nichtleiter.

Strukturen von Feststoffen, deren Bausteine durch Elektronenpaarbindung untereinander verbundene Atome sind, nennt man Atomgitter.

Das **Graphitgitter** besteht aus vielen übereinander liegenden ebenen Schichten (► B 6, ► B 8). Jedes Atom einer Schicht ist mit drei gleich weit entfernten Atomen verbunden. Die Bindungswinkel betragen alle 120°. Damit sitzen alle Atome einer Schicht an den Ecken regelmäßiger Sechsecke. Von jedem Atom sind drei Außenelektronen durch Bindungen zwischen den Atomen festgelegt. Jedes Atom besitzt noch ein weiteres Elektron, das über die ganze Schicht beweglich ist. Dies erklärt die gute elektrische Leitfähigkeit des Graphits.

Zwischen den Schichten, die mit 335 pm den zweieinhalbfachen Abstand einer C—C-Bindung innerhalb einer Schicht aufweisen, herrschen nur Van-der-Waals-Kräfte. Dies erklärt die leichte Verschiebbarkeit der Schichten gegeneinander.

B 6 Prinzip der Bleistiftmine. Beim Reiben auf dem Papier spalten sich kleine Graphitblättchen ab

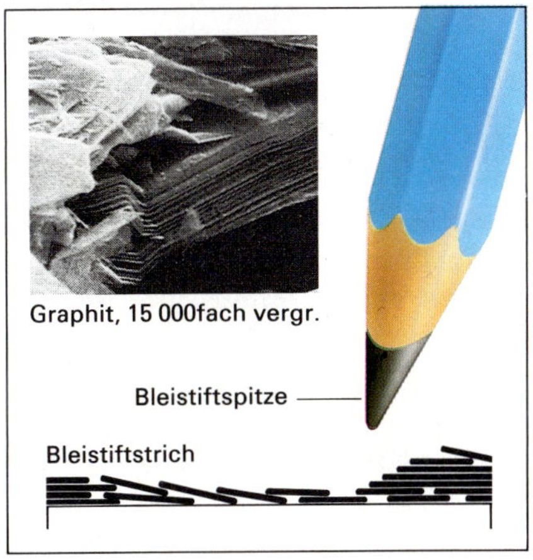

B 7 Eigenschaften von Graphit im Überblick

Eigenschaft	Graphit
Aussehen	schwarz, glänzend
Härte	sehr weich
Spaltbarkeit	leicht spaltbar
elektrische Leitfähigkeit	gut
Dichte	2,3 g/cm^3
Schmelztemp.	ca. 3700°C
Verwendung: zur Herstellung von Elektroden, Schmelzgefäßen, Bleistiftminen (zusammen mit Ton); als Schmiermittel	

B 8 Aufbau von Graphit. Nur zwischen den Atomen einer Schicht bestehen feste Elektronenpaarbindungen

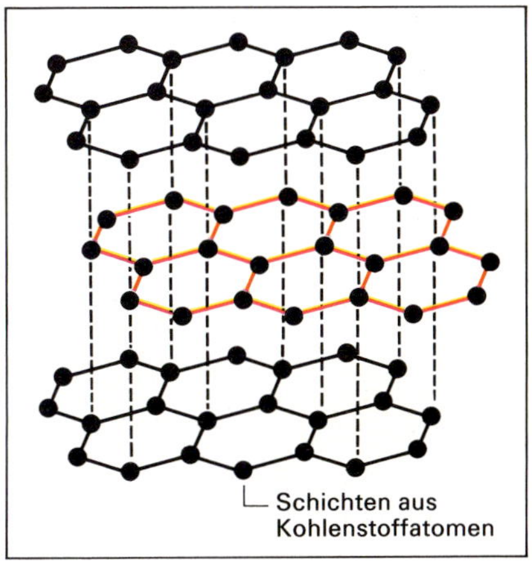

3.2 Phosphor

B 1 Entdeckung des Phosphors durch den Alchemisten HENNING BRAND

V 1 Man nimmt mit einer Zange eine Stange von Weißem Phosphor und schneidet unter Wasser ein Stück ab. Dieses hält man kurz über Wasser und beobachtet im Hellen und im Dunkeln.

V 2 Auf einer Glasplatte wird in einer kleinen Porzellanschale etwas Weißer Phosphor entzündet und sofort eine trockene Glasglocke darüber gestülpt.

A 1 Was für eine Figur bilden die Phosphoratome im Tetraphosphordecaoxid?

B 2 Elektronenformeln und Raumstruktur beim Weißen Phosphor, Stickstoff und Kohlenstoff (Diamant)

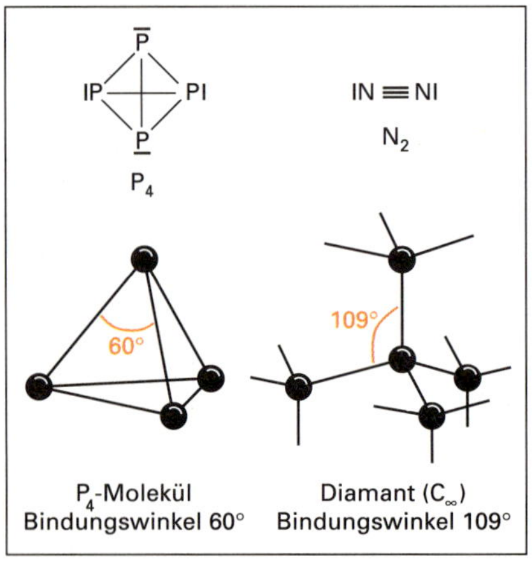

Phosphor kommt in der Natur nicht elementar vor, jedoch sind Verbindungen des Phosphors weit verbreitet und für Lebewesen von großer Bedeutung. Phosphor wurde 1669 von dem Alchemisten HENNING BRAND beim Eindampfen von Harn entdeckt (▶ B 1). BRAND fand dabei eine merkwürdige Eigenschaft des Rückstands: Beim Erhitzen unter Luftabschluss leuchtete dieser in der Dunkelheit von selbst. Der Stoff wurde deshalb als Phosphorus (von griech. phosphoros, Lichtträger) bezeichnet. Man kennt heute eine Vielzahl von Modifikationen des Phosphors. Die wichtigsten sind der Weiße und der Rote Phosphor, letzterer ist allerdings ein Gemisch verschiedener Modifikationen. Hinzu kommen noch der Violette und der Schwarze Phosphor.

Weißer Phosphor. Eine interessante Eigenschaft des Weißen Phosphors ist sein Leuchten an der Luft, das man im Dunkeln beobachten kann. Ursache hierfür ist eine stille Oxidation von Phosphor durch Sauerstoff der Luft schon bei Zimmertemperatur. Diese Aussendung von Licht ohne Glühen der beteiligten Stoffe nennt man **Chemilumineszenz**.

Durch die exotherme Reaktion mit Luftsauerstoff erwärmt sich der Weiße Phosphor, bis er sich bei etwa 50 °C selbst entzündet und mit gelber Flamme brennt. Weißer Phosphor darf daher nur unter Wasser aufbewahrt und geschnitten werden. Wegen der Entzündungsgefahr und der großen Giftigkeit (für den Menschen sind 0,1 bis 0,5 g Weißer Phosphor tödlich) darf Weißer Phosphor nicht angefasst werden. Schneidet man den spröden Stoff unter Wasser, zeigt die Schnittfläche eine schwach gelbe Farbe. Unter Lichteinwirkung wandelt sich Weißer Phosphor langsam in die rote Modifikation um (▶ B 6).

Wegen seiner Giftigkeit spielte der Weiße Phosphor früher in der Kriminalistik eine große Rolle. Eine sichere Nachweismethode entwickelte im 19. Jahrhundert der Chemiker E. MITSCHERLICH (▶ V 5). Selbst sehr geringe Mengen von Phosphor im Kolben erzeugen im Kühler einen bei Dunkelheit deutlich sichtbaren leuchtenden Ring.

Die Struktur des Weißen Phosphors. Vergleicht man die beiden nah verwandten Elemente der 5. Hauptgruppe des Periodensystems, Stickstoff und Phosphor, so fällt die hohe *Reaktivität* des Weißen Phosphors auf. Stickstoff hingegen haben wir als äußerst *reaktionsträges Element* kennen gelernt. Der Grund hierfür muss in der unterschiedlichen Struktur beider Elemente liegen.

Man hat festgestellt, dass die Atome von Verbänden ab der 3. Periode des PSE in der Regel untereinander keine Mehrfachbindungen ausbilden. Somit benötigt ein Phosphoratom zum Erreichen des Elektronenoktetts drei Bindungspartner. Dies ist im Weißen Phosphor durch die Ausbildung von P_4-Molekülen verwirklicht. Die vier Atome des Moleküls sind so angeordnet, dass die Verbindungslinien der Kerne ein Tetraeder bilden (▶ B 2). Jeder Atomrumpf ist von einem freien Elektronenpaar und drei bindenden Elektronenpaaren umgeben. Da die Winkel zwischen den Tetraederkanten nur 60° betragen, stoßen sich die bindenden Elektronenpaare im P_4-Molekül gegenseitig stark ab, das Molekül steht unter hoher **Winkelspannung** und ist daher sehr reaktionsfähig.

Roter Phosphor. Die ungiftige Modifikation Roter Phosphor kann erst ab ca. 400 °C entzündet werden. Es entsteht das gleiche Oxid wie beim Weißen Phosphor (▶ B 3). Im Roten Phosphor bilden Verbände aus sehr vielen Atomen ein Atomgitter. Ähnliche Strukturen finden sich im Violetten und im Schwarzen Phosphor.

Phosphor

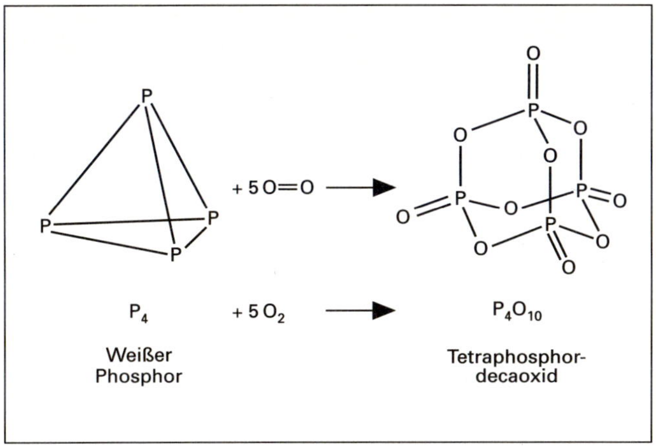

B 3 Reaktion von Weißem Phosphor mit Sauerstoff

Eigenschaft	Weißer Phosphor	Roter Phosphor
Aussehen	gelblich-weiß	violettrot
Dichte	1,8 g/cm³	2,3 g/cm³
Zündtemp.	ca. 50 °C	400 °C
Schmelztemp.	44 °C	590 °C
Löslichkeit	löslich in Kohlenstoffdisulfid	nicht löslich in Lösungsmitteln
Giftigkeit	sehr giftig	nicht giftig
Verhalten an der Luft	leuchtet schwach grün, raucht, selbstentzündlich	leuchtet nicht, raucht nicht

B 4 Eigenschaftsvergleich von Weißem und Rotem Phosphor

Erhitzt man Roten Phosphor unter Luftabschluss, resublimiert Weißer Phosphor (▶ V 3). Die Energiezufuhr führt zur Trennung von Elekronenpaarbindungen, also zum Aufbrechen des Atomgitters unter Bildung von P_4-Tetraedern.

Roter Phosphor findet Anwendung in den **Sicherheitszündhölzern**. Der Kopf der Hölzchen enthält ein Oxidationsmittel und einen brennbaren Stoff. In der Reißfläche der Schachtel befinden sich Roter Phosphor und Glaspulver. Beim Reiben auf der rauhen Fläche wird etwas Roter Phosphor losgerieben und entzündet sich mit dem Oxidationsmittel auf dem Köpfchen. Das Hölzchen ist zur besseren Brennbarkeit mit Paraffin getränkt und gegen Nachglühen imprägniert.

V 3 In ein Reagenzglas gibt man etwas Roten Phosphor. Man verschließt mit einem Wattebausch und erhitzt. Es wird im Dunkeln beobachtet. (Abzug!)

V 4 Auf ein Blech bringt man ein linsengroßes Stückchen von Weißem Phosphor und im Abstand von 10 cm eine etwa gleich große Portion von Rotem Phosphor. Man erhitzt das Blech in der Mitte zwischen den beiden Proben. (Abzug!)

V 5 Ein Rundkolben (V = 1 l) mit einem senkrecht aufgesetzten Kühler wird etwa zu einem Drittel mit Wasser gefüllt und mit einigen kleinen Stückchen Weißen Phosphors versehen. Es wird ein mäßiger Kühlwasserdurchfluss eingestellt und das Wasser im Kolben zum Sieden erhitzt.

B 5 Phosphormodifikationen und einige Umwandlungsmöglichkeiten

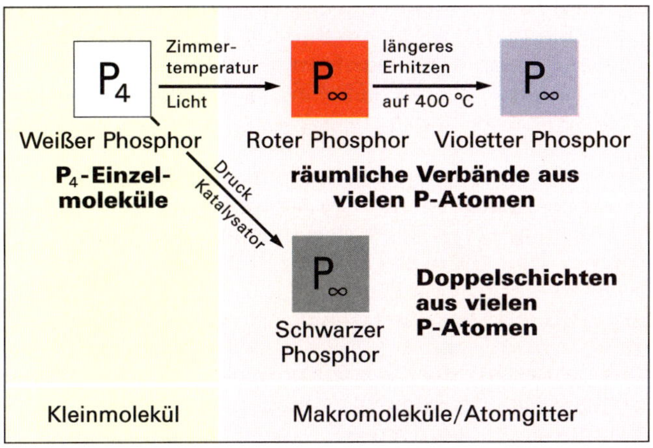

B 6 Umwandlung von Weißem in Roten Phosphor unter Lichteinwirkung

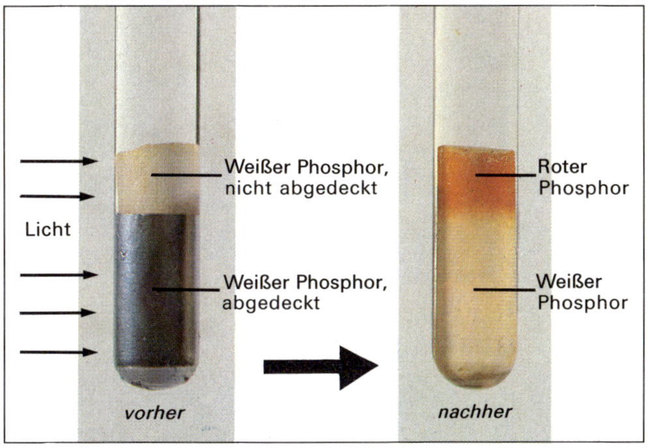

3.3 Schwefel

B 1 Förderung von flüssigem Schwefel

V 1 Lassen Sie eine Schwefelschmelze in einem Tiegel abkühlen, bis sich auf der Oberfläche eine Kruste gebildet hat. Entfernen Sie diese, gießen Sie den Rest des flüssigen Schwefels ab und betrachten Sie die Tiegelinnenwand.

V 2 Erhitzen Sie wenig Schwefel zum Sieden und beobachten Sie die kalten Stellen des Reagenzglases.

V 3 Schmelzen Sie in einem Reagenzglas Schwefel und erhitzen Sie die Schmelze langsam weiter. Beobachten Sie dabei die Farbe und die Zähigkeit. Wenn der Schwefel siedet, gießen Sie ihn in ein Becherglas mit kaltem Wasser.
Vergleichen Sie den so erhaltenen Schwefel mit kristallinem Schwefel.

B 2 S_8-Molekül und O_2-Molekül zum Vergleich.
Strukturformel, Kugel-Stab-Modell, Kalottenmodell

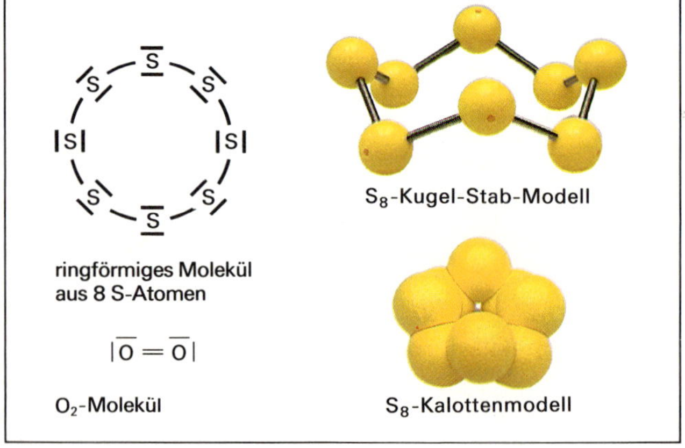

Schwefel kommt in der Natur auch elementar vor. In Sizilien wird er durch *Ausschmelzen* aus schwefelhaltigem Gestein gewonnen. In den USA befinden sich ausgedehnte Schwefellager unter lockeren Sandschichten in 150 bis 300 Meter Tiefe. Hier wird der Schwefel bereits in seiner Lagerstätte durch überhitzten Wasserdampf geschmolzen und durch Pressluft an die Oberfläche gedrückt (▶ B 1) (Frasch-Verfahren). Heute fällt der überwiegende Teil des benötigten Schwefels bei der Entschwefelung von Erdöl und Erdgas an.

Im Mittelalter wurde Schwefel zur Herstellung von Schwarzpulver eingesetzt. Heute wird er größtenteils zu Schwefelsäure weiterverarbeitet oder auch zur Herstellung von Gummi und Feuerwerkskörpern verwendet.

Modifikationen des Schwefels. Schwefel ist bei Zimmertemperatur ein *fester, geruchloser* Stoff. Er ist in Wasser nicht löslich, löst sich jedoch in *Kohlenstoffdisulfid*, einer sehr giftigen, leicht entzündlichen Flüssigkeit. Lässt man Schwefel aus einer Lösung unterhalb einer Temperatur von 95 °C auskristallisieren, erhält man *rhombische Kristalle*. Sie haben die Form von Doppelpyramiden.
Diese Schwefelmodifikation bezeichnet man als **rhombischen Schwefel** (▶ B 3 links).

Beim Erstarren einer Schwefelschmelze bilden sich hingegen nadelförmige Kristalle. Es ist die zweite Schwefelmodifikation, der **monokline Schwefel** entstanden. Monokliner Schwefel ist nur bei Temperaturen über 95 °C beständig, darunter wandelt er sich sehr langsam in rhombischen Schwefel um. Bei Zimmertemperatur liegt daher rhombischer Schwefel vor.

Wie die Phosporatome bilden auch Schwefelatome in der Regel keine Mehrfachbindungen untereinander aus. Man findet in beiden Modifikationen ringförmige Moleküle aus 8 Schwefelatomen. Diese S_8-Moleküle sind entsprechend dem Elektronenpaarabstoßungsmodell nicht eben. Sie zeigen bei einem Bindungswinkel von ca. 108 ° eine sogenannte **Kronenform** (▶ B 2).
Zwischen den S_8-Molekülen im Molekülgitter herrschen Van-der-Waals-Kräfte.

Die *unterschiedlichen Eigenschaften* der Schwefelmodifikationen beruhen auf der *verschiedenen Anordnung* dieser Ringmoleküle in den beiden Kristallgittern. Im rhombischen Schwefel sind die S_8-Moleküle dichter gepackt. Daher ist seine Dichte mit 2,07 g/cm^3 etwas größer als die Dichte des monoklinen Schwefels (1,96 g/cm^3).

Aus Gründen der Vereinfachung wird elementarer Schwefel in Reaktionsgleichungen oft nur durch das Symbol S ausgedrückt.

Verhalten des Schwefels beim Erhitzen und beim Abkühlen. Wird rhombischer Schwefel vorsichtig erwärmt, wandelt er sich in monoklinen Schwefel um. Der monokline Schwefel schmilzt bei 119 °C. Dabei entsteht eine *leicht bewegliche*, hellgelbe Flüssigkeit. Erhitzt man weiter, färbt sich die Schmelze rotbraun und wird *zähflüssiger*.
Zwischen 200 °C und 250 °C ist die rotbraune Schmelze etwa so zäh wie Harz. Bei weiterer Temperaturerhöhung wird die Schmelze *wieder dünnflüssiger* und siedet schließlich bei 444 °C. Gasförmiger Schwefel resublimiert an kalten Gefäßwänden zu gelber Schwefelblüte (▶ V 2). Wird eine rotbraune, dünnflüssige Schwefelschmelze durch Eingießen in kaltes Wasser schnell wieder abgekühlt, entsteht der zähe, *plastische Schwefel* (▶ V 3, ▶ B 4).
Dieses eigenartige Verhalten des Schwefels beim Erhitzen ist auf *mehrfache Veränderungen der Schwefelmoleküle* zurückzuführen. Von den zunächst in der Schmelze vorliegenden, leicht gegeneinander verschiebbaren S_8-Ringen brechen bei steigender Wärmezufuhr immer mehr Ringe auf und lagern sich zu immer längeren Ketten zusammen. Diese sind ineinander verflochten und dadurch unbeweglicher. Bei weiterer Wärmezufuhr brechen die Molekülketten in kleinere Bruchstücke auf, so dass die Zähigkeit wieder abnimmt. Bei der Siedetemperatur besteht der rotbraune gasförmige Schwefel aus S_8-Ketten, bei noch größeren Temperaturen findet man im Schwefeldampf auch kürzere Ketten und Schwefelatome.
Beim langsamen Abkühlen einer Schwefelschmelze treten die genannten Vorgänge in umgekehrter Reihenfolge auf. Beim Abschrecken einer hocherhitzten Schmelze bleiben jedoch die Kettenmoleküle erhalten, so dass der plastische Schwefel entsteht.

B 4 Plastischer Schwefel entsteht durch „Abschrecken"

B 3 Kristalle von rhombischem Schwefel (links) und monoklinem Schwefel (rechts)

B 5 Eigenschaften von Schwefel bei verschiedenen Temperaturen

Temperatur (°C)	Eigenschaften und ihr Zustandekommen	Moleküle und ihre Anordnung
bis 95	fest, spröde, kristallin (Doppelpyramiden)	
95 bis 119	fest, spröde, kristallin (Nadeln)	
119 bis 160	dünnflüssig, S_8-Ringe leicht verschiebbar	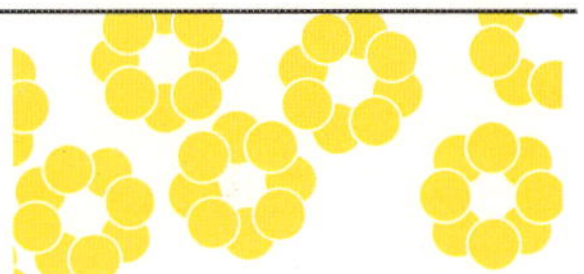
160 bis 200	Übergang von dünnflüssig in zähflüssig, Aufbrechen der S_8-Ringe	
200 bis 250	größte Zähflüssigkeit, Verknüpfung zu langen Ketten	
250 bis 444	abnehmende Zähflüssigkeit, bei 444 °C gasförmig, Zerbrechen zu kürzeren Ketten	
„Abschrecken" auf Zimmertemperatur	fest, plastisch verformbar, lange Ketten, unregelmäßig angeordnet	

3.4 Natürliche Makromoleküle

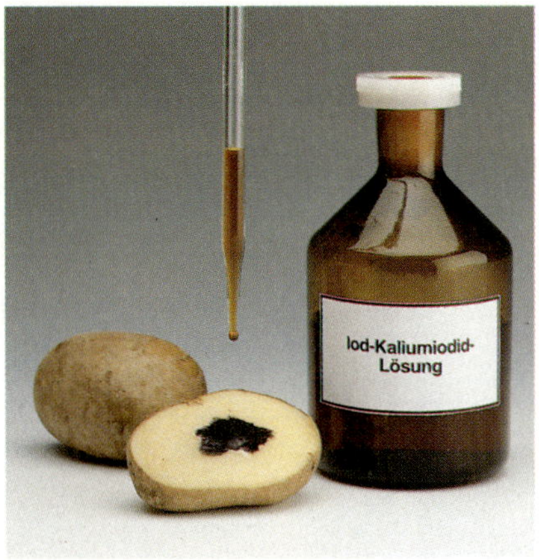

B 1 Stärkenachweis. Iodlösung zeigt eine tiefblaue Verfärbung

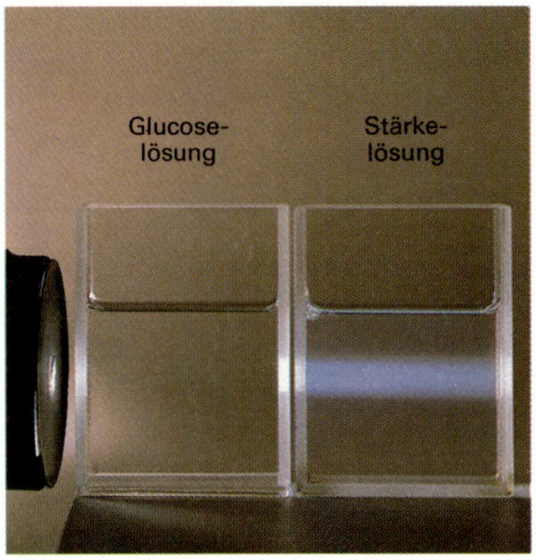

B 2 Lichtstreuung in Stärkelösung (rechts) im Vergleich zu Glucoselösung

B 3 Stärkeabbau. Iod weist die stufenweise Spaltung nach

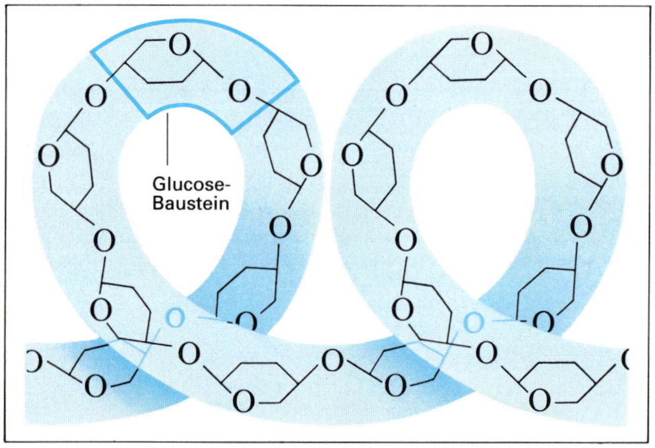

B 4 Ausschnitt aus einem Stärkemolekül. Die Molekülketten sind schraubenartig gewunden

B 5 Cellulose. Die einzelnen Molekülstränge (oben) halten durch Wasserstoffbrücken zusammen (unten)

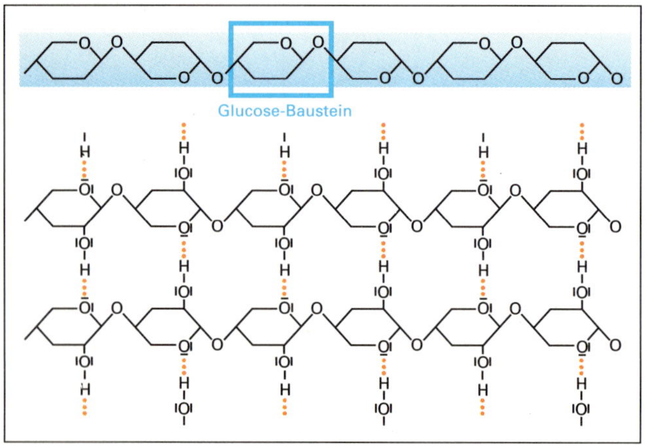

Natürliche Makromoleküle findet man hauptsächlich in zwei großen Stoffklassen, den Kohlenhydraten und den Proteinen, die beide eine unentbehrliche Grundlage für alle Lebewesen darstellen.

Die grünen Zellen von Pflanzen sind in der Lage, aus Kohlenstoffdioxid und Wasser unter der Verwendung der Energie des Sonnenlichts Glucose (Traubenzucker) aufzubauen. Glucosemoleküle können sich zusammenlagern; so entstehen z. B. Stärke und Cellulose.

Stärke. Die Stärke wird als Reservestoff in Blättern, Knollen, Samen oder Früchten der Pflanzen gespeichert. Ein Nachweismittel für Stärke ist Iod (▶ B 1).
Gibt man zu stärkehaltigen Pflanzenteilen oder zu einer Stärkelösung Iod-Kaliumiodid-Lösung, so tritt eine tiefblaue Verfärbung ein (▶ V 1).

Stärke ist in kaltem Wasser fast nicht löslich, erst beim Erwärmen bildet sich Stärkelösung. Nach dem Abkühlen konzentrierter Lösungen erhält man eine trübe, klebrige Masse, den *Stärkekleister*. Durchleuchtet man eine Stärkelösung mit einem Lichtstrahl, so beobachtet man im Gegensatz zu Glucoselösung eine Lichtstreuung. Dies zeigt uns, dass Stärketeilchen sehr groß sind, d. h. Stärke aus Makromolekülen besteht (▶ B 4).
Beim Einwirken von Verdauungsenzymen auf Stärke erhält man einen süßschmeckenden Stoff, Stärke lässt sich nicht mehr nachweisen (▶ V 2, ▶ B 3). Die Makromoleküle der Stärke wurden über mehrere Abbauschritte wieder zu Glucosemolekülen zerlegt.

Cellulose. Als Gerüst- und Stützsubstanz verleiht Cellulose den Pflanzen Festigkeit. Holz enthält 40 bis 60% Cellulose, wobei die Cellulosefasern der Zellwände in Lignin, dem zweiten wichtigen Holzbestandteil, eingelagert sind (▶ B 7).

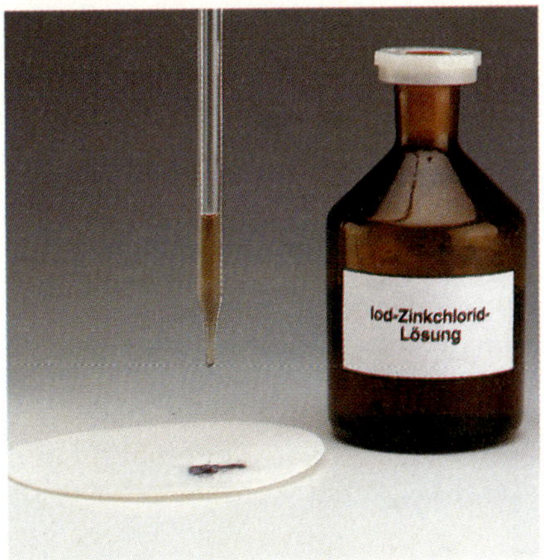

B 6 Cellulose-Nachweis. Iod-Zinkchlorid-Lösung zeigt eine violette Farbe

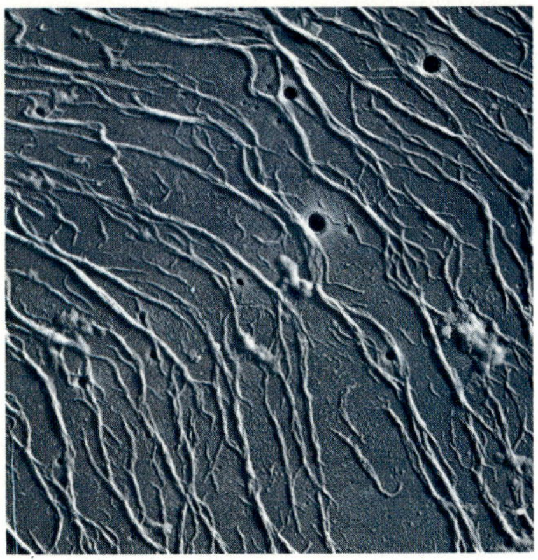

B 7 Cellulosefasern einer Zellwand

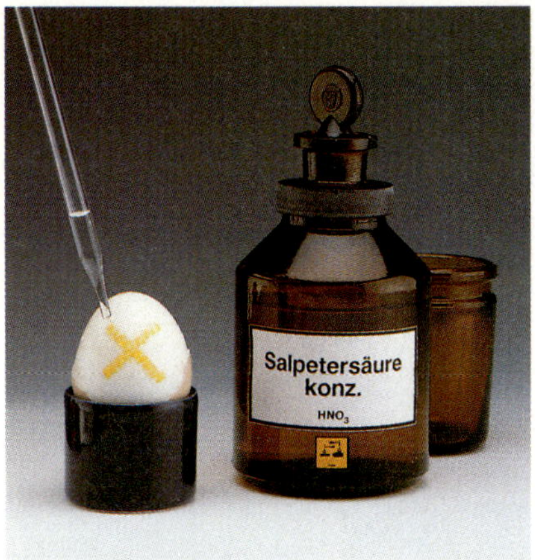

B 8 Xanthoproteinreaktion. Salpetersäure färbt Eiweiß gelb

In reiner Form kommt Cellulose in Flachs- und Hanffasern vor sowie in den Samenhaaren der Baumwolle. *Nachweismittel* für Cellulose ist die violette Färbung von Iod-Zinkchlorid-Lösung (▶ V 3, ▶ B 6).

Cellulose ist in Wasser nicht löslich. Dies lässt vermuten, dass Cellulose ähnlich wie Stärke aus Makromolekülen aufgebaut ist.
Die Verdauungsenzyme des menschlichen Körpers können Cellulose nicht abbauen. Erhitzt man sie jedoch unter Einwirkung einer starken Säure, so lässt sich Glucose nachweisen. Cellulose ist wie Stärke aus Glucosemolekülen aufgebaut.

Doch schon der *faserartige* Aufbau der Cellulose im Unterschied zur pulverförmigen Stärke gibt einen Hinweis auf Unterschiede in der Struktur. Während bei Stärke die Molekülketten spiralförmig gewunden sind, sind die Ketten im Molekül der Cellulose *gestreckt* und *parallel ausgerichtet*. Die Ursache hierfür liegt in der unterschiedlichen Verknüpfung der Glucoseringe (▶ B 5).

Eiweiß. Mensch und Tier sind auf die Zufuhr von Eiweiß angewiesen.
Eiweiße lassen sich durch die Xanthoproteinreaktion nachweisen. Dabei entsteht durch Einwirkung von konzentrierter Salpetersäure auf Eiweiß eine charakteristische Gelbfärbung (▶ V 4, ▶ B 8).
Löst man etwas Eiklar in Wasser, so zeigt die Lösung wie Stärkelösung beim Durchleuchten mit einem Lichtstrahl eine Lichtstreuung. Dies weist auch hier auf einen makromolekularen Aufbau hin. Die kleinsten Grundbausteine der Eiweiße sind die **Aminosäuren**. Im Unterschied zu Stärke und Cellulose, deren Kettenmoleküle nur aus Glucoseringen aufgebaut sind, enthalten Eiweiße bis zu *20 verschiedene Aminosäuren*.

V 1 Prüfen Sie mit Iod-Kaliumiodid-Lösung
a) Stärkekleister,
b) etwas Brot, Kartoffeln, Teigwaren, Puddingpulver, Margarine, Fleischwurst sowie Körperpuder.

V 2 Versetzen Sie stark verd. Stärkekleister mit Speichel und erhitzen Sie zum Sieden. Entnehmen Sie in kurzen Zeitabständen Proben und prüfen Sie sie mit Iodlösung.

V 3 Betupfen Sie ein Filterpapier oder etwas Watte mit einer Lösung aus Iod in Zinkchloridlösung. Beobachten Sie die Farbänderung nach einigen Minuten.

V 4 Man gibt zu gelöstem Eiweiß etwas konzentrierte Salpetersäure und erwärmt.

B 9 Ausschnitt aus einem Eiweißmolekül

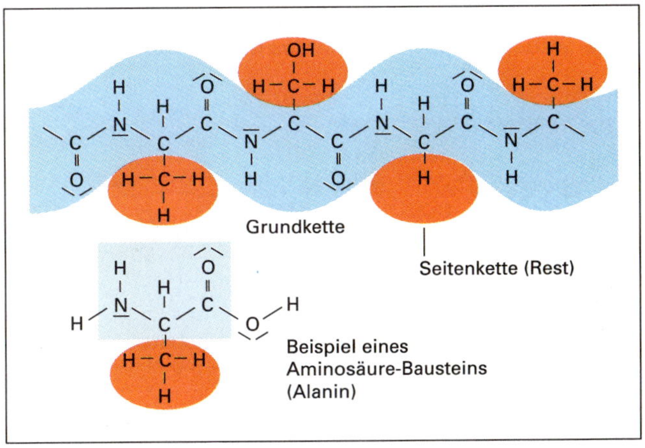

3.5 Künstliche Makromoleküle – Kunststoffe

HERMANN STAUDINGER (1881 bis 1965) war Professor für Organische Chemie in Karlsruhe, Zürich und Freiburg i. Br.

Die 1920 aufgestellten Thesen über den makromolekularen Bau vieler natürlicher und synthetischer Stoffe stießen zunächst auf Ablehnung.

Nur langsam setzte sich die Einsicht in die Richtigkeit von STAUDINGERS Vorstellungen durch.

1953 erhielt er den Nobelpreis für Chemie.

B 1 HERMANN STAUDINGER, Begründer der makromolekularen Chemie

B 2 Einteilung der Kunststoffe nach ihren Eigenschaften

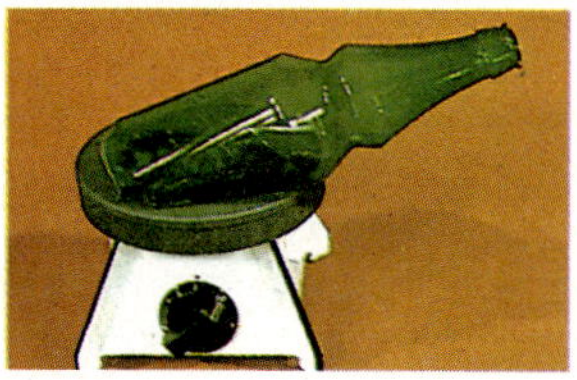

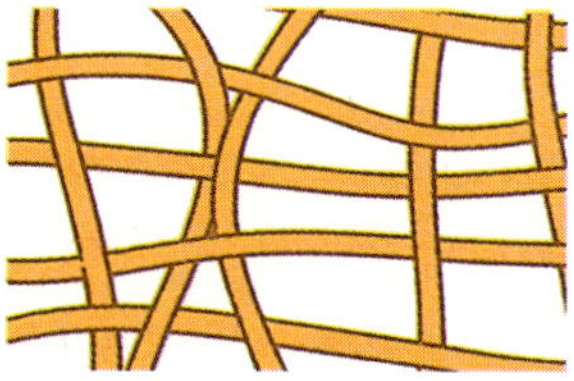

Thermoplaste lassen sich beim Erwärmen verformen. Sie bestehen aus *unvernetzten* Makromolekülen.

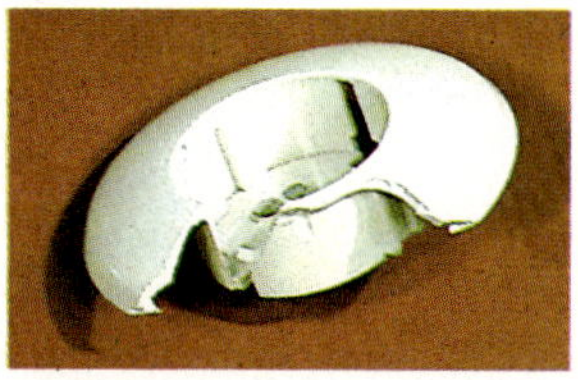

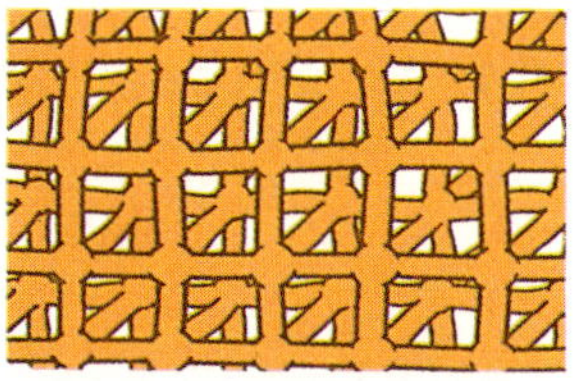

Duroplaste sind spröde und lassen sich nicht schmelzen. Sie bestehen aus *stark vernetzten* Makromolekülen.

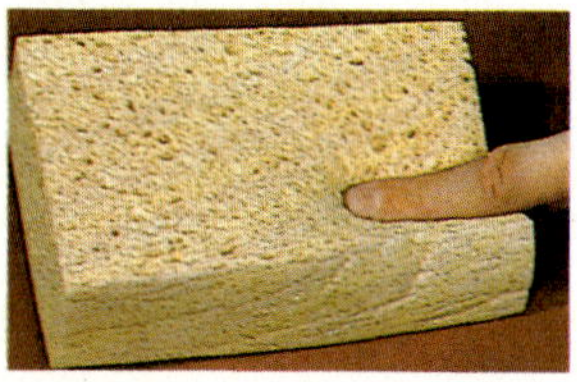

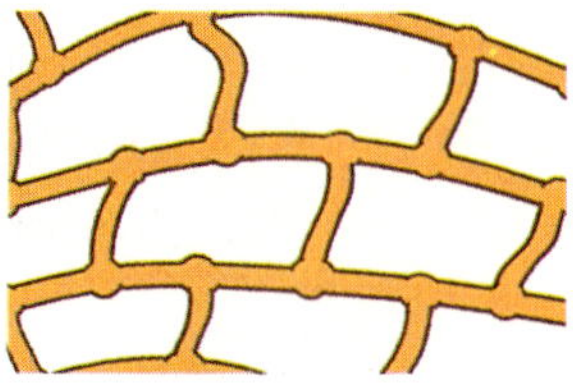

Elastomere verformen sich nur vorübergehend. Sie bestehen aus *schwach vernetzten* Makromolekülen.

Kunststoffe oder „Plaste" sind Werkstoffe, die im Wesentlichen aus makromolekularen organischen Verbindungen bestehen und die durch Umwandlung von Naturprodukten oder durch Synthese entstehen. Die grundlegenden Vorstellungen über die Struktur der Kunststoffe und der Begriff „Makromolekül" gehen auf Arbeiten von HERMANN STAUDINGER zurück (▶ B 1).
Makromoleküle sind durch Vereinigung vieler kleiner Moleküle *(Monomere)* entstandene „Riesenmoleküle". Man spricht deshalb auch von *Polymeren* (von griech. polys, viel; meros, Teil).
Nach ihren Eigenschaften können Kunststoffe in Thermoplaste (Plastomere), Duroplaste (Duromere) und Elastoplaste (Elastomere) eingeteilt werden.

In **Thermoplasten** liegen lineare kettenförmige oder strauchähnlich verzweigte Makromoleküle vor, die durch Van-der-Waals-Kräfte und Dipol-Dipol-Kräfte bzw. Wasserstoffbrückenbindungen zusammengehalten werden. Die sehr langen Moleküle (10^{-6} bis 10^{-3} mm) können wirr verknäuelt sein wie ein Filz oder Wattebausch (▶ B 2 oben). Diesen Zustand nennt man *amorph* (gestaltlos).
Die Makromoleküle können jedoch auch auf weite Strecken wie Streichhölzer in einer Schachtel parallel ausgerichtet sein. Bereiche mit derartig angeordneten Makromolekülen bezeichnet man als *kristalline* Bereiche oder *Kristallite*. Da die Länge der Makromoleküle in weiten Grenzen schwankt, kann man nur eine durchschnittliche Molekülmasse angeben (10^4 bis 10^6 u).
Beim Erwärmen durchlaufen Thermoplaste verschiedene Zustände und Übergangsbereiche. Im weichelastischen oder im plastischen Zustand können Thermoplaste verformt werden. Das Auftreten eines Fließtemperaturbereichs anstelle einer definierten Schmelztemperatur zeigt, dass sich die Kunststoffe aufgrund der unterschiedlichen Länge der Makromoleküle wie ein Gemisch verhalten.

Duroplaste bestehen aus durch Atombindungen räumlich engmaschig vernetzten Makromolekülen, d. h. sie bestehen praktisch aus einem einzigen Molekül (▶ B 2 Mitte). Sie sind daher meist härter und spröder als Thermoplaste und erweichen beim Erwärmen nicht, d. h. sie können in der Wärme nicht verformt werden. Bei hohen Temperaturen werden die Atombindungen gespalten, der Kunststoff zersetzt sich.

Elastoplaste sind aus räumlich weitmaschig verknüpften Makromolekülen aufgebaut und „gummielastisch" (▶ B 2 unten). Sie sind wie Duroplaste nicht schmelzbar.

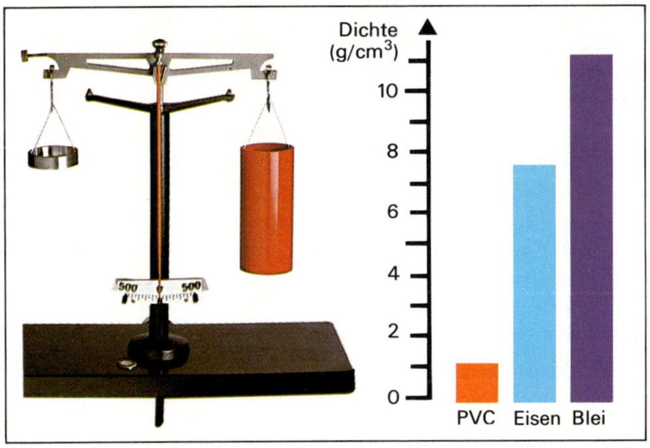

B 3 Dichtevergleich Kunststoff – Metalle

B 4 Wärmedämmplatten aus Kunststoff

B 5 Kunststoffbehälter für Säuren und Laugen

Vorteilhafte Eigenschaften. Gegenstände aus Kunststoff sind sehr *leicht* (▶ B 3).
Kunststoffe sind *Nichtleiter*. Sie *isolieren gut gegen Elektrizität und Wärme*. So werden Elektrokabel mit einem Kunststoffmantel überzogen, Hauswände mit Kunststoffplatten gegen das Eindringen von Kälte geschützt (▶ B 4).

Werkstoffe wie Holz und einige Metalle müssen gegen Witterungseinflüsse geschützt werden. Kunststoffe dagegen sind *sehr beständig gegen Wasser und Luft*. Deshalb werden sie für wetterfeste Außenverkleidungen an Gebäuden, witterungsbeständige Gartenmöbel und Boote verwendet.

Viele Kunststoffe zeigen auch eine große *Beständigkeit gegenüber Chemikalien* wie z. B. Säuren und Laugen.

Nachteilige Eigenschaften. Die *geringe Härte* und somit geringe *Kratzfestigkeit* von Kunststoffen kann besondere Gebrauchsvorschriften erforderlich machen, z. B. bei teflonbeschichteten Pfannen.

Die *geringe Temperaturbeständigkeit* vieler Kunststoffe lässt sich bei unsachgemäßer Behandlung von Textilien aus Chemiefasern beobachten. Für Kunststoffgewebe werden daher bestimmte Wasch- und Bügeltemperaturen empfohlen.

Unter *Einwirkung von Licht und Wärme* können Kunststoffe im Laufe der Zeit *spröde oder brüchig* werden. Da sich bei billigen Kunststoffartikeln eine Reparatur nicht lohnt, werden sie in bedrohlichem Maße zu Wegwerfartikeln.

B 6 Kunststoffe sind meist nicht wärmebeständig

B 7 Manche Lösungsmittel greifen Kunststoffe an

B 8 Hausmüll von Nürnberg (in kg je Einwohner und Jahr)

	1953	1994
Papier, Pappe	7,5	76,4
Kunststoff	–	6,0
Glas	0,2	36,1
Metall	3,7	15,7
Organ. Abfälle	88,6	61,9
Sonstiges	49,5	65,8
Insgesamt	149,5	261,9

3.6 Überprüfung und Vertiefung

1 Die bei Tiefbohrungen, z. B. bei der Erdölsuche verwendeten Bohrkronen sind häufig mit Industriediamanten versehen. Diese kleinen Diamantstückchen können aus Graphit bei sehr hohem Druck ($5 \cdot 10^7$ bis $4 \cdot 10^8$ hPa) hergestellt werden. Versuchen Sie, dies auf Eigenschaften der beiden Modifikationen zurückzuführen.

2 Beschreiben Sie anhand ▶ B 1 das Frasch-Verfahren zur Schwefelgewinnung. Welche Vorteile besitzt dieses Verfahren gegenüber dem bergmännischen Schwefelabbau?

B 1 Zu Aufgabe 2

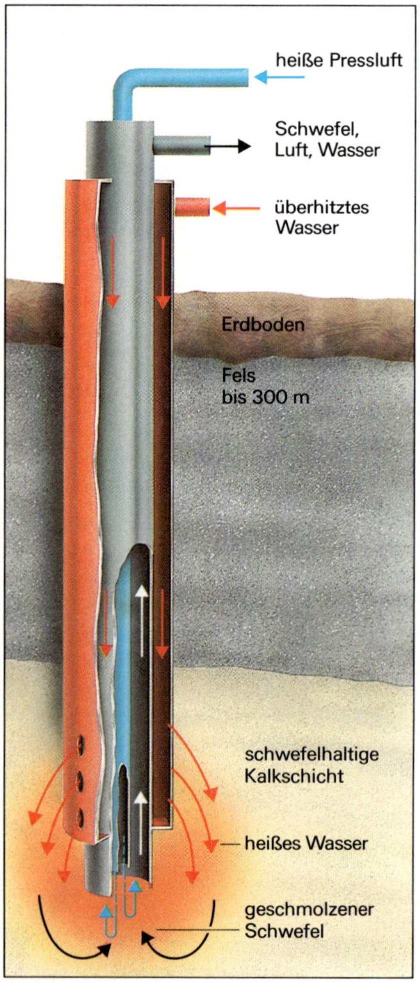

3 Graphit stellt die stabile, Diamant die metastabile Modifikation des Kohlenstoffs dar. Begründen Sie, weshalb sich Diamant nicht spontan in Graphit umwandelt. Fertigen Sie ein Energieschema hierfür an.

4 Geben Sie je ein Beispiel für ein Ionengitter, ein Molekülgitter und ein Atomgitter an. Vergleichen Sie die drei genannten Gittertypen hinsichtlich ihrer Bausteine und ihrer Gitterkräfte.

5 **Eine dritte Modifikation des Kohlenstoffs.** 1990 gelang es, eine dritte Modifikation des Kohlenstoffs zweifelsfrei darzustellen: Kohlenstoffmoleküle, die aus 60 fußballartig zusammengesetzten Kohlenstoffatomen bestehen und als **Fullerene** bezeichnet werden.
Diese „Mikro-Fußbälle" könnten z. B. als Speicher für Wasserstoffmoleküle oder als mikroskopische Kugellager Verwendung finden.

6 **Recycling von Kunststoffen.** Die Vorteile von Kunststoffen, geringe Masse bei großem Volumen sowie chemische Beständigkeit, kehren sich beim Deponieren der Kunststoffabfälle um: Sie nehmen sehr viel Platz ein und sie verrotten nicht. Werden die Abfälle in einer Müllverbrennungsanlage beseitigt, so nutzt man wenigstens den hohen Heizwert aus, und die Rückstände nehmen nur ein Zehntel des ursprünglichen Volumens ein. Dennoch führt die Verbrennung zu Problemen. So entstehen beim Verbrennen des Massenprodukts Polyvinylchlorid (PVC) große Mengen an Chlorwasserstoff. Aus Zusätzen in den Kunststoffen entstehen zudem Schadstoffe, die zum Teil nur schwer aus den Rauchgasen zu entfernen sind.
Langfristig stellen somit weder die Deponierung noch die Verbrennung alleine eine sinnvolle Lösung dieses Müllproblems dar. Das Ziel muss vielmehr sein, möglichst viel der wertvollen Abfallstoffe wieder zu verwerten.
Ein schon seit Jahren erfolgreich beschrittener Weg ist das **Umschmelzen thermoplastischer Kunststoffabfälle**, z. B. von Verpackungsmaterial (Polyethen). Vor allem bei sortenreinen und sauberen Abfällen bietet sich dieses Verfahren an. Allerdings sinkt die Qualität dieser Regenerate nach mehrmaligem Umschmelzen, da das Erwärmen immer von unerwünschten chemischen Reaktionen begleitet ist.
Ein zweites Beispiel erfolgreichen Recyclings ist die Zerlegung der Kunststoffabfälle in Kleinmoleküle, die Bausteine der Kunststoffe. Dies erfolgt bei hoher Temperatur unter Luftabschluss **(Pyrolyse)**. Bei diesem Verfahren werden die Kunststoffe in einer Wirbelschicht aus heißem Quarzsand zersetzt. Die Pyrolyseprodukte werden nach der Reinigung von Staub und Ruß abgekühlt und durch Destillation getrennt. Das Pyrolysegas wird zum Betrieb der Anlage verwendet. Die Rückstände enthalten allerdings auch neu entstandene Schadstoffe, deren Beseitigung noch sicher und umweltfreundlich zu lösen ist.
Neueste Verfahren zielen auf die Produktion von Kunststoffen, die sich nach Gebrauch z. B. im alkalischen Medium auflösen und sich anschließend durch Ansäuern wieder ausfällen und somit wiedergewinnen lassen.
Alle diese Verfahren setzen jedoch eine konsequente Mülltrennung bereits durch den Verbraucher voraus. Zudem ist eine sparsame Verwendung solch wertvoller Rohstoffe immer noch die beste Lösung für das Müllproblem. Es kann also auch jeder einzelne seinen Beitrag leisten!

Diese Begriffe sollten Ihnen etwas sagen:

Diamant, Graphit, Modifikation, Härte, Brillant, Atomgitter, Chemilumineszenz, Reaktivität, reaktionsträge, reaktionsfähig, Winkelspannung, Frasch-Verfahren, rhombisch, monoklin, Kronenform, Makromolekül, Monomer, Polymer, Thermoplast, Duroplast, Elastoplast.

4 Protonenübergänge – Säure-Base-Reaktionen

Im Verlaufe der Entwicklung der Chemie haben die Begriffe „Säure" und „Base" weitgehende Veränderungen in ihren Bedeutungen erfahren.
Während sich die ersten Definitionen auf Stoffeigenschaften gründeten, charakterisierte ARRHENIUS – aufbauend auf der Theorie der elektrolytischen Dissoziation (Zerfall von Stoffen in frei bewegliche Ionen beim Auflösen in Wasser) – erstmals sowohl Säuren als auch Basen aufgrund der in ihren Lösungen vorhandenen Ionen. Nach ARRHENIUS ist das Wasserstoffion H^+ Träger der typischen Eigenschaften von sauren Lösungen, das Hydroxidion OH^- Träger der typischen Eigenschaften von basischen Lösungen. Im Sinne der Definitionen von ARRHENIUS ist die „Neutralisationsreaktion" $H^+ + OH^- \longrightarrow H_2O$ die einzig mögliche Säure-Base-Reaktion. Anionen der Säure und Kationen der Base sind nicht an der Reaktion beteiligt.
Bei Reaktionen äquivalenter Stoffmengen von Säuren und Basen in wässriger Lösung heben sich die entgegengesetzten Eigenschaften „sauer" und „basisch" auf. Es entsteht Wasser und eine Salzlösung. Metallhydroxide sind nach ARRHENIUS die einzigen Basen. Sie sind die „Grundlage" für die Bildung von Salzen. Ihre wässrigen Lösungen nennt man auch Laugen.

R. BOYLE (1627-1691)

A. L. LAVOISIER (1743-1794)

Historische Definitionen

	Säuren	Basen
O. TACHENIUS, R. BOYLE, 1666, 1678	schmecken sauer, färben bestimmte Pflanzenfarbstoffe rot	färben bestimmte Pflanzenfarbstoffe blau, heben die Wirkung von Säuren auf
G. F. ROUELLE 1764	—	reagieren mit Säuren unter Salzbildung
A. L. LAVOISIER 1778	enthalten Sauerstoff (Name!)	—
H. DAVY 1816	enthalten Wasserstoff	—
J. v. LIEBIG 1838	enthalten Wasserstoff, der durch Metall ersetzbar ist	—
S. A. ARRHENIUS 1887	Stoffe, die beim Auflösen in Wasser unter Abgabe von H^+-Ionen dissoziieren	Stoffe, die beim Auflösen in Wasser unter Abgabe von OH^--Ionen dissoziieren

SIR H. DAVY (1778-1829)

J. v. LIEBIG (1803–1873)

S. A. ARRHENIUS (1859-1927)

4.1 Trennung von Atombindungen

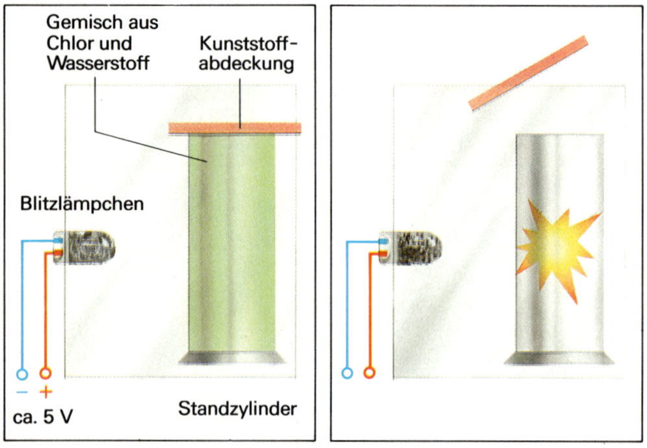

B 1 Chlorknallgasreaktion. Nach Zünden des Blitzlichtlämpchens reagiert das Wasserstoff-Chlor-Gemisch unter Explosion

⚠ **V 1** In zwei kleineren, dickwandigen Standzylindern mischt man Chlor und Wasserstoff im Verhältnis 1 : 1 und deckt beide mit Kunststoffplatten ab. (Abzug! Kein direktes Licht!)
a) Einen Zylinder umwickelt man mit einem Tuch und zündet das Gemisch an einer Brennerflamme. (Schutzbrille! Schutzscheibe!)
b) Den zweiten Zylinder stellt man in einen Drahtkorb. Die Zündung erfolgt mit einem Blitzlicht. (Schutzbrille! Schutzscheibe!)

⚠ **V 2** In einem Gasentwickler wird auf Natriumchlorid konz. Schwefelsäure (Schutzbrille!) getropft. Das entstehende Gas leitet man auf mit Universalindikator angefärbtes Wasser.

Der Überblick über historische Definitionen von Säuren und Basen zeigt, dass bei diesen Begriffen die Reaktionen von Teilchen gegenüber den Stoffeigenschaften immer mehr in den Vordergrund treten.

Da an Säure-Base-Reaktionen Moleküle beteiligt sind, müssen wir uns zunächst mit der Trennung von Atombindungen beschäftigen. Hierfür gibt es zwei verschiedene Möglichkeiten, die wir am Beispiel der Bildung und Trennung des einfach aufgebauten Chlorwasserstoffmoleküls aufzeigen wollen.

Die homolytische Bindungstrennung. Der Versuch ▶ V 1 zeigt, dass beim Vermischen von Chlor mit Wasserstoff keine sofortige Umsetzung zu beobachten ist. Das Gemisch muss zur Reaktion aktiviert werden. Die Aktivierung kann neben Wärme auch durch **Licht** erfolgen.
Hierbei reagiert das Gemisch unter Explosion **(Chlorknallgas)**.

Worin besteht diese Aktivierung? Zur Bildung des HCl-Moleküls müssen zunächst entweder Chlor- oder Wasserstoffmoleküle in Atome zerlegt werden.
Hierfür muss mindestens jeweils der Betrag der Bindungsenthalpie aufgebracht werden. Er ist für das Chlormolekül 242 kJ/mol, für das Wasserstoffmolekül 436 kJ/mol.

Der Vergleich der Energien der verschiedenen Lichtanteile des sichtbaren Lichtes mit den Bindungsenthalpien macht deutlich, dass bei der Aktivierung nur Cl_2-Moleküle in Atome zerlegt werden:

$$|\overline{\underline{Cl}} - \overline{\underline{Cl}}| \longrightarrow |\overline{\underline{Cl}}\cdot + \cdot\overline{\underline{Cl}}|$$

B 2 Zusammensetzung des sichtbaren Lichts mit angrenzenden Bereichen

Lichtbereiche (Farbe)	UV	violett	blau	grün	gelb	rot	IR
		sichtbarer Bereich					
Wellenlängenbereiche (nm)	<400	400-430	430-490	490-560	560-600	600-750	>750
Energiebereiche (kJ/mol Photonen)	>300	300-275	275-235	235-205	205-190	190-160	<160

B 3 Reaktionskette der Reaktion von Chlor mit Wasserstoff

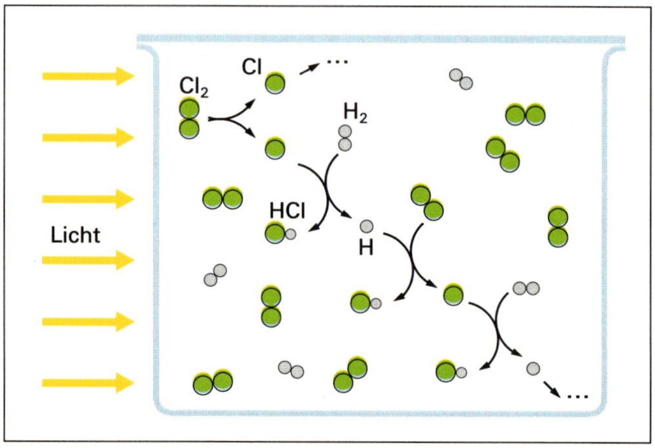

Die entstehenden Chloratome sind wegen des ungepaarten Elektrons sehr reaktiv und werden als **Radikale** bezeichnet. Jedes Chloratom ist Ausgangspunkt einer **Reaktionskette**:

$$Cl + H_2 \longrightarrow H + HCl \quad (1)$$
$$H + Cl_2 \longrightarrow Cl + HCl \quad (2)$$
$$(1) + (2) \quad H_2 + Cl_2 \longrightarrow 2\,HCl \quad | \; \Delta H_R^\circ = -184\,kJ$$

Die am Zündungsort bei den ersten Reaktionsketten frei werdende Energie führt zur Bildung weiterer Chlorradikale und somit rasch zur Entstehung immer neuer Reaktionsketten. Die Reaktion breitet sich lawinenartig aus.

Bei der homolytischen Trennung einer Atombindung wird das bindende Elektronenpaar gleichmäßig auf die entstehenden Teilchen verteilt. Die entstehenden, ungeladenen Teilchen nennt man Radikale.

Die heterolytische Bindungstrennung. Beim Aufleiten von Chlorwasserstoffgas auf Wasser schlägt die Indikatorfarbe um (▶ V 2). Chlorwasserstoff reagiert also mit Wasser. Dieses Verhalten ist mit der polaren Natur des HCl-Moleküls zu erklären.

Die Prüfung auf Leitfähigkeit und die Nachweisreaktion mit Silbernitratlösung zeigen jedoch erstens das Vorliegen von Ionen und zweitens die Bildung von Chloridionen beim Lösen von Chlorwasserstoff an:

$$Ag^+(aq) + NO_3^-(aq) + Cl^-(aq) \longrightarrow AgCl(s) + NO_3^-(aq)$$

Dies bedeutet, dass das HCl-Molekül beim Lösen in Wasser in Cl^-- und H^+-Ionen getrennt wurde.

$$H - \overline{Cl}| \longrightarrow H^+ + |\overline{Cl}|^-$$

Bei dieser Trennung verbleibt das bindende Elektronenpaar beim Chloratom, d. h. es entstehen jeweils ein positiv und ein negativ geladenes Ion.

Bei der heterolytischen Trennung einer Atombindung wird das bindende Elektronenpaar ganz auf das elektronegativere Atom übertragen. Es entstehen dadurch Ionen.

Die Frage, ob diese heterolytische Bindungstrennung von Chlorwasserstoff generell in jedem Lösungsmittel festzustellen ist, soll durch weitere Versuche beantwortet werden.

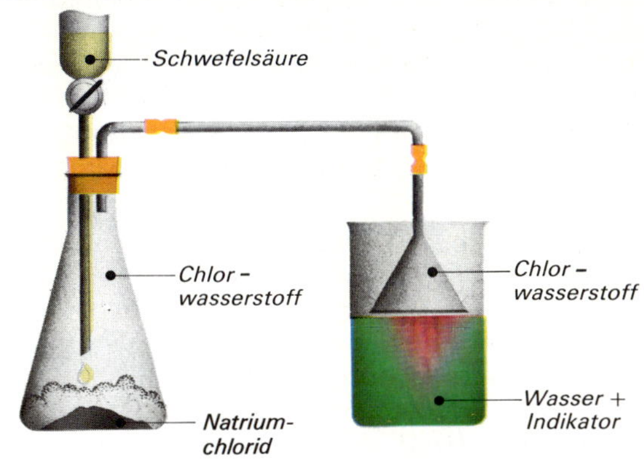

B 4 Herstellung von Chlorwasserstoff aus Natriumchlorid und konzentrierter Schwefelsäure

V 3 Die entstehende Lösung von Chlorwasserstoff in Wasser aus ▶ V 2 wird
a) mit einem Leitfähigkeitsprüfer in Vergleich zu reinem destilliertem Wasser auf Leitfähigkeit geprüft,
b) mit einigen Tropfen einer Silbernitratlösung versetzt.

A 1 Ermitteln Sie aus ▶ B 2, mit welchen Anteilen des Spektrums ein Chlor/Wasserstoff-Gemisch gezündet werden kann und unter welchem Licht dieses Gemisch sicher aufbewahrt werden kann.

A 2 Überlegen Sie, welche Teilchen bei der Radikalkettenreaktion von Chlor mit Wasserstoff aufeinander treffen müssen, um die Reaktion zum Stillstand zu bringen.

B 5 Vergleich Homolyse – Heterolyse

Homolyse	Heterolyse
Unpolare Atombindung A ⁝ A Radikale A· + ·A	Polare Atombindung A ◂⁝ $\overline{B}$| Ionen A^+ + |$\overline{B}$|$^-$
Häufig bei Reaktionen in der Gasphase	Häufig bei Reaktionen in der Lösung

4.2 Der Säure-Base-Begriff nach Brönsted

Das Lösungsmittel Wasser als Reaktionspartner. Leitet man Chlorwasserstoff in das unpolare Lösungsmittel Hexan ein (▶ V 1), so ist, im Gegensatz zum Lösungsmittel Wasser nahezu keine Leitfähigkeit festzustellen. Dies bedeutet, dass im Lösungsmittel Hexan keine Trennung der Chlorwasserstoffmoleküle stattfindet.

Der Lösungsvorgang alleine führt also noch nicht zwingend zur Bildung von Ionen. Das Entstehen der Ionen beim Einleiten von Chlorwasserstoff in Wasser beruht folglich auf einer Reaktion der Wassermoleküle mit den Molekülen von Chlorwasserstoff. Das HCl-Molekül gibt sein Proton an das Wassermolekül ab. Es entsteht ein **Oxoniumion (H_3O^+-Ion)**. Oxoniumionen sind wie andere Ionen auch hydratisiert.

$$HCl(g) + H_2O(l) \longrightarrow Cl^-(aq) + H_3O^+(aq)$$

Schwefelsäure und Salpetersäure sind wie eine Reihe weiterer Säuren als wasserfreie Reinstoffe ebenfalls aus Molekülen aufgebaut. Beim Versetzen mit Wasser geben ihre Moleküle Protonen an die Wassermoleküle ab.
Die Schwefelsäure ist eine „zweiprotonige Säure", d. h. ein Schwefelsäuremolekül gibt 2 Protonen an 2 Wassermoleküle ab:

	Anion:
$H_2SO_4 + H_2O \longrightarrow HSO_4^- + H_3O^+$	Hydrogensulfation
$HSO_4^- + H_2O \longrightarrow SO_4^{2-} + H_3O^+$	Sulfation
$HNO_3 + H_2O \longrightarrow NO_3^- + H_3O^+$	Nitration

Leitet man Ammoniak in Wasser, so zeigt der Indikator eine alkalische Lösung an, die ebenfalls leitfähig ist. Da eine alkalische Lösung bekanntlich durch Hydroxidionen hervorgerufen wird, muss das NH_3-Molekül vom Wassermolekül ein Proton aufgenommen haben.

$$H_2O(aq) + NH_3(g) \longrightarrow OH^-(aq) + NH_4^+(aq)$$

V 1 a) Chlorwasserstoff wird jeweils in Hexan bzw. Wasser eingeleitet. Die Leitfähigkeit der Lösungen wird jeweils vorher und nachher überprüft. Die wässrige Chlorwasserstofflösung wird mit Silbernitratlösung versetzt.
b) Ammoniak wird in Wasser, das mit einem Indikator versetzt ist, eingeleitet. Die Leitfähigkeit wird geprüft.
c) Chlorwasserstoff und Ammoniak werden in zwei aufeinandergestellten Standzylindern durch Entfernen der Abdeckscheiben miteinander in Kontakt gebracht (▶ B 1 rechts). Vom sich absetzenden weißen Pulver wird eine Probe entnommen, mit dest. Wasser aufgenommen und anschließend, nach Ansäuern mit verd. Salpetersäure, mit Silbernitratlösung geprüft. (Abzug!)

Die Neufassung der Begriffe Säure und Base. Wenn das NH_3-Molekül vom H_2O-Molekül ein Proton aufnehmen kann und das H_2O-Molekül umgekehrt vom HCl-Molekül ein Proton bekommt, so muss ein Protonenübergang vom HCl-Molekül auf das NH_3-Molekül ebenfalls möglich sein.
Der Versuch ▶ V 1c bestätigt diese Annahme:

$$HCl(g) + NH_3(g) \longrightarrow NH_4Cl(s)$$

Das Versuchsergebnis zeigt, dass Protonenübergänge auch ohne Beisein von Wassermolekülen möglich sind. Damit ist eine umfassende Neudefinition der Begriffe Säure und Base möglich.

Definition des Begriffs Säure nach Brönsted: Teilchen, die bei Reaktionen Protonen abgeben, nennt man Brönsted-Säuren (Protonendonatoren).

Definition des Begriffs Base nach Brönsted: Teilchen, die bei Reaktionen Protonen binden (aufnehmen), nennt man Brönsted-Basen (Protonenakzeptoren).

Die Begriffe Säure und Base beschreiben nach den Brönsted-Definitionen keine Stoffklassen, sondern die Funktion von Teilchen (Abgabe bzw. Aufnahme von Protonen). Eine Säure muss mindestens ein als Proton abspaltbares Wasserstoffatom aufweisen. Allen Basen ist gemeinsam, dass sie freie Elektronenpaare zur Bildung kovalenter Bindungen mit H^+-Ionen besitzen.

Damit eine Säure ein Proton abgeben kann, muss eine geeignete Base vorhanden sein, die dieses Proton aufnimmt.

B 1 Links: Reaktion von Ammoniak in Wasser (mit Indikatorlösung). **Rechts: Reaktion von Chlorwasserstoff mit Ammoniak** in der Gasphase

Chemische Reaktionen, bei denen Protonen übertragen werden, bezeichnet man als **Säure-Base-Reaktionen** oder auch als Protolysen.

Die Eigenschaften wässriger saurer Lösungen sind auf Oxoniumionen, die Eigenschaften wässriger alkalischer Lösungen auf Hydroxidionen zurückzuführen.

Ampholyte. Wir haben erfahren, dass die Begriffe Brönsted-Säure und Brönsted-Base keine Stoffeigenschaften charakterisieren, sondern das Verhalten von Teilchen gegenüber einem bestimmten Partner. Dies erkennt man am besten an Teilchen, die je nach Reaktionspartner als Brönsted-Säure (Protonendonator) oder Brönsted-Base (Protonenakzeptor) reagieren. Man bezeichnet diese Teilchen als amphotere Teilchen oder Ampholyte.

So kann sich ein Wassermolekül gegenüber einer Säure (z. B. Chlorwasserstoffmolekül) als Base verhalten und mit einer Base (z. B. Ammoniakmolekül) als Säure reagieren.

$$\mathrm{HCl} + \underset{\text{Base}}{\mathrm{H_2O}} \longrightarrow \mathrm{Cl^-} + \mathrm{H_3O^+}$$

$$\underset{\text{Säure}}{\mathrm{H_2O}} + \mathrm{NH_3} \longrightarrow \mathrm{OH^-} + \mathrm{NH_4^+}$$

Teilchen, die je nach Reaktionspartner als Brönsted-Säure oder Brönsted-Base reagieren, nennt man Ampholyte.

Der Säuregrad – pH-Wert. Der saure oder alkalische Charakter einer Lösung wird durch die Zahl der in der Lösung enthaltenen Oxonium- bzw. Hydroxidionen bestimmt.
Als Maß nimmt man den Säuregrad, d. h. die Stoffmenge der H_3O^+-Ionen in einem Lösungsvolumen, also die Stoffmengenkonzentration $c(H_3O^+)$ (↗ Kap. 2.7).
Der mit minus 1 multiplizierte dekadische Logarithmus des Zahlenwerts dieser Oxoniumionenkonzentration wird als pH-Wert („pondus hydrogenii") bezeichnet:

$$\mathrm{pH} = -\lg\,(c(\mathrm{H_3O^+}))$$

In einer neutralen Lösung liegt die gleiche Konzentration an Oxonium- wie Hydroxidionen vor:

$$c(\mathrm{H_3O^+}) = c(\mathrm{OH^-}) = 10^{-7}\ \mathrm{mol/l}$$

Der pH-Wert einer neutralen Lösung ist folglich 7. Eine zunehmende Erhöhung der Oxoniumionenkonzentration führt zu einer Erhöhung des Säuregrads und zu einer Erniedrigung des pH-Wertes. Dabei ist zu beachten, dass eine pH-Abnahme um eine Einheit einer Erhöhung der Oxoniumionenkonzentration um den Faktor 10 entspricht (▶ B 3).
Entsprechend führt die Erniedrigung der Oxoniumionenkonzentration vom Neutralwert aus zu alkalischen Lösungen mit pH-Werten größer 7.

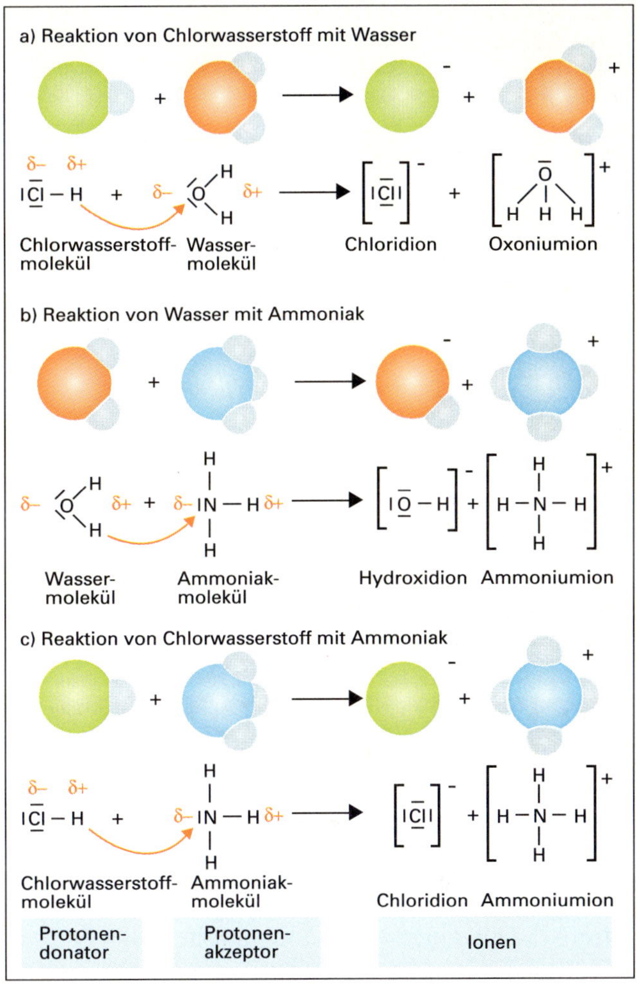

B 2 Durch Protonenübergang entstehen aus Molekülen Ionen

B 3 Oxoniumionenkonzentration, Säuregrad und pH-Wert

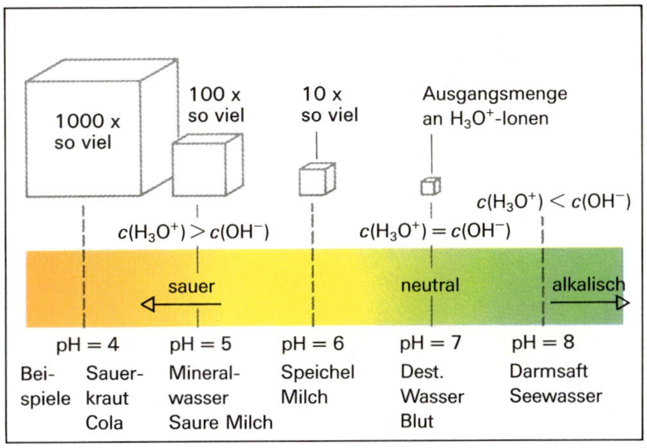

4.3 Exkurs: Säure-Base-Reaktionen in Haushalt und Technik

Unfall durch ausgelaufene Salzsäure

München. Beim Errichten von Stahlregalen in der Lagerhalle einer Chemikalienhandlung wurde ein dort stehender Tank mit konzentrierter Salzsäure beschädigt, wodurch erhebliche Mengen an Salzsäure ausliefen. Dabei erlitten mehrere Arbeiter starke Verätzungen an den Händen, die im Krankenhaus behandelt werden mussten.

B 1 Vorsicht beim Umgang mit Säuren und Laugen

V 1 Tropfen Sie verdünnte Salzsäure auf Kalkstein. Leiten Sie das entstehende Gas in Kalkwasser.

V 2 Vermischen Sie Natriumhydrogencarbonat mit Citronensäure (ca. 1 : 2) und geben Sie etwas Zucker bzw. Mehl zu (Modellversuche für Brause- bzw. Backpulver). Versetzen Sie mit etwas Wasser.

V 3 Bauen Sie eine Apparatur nach ► B 3. Geben Sie in den Erlenmeyerkolben (250 ml) ein Gemisch aus Natriumhydrogencarbonat (4 Spatellöffel), Citronensäure (3 Spatellöffel) und etwas Spülmittel. Lassen Sie in kurzen Abständen jeweils etwas Wasser zufließen und löschen Sie mit dem entweichenden Schaum einige Tropfen brennendes Benzin (Modellversuch Schaumlöscher).

B 2 Brausetabletten enthalten Hydrogencarbonate und Säuren

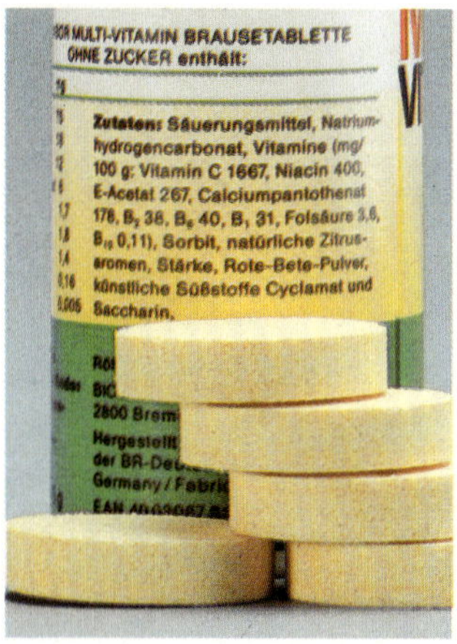

B 3 Modell eines Schaumlöschers

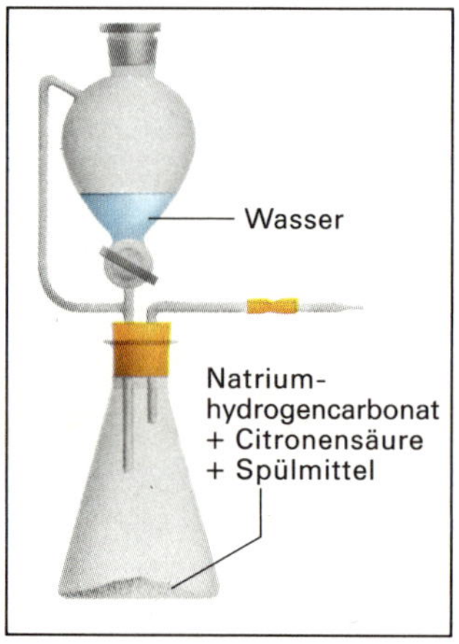

Viele chemische Vorgänge im Haushalt wie auch in der Technik sind Säure-Base-Reaktionen.
Im Haushalt wird z. B. Salzsäure zum Entfernen von Kalkbelägen verwendet:

$$CaCO_3(s) + 2\,HCl(aq) \rightarrow CaCl_2(aq) + H_2CO_3(aq)$$

Die entstandene Kohlensäure ist unbeständig:

$$H_2CO_3(aq) \rightarrow CO_2(g) + H_2O(l)$$

Das Entkalken elektrischer Geräte wie Warmwasserboiler erfolgt nach dem gleichen Prinzip, allerdings schonender durch z. B. Weinsäure oder Essigessenz.

Stark verdünnte Salzsäure (0,3 - 0,5%) ist Bestandteil unseres Magensaftes. Sodbrennen, ein Überschuss von Salzsäure, wurde früher mit natriumhydrogencarbonathaltigen Mitteln behandelt:

$$HCl(aq) + NaHCO_3(s) \rightarrow NaCl(aq) + CO_2(g) + H_2O(l)$$

Die Eigenschaft von Hydrogencarbonaten, mit Säuren Kohlenstoffdioxid zu bilden, macht man sich auch bei der Herstellung von Brause- und Backpulver zunutze. Sie enthalten Hydrogencarbonate und feste Säuren. Diese Mischung enthält im festen Zustand keine H_3O^+-Ionen und ist somit beständig (► V 2, ► B 2).

Das früher als Treibmittel beim Backen verwendete Hirschhornsalz enthält Ammoniumhydrogencarbonat. Beim Erwärmen findet innerhalb des Salzes eine Säure-Base-Reaktion statt:

$$NH_4HCO_3(s) \rightarrow NH_3(g) + CO_2(g) + H_2O(l)$$

Um Verwechslungen und ihren Folgen vorzubeugen, müssen saure und alkalische Lösungen auch im Haushalt, wie alle Chemikalien, in deutlich gekennzeichneten Gefäßen aufbewahrt werden, die nicht zur Aufnahme von Lebensmitteln oder Getränken dienen dürfen (z. B. Wein oder Mineralwasserflaschen).

Auch in Feuerlöschern findet Natriumhydrogencarbonat Verwendung. Das entstehende Kohlenstoffdioxid ist beim Nassfeuerlöscher zugleich Treibgas und Löschmittel (► V 3, ► B 3).

Stark versauerte Böden werden zum Teil mit Branntkalk (CaO) behandelt:

$$CaO(s) + 2\,H_3O^+(aq) \rightarrow Ca^{2+}(aq) + 3\,H_2O(l)$$

Bei der Reinigung von Erdgas werden die Schwefelverbindungen in Schwefelwasserstoff, H_2S, überführt und dieser mit Zinkoxid, ZnO, zur Reaktion gebracht:

$$ZnO(s) + H_2S(g) \rightarrow ZnS(s) + H_2O(l)$$

4.4 Die Neutralisationsreaktion

Säuren und Laugen dürfen nicht ohne Nachbehandlung in die Umwelt gelangen. Eine Möglichkeit, die saure und alkalische Wirkung aufzuheben, besteht im Zusammengeben von Säuren und Laugen.

Salzsäure reagiert mit Natronlauge. Gibt man zu Natronlauge, die mit dem Indikator Bromthymolblau versetzt wurde, bis zum Auftreten der gelbgrünen Farbe Salzsäure, so entsteht eine **neutrale Lösung**. Dampft man die Lösung nach Entfernen des Indikators ein, so bleibt ein weißer salzartiger Stoff zurück, der als Natriumchlorid identifiziert werden kann (▶ V 1).

$$NaOH(aq) + HCl(aq) \rightarrow NaCl(aq) + H_2O(l)$$

Die Reaktionsgleichung zeigt, dass Natriumionen und Chloridionen weiterhin unverändert in der Lösung vorliegen.

Die Neutralisation als Protolyse. Nicht nur Salzsäure und Natronlauge, sondern auch andere Säuren und Laugen können miteinander zu neutralen Lösungen reagieren. Als Reaktionsprodukte entstehen jeweils Salze und Wasser. Dabei wird stets Wärme frei. Z. B.:

$$H_2SO_4(aq) + 2\,KOH(aq) \rightarrow K_2SO_4(aq) + 2\,H_2O(l)$$
$$\text{Säure} + \text{Lauge} \rightarrow \text{Salz} + \text{Wasser}$$

Allen diesen Reaktionen ist gemeinsam, dass ein Protonenübergang von H_3O^+-Ionen der sauren Lösungen auf die OH^--Ionen der alkalischen Lösungen unter Bildung von Wassermolekülen stattfindet. Man kann deshalb die allgemeine Reaktionsgleichung formulieren:

$$H_3O^+ + OH^- \rightarrow 2\,H_2O \quad | \; \Delta H_R = -54\,kJ$$

Bei einer Neutralisation findet ein Protonenübergang von H_3O^+-Ionen auf OH^--Ionen unter Bildung von Wassermolekülen statt. Es wird Neutralisationsenthalpie frei.

Anwendung der Neutralisation. Bei vielen *industriellen Prozessen* entstehen saure und alkalische Abwässer, die, in Flüsse, Seen und Meere eingeleitet, die dort vorhandenen Lebewesen sehr stark schädigen bzw. abtöten. So hat z. B. das *„Verklappen"* von *„Dünnsäure"* mit Tankschiffen in die Nordsee zu einem starken Rückgang der Fischereierträge und zu Fischkrankheiten beigetragen. Ferner wird die *Funktion der biologischen Klärstufe* der Kläranlagen durch diese Lösungen stark beeinträchtigt. Daher müssen die Abwässer vor dem Einleiten in die Gewässer weitgehend neutralisiert werden. Da allerdings die entstehenden Salze ebenfalls die Gewässer belasten, ist eine Aufbereitung und Wiederverwendung dieser Lösungen zu bevorzugen.

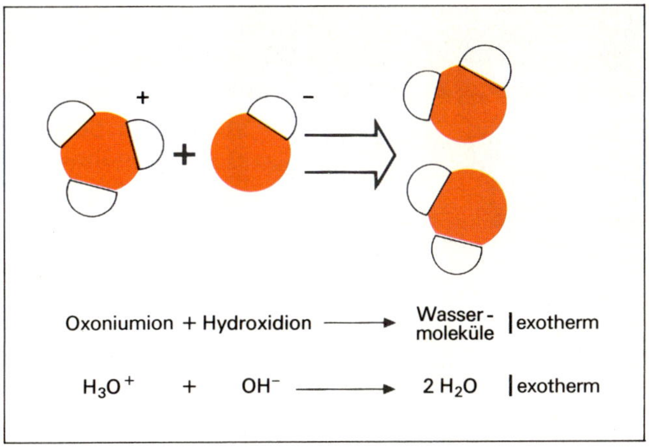

B 1 Neutralisation im Modell. Oxonium- und Hydroxidionen verbinden sich zu Wassermolekülen

V 1 a) Geben Sie zu 10 ml Natronlauge (c(NaOH) = 1 mol/l), die mit Bromthymolblau versetzt wurde, unter Rühren aus einem Tropfrohr gerade so viel Salzsäure (c(HCl) = 1 mol/l), bis der Indikator eine gelbgrüne Farbe zeigt. Nehmen Sie dabei den Temperaturgang der Reaktion auf.
b) Entfernen Sie den Indikator durch Schütteln der entstandenen Lösung mit Aktivkohle und lassen Sie die Flüssigkeit des Filtrats verdunsten.

A 1 Ermitteln Sie den Temperaturanstieg der Reaktion in ▶ V 1 und berechnen Sie die umgesetzte Wärmemenge nach:
$Q = c(H_2O) \cdot m(H_2O) \cdot \Delta\vartheta$; $c(H_2O) = 4{,}19\,J\,K^{-1}\,g^{-1}$.
Ermitteln Sie hieraus die Reaktionsenthalpie.

B 2 Schema einer Neutralisationsanlage zur Neutralisation saurer oder alkalischer Abwässer

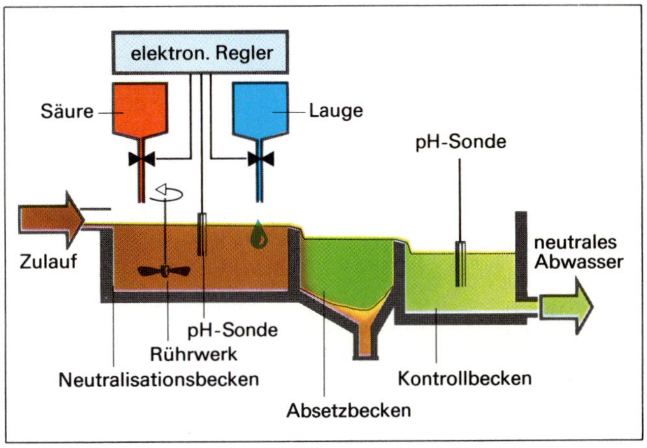

4.5 Quantitative Neutralisation

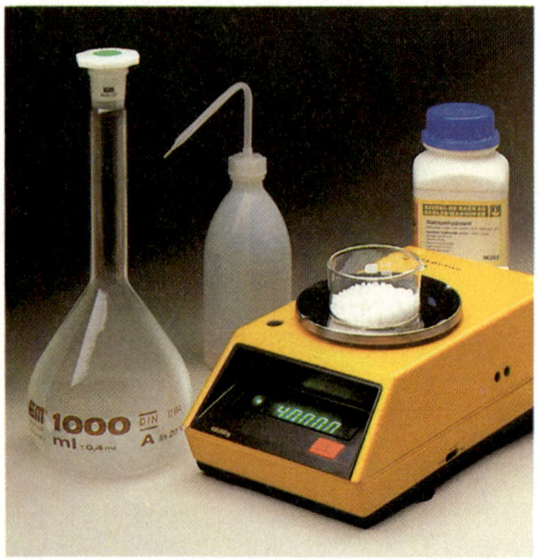

B 1 Herstellung einer Maßlösung: Natronlauge mit $c(NaOH) = 1$ mol/l

⚠ **V 1** In 2 Erlenmeyerkolben befinden sich 20 ml konz. Natronlauge und 20 ml konz. Salzsäure. Beide Lösungen werden mit Universalindikator versetzt. Zur konz. Natronlauge werden 20 ml verdünnte Salzsäure, zur konz. Salzsäure 20 ml verdünnte Natronlauge gegeben. (Vorsicht! Schutzbrille!)

A 1 Aus Calciumchlorid und dest. Wasser sollen 0,5 Liter Calciumchloridlösung ($c(CaCl_2) = 1{,}5$ mol/l) hergestellt werden. Beschreiben Sie die Arbeitsgänge.

B 2 Größen und Größengleichungen für chemische Berechnungen

Größe	Zeichen	Einheit(en)
Masse	m	g, kg
Volumen	V	ml, l
Stoffmenge	n	mol
Konzentration	c	$\text{mol} \cdot \text{l}^{-1}$
Molare Masse	M	$\text{g} \cdot \text{mol}^{-1}$

$$c(X) = \frac{n(X)}{V(\text{Lösung})}$$

$$n(X) = c(X) \cdot V(\text{Lösung})$$

$$M(X) = \frac{m(X)}{n(X)} \qquad n(X) = \frac{m(X)}{M(X)}$$

$$m(X) = n(X) \cdot M(X)$$

Beim Zusammengeben von Salzsäure und Natronlauge erhält man oft selbst dann *keine* neutrale Lösung, wenn beide Portionen das gleiche Volumen hatten (► V 1). Da aber nach der Neutralisationsgleichung *ein* Oxoniumion mit *einem* Hydroxidion reagiert, müssen unterschiedliche Teilchenanzahlen in den beiden Lösungsportionen vorgelegen haben. Für die quantitative Durchführung der Neutralisation ist somit die Kenntnis der Teilchenanzahl bzw. der Stoffmenge n, die zur Teilchenanzahl proportional ist, in einer Lösungsportion wichtig.

Die Stoffmengenkonzentration. Portionen verschiedener Volumina von einer gegebenen Lösung eines Stoffs haben verschiedene Stoffmengen. Die Stoffmenge ist z. B. bei doppeltem Volumen doppelt so groß. Der Quotient aus Stoffmenge und Volumen ergibt deshalb für alle Portionen dieser Lösung den gleichen Wert. Diesen Quotienten nennt man Stoffmengenkonzentration c, kurz **Konzentration** c (↗ Kap. 2.7).

$$c(X) = \frac{n(X)}{V(\text{Lösung})}$$

Beispiel: Eine Natriumhydroxidportion mit der Stoffmenge $n(NaOH) = 3$ mol ist in einer Lösung mit dem Volumen $V(\text{Lösung}) = 0{,}5$ l gelöst. Berechnen Sie die Stoffmengenkonzentration dieser Natronlauge.

$$c(NaOH) = \frac{3\ \text{mol}}{0{,}5\ \text{l}} = 6\ \frac{\text{mol}}{\text{l}}$$

Bei Neutralisationsreaktionen sind die *reagierenden Teilchen* H_3O^+ und OH^-. Deshalb muss man mit deren Stoffmengen rechnen und braucht dabei ihre Stoffmengenkonzentrationen. Beispiele:

Für Salzsäure gilt:	$c(H_3O^+)$	=	$c(Cl^-)$	=	$c(HCl)$
Für Natronlauge gilt:	$c(OH^-)$	=	$c(Na^+)$	=	$c(NaOH)$
Für $Ca(OH)_2$-Lösung gilt:	$c(OH^-)$	=	$2\,c(Ca^{2+})$	=	$2\,c(Ca(OH)_2)$

(In einer $Ca(OH)_2$-Lösung liegen doppelt so viele OH^--Ionen vor wie Ca^{2+}-Ionen.)

Herstellung einer Maßlösung. Lösungen mit genau definierter Konzentration nennt man Maßlösungen. Soll z. B. ein Liter einer NaOH-Maßlösung mit $c(NaOH) = 1$ mol/l hergestellt werden, muss wie folgt vorgegangen werden:

a) Berechnung der Masse von Natriumhydroxid nach:
$c(NaOH) = 1$ mol/l
$n(NaOH) = c \cdot V = 1\ \text{mol/l} \cdot 1\ \text{l} = 1$ mol
$m(NaOH) = n \cdot M = 1\ \text{mol} \cdot 40\ \text{g/mol} = 40$ g

b) Abwiegen dieser Stoffportion mit $m(NaOH) = 40$ g

c) Lösen dieser Stoffportion in wenig Wasser und Eingießen dieser Lösung (unter Spülen) in einen Messkolben von 1 l. Auffüllen mit Wasser bis zur Marke (► B 1).

Für die Praxis sind im Chemikalienhandel Ampullen mit Lösungen erhältlich, die beim Verdünnen, meist auf 1 l, die Maßlösung der gewünschten Konzentration ergeben.

Quantitative Neutralisation

Titration saurer und alkalischer Lösungen. Da sich Stoffportionen mit gleichen Stoffmengen an Oxoniumionen und Hydroxidionen gegenseitig neutralisieren, gilt für das Erreichen einer neutralen Lösung die Bedingung:

$n(H_3O^+) = n(OH^-)$ (Äquivalenzbedingung)

Üblicherweise werden Säuren und Laugen durch ihre Stoffmengenkonzentration gekennzeichnet. Die Ermittlung der Stoffmenge in einer bestimmten Portion der betreffenden Säure oder Lauge erfolgt über die Beziehung:

$n(X) = c(X) \cdot V(\text{Lösung})$

Diese Zusammenhänge werden genutzt, um die *unbekannte* Konzentration einer sauren oder alkalischen Lösung zu ermitteln. Hierbei gibt man eine saure oder alkalische Lösung *bekannter* Konzentration **(Maßlösung)** zu einer bestimmten Portion alkalischer oder saurer Lösung *unbekannter* Konzentration **(Probelösung)** bis zur Neutralisation aus einer Bürette zu (▶ V 2). Ein Indikator zeigt den **Äquivalenzpunkt** an. Dieses Verfahren zur Bestimmung der Stoffmenge nennt man **Titration** (▶ B 3). Aus dem Volumen der verbrauchten Portion Maßlösung, ihrer Konzentration und dem Volumen der Probelösung können deren Konzentration sowie die Stoffmenge und die Masse der in der Probelösung gelösten Substanz bestimmt werden.

V 2 Geben Sie mithilfe einer Pipette genau 20 ml einer Natronlauge unbekannter Konzentration in einen Erlenmeyerkolben (Schutzbrille!) und verdünnen Sie mit etwa 50 ml dest. Wasser. Setzen Sie 5 Tropfen Bromthymolblaulösung zu und tropfen Sie aus einer Bürette unter ständigem Umschwenken Salzsäure, $c(HCl) = 1$ mol/l zu, bis der Indikator gerade von Blau nach Grün umschlägt. Lesen Sie das Volumen der verbrauchten Salzsäureportion an der Bürette ab und errechnen Sie daraus die Stoffmenge und die Masse der gelösten Natriumhydroxidportion sowie die Stoffmengenkonzentration der Natronlauge.

A 2 Eine Portion Salzsäure, $V(\text{HCl-Ls}) = 20$ ml, wird mit einer Calciumhydroxidlösung (Kalkwasser, $c(Ca(OH)_2) = 0{,}1$ mol/l), titriert. Bis zum Neutralpunkt werden 12 ml Kalkwasser verbraucht. Berechnen Sie die Konzentration der Salzsäure und die Masse des in dieser Lösung enthaltenen Chlorwasserstoffs.

A 3 Zur Neutralisation einer Portion Kalilauge, $V(\text{Kalilauge}) = 25$ ml, wird eine Salzsäureportion, $V(\text{Salzsäure}) = 35$ ml, $c(HCl) = 0{,}5$ mol/l, benötigt. Berechnen Sie $m(KOH)$ in 1 l dieser Lauge.

B 3 Durchführung und Berechnung einer Titration

a) Erstellung der Reaktionsgleichung.
b) Ermittlung des Stoffmengenverhältnisses von Säure zu Lauge aus der Reaktionsgleichung.
c) Berechnung der Stoffmenge der Lauge aus dem Verbrauch der Maßlösung und deren Konzentration.
d) Berechnung der Stoffmenge der Säure (Probelösung) aus dem ermittelten Stoffmengenverhältnis.
e) Berechnung der Masse der in der Probelösung gelösten Substanz aus der Stoffmenge und der molaren Masse.
Oder: Berechnung der Konzentration der Probelösung aus der Stoffmenge und dem Volumen der Probelösung.

Beispiel: Berechnung zu ▶ A 2

a) $2\,HCl + Ca(OH)_2 \longrightarrow CaCl_2 + 2\,H_2O$
b) $n(HCl) : n(Ca(OH)_2) = 2 : 1$
$n(HCl) = 2\,n(Ca(OH)_2)$
c) $n(Ca(OH)_2) = c \cdot V = 0{,}1\ \text{mol/l} \cdot 0{,}012\ \text{l} = 0{,}0012\ \text{mol}$
d) $n(HCl) = 2 \cdot 0{,}0012\ \text{mol} = 0{,}0024\ \text{mol}$
e) $m(HCl) = n \cdot M = 0{,}0024\ \text{mol} \cdot 36{,}5\ \text{g/mol} = \underline{0{,}0876\ \text{g}}$
$c(\text{HCl-Ls}) = n/V = 0{,}0024\ \text{mol}/(0{,}02\ \text{l}) = \underline{0{,}12\ \text{mol/l}}$

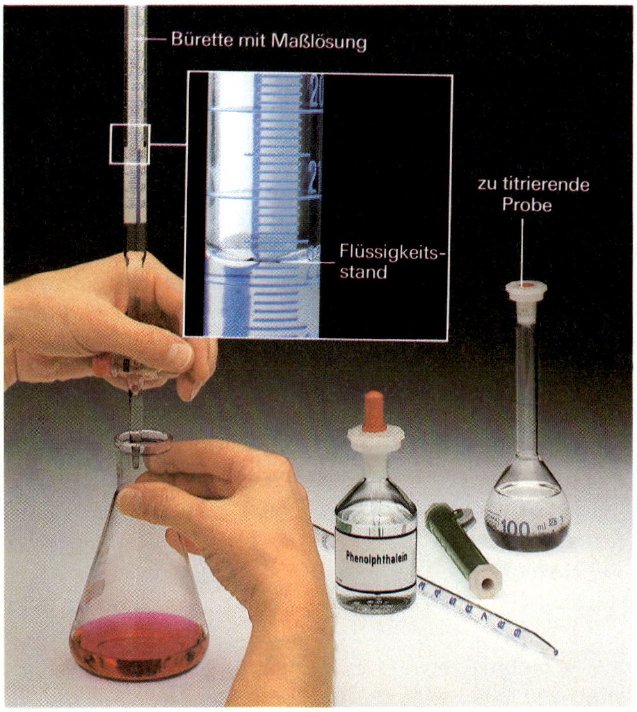

4.6 Überprüfung und Vertiefung

B 1 Zu Aufgabe 2

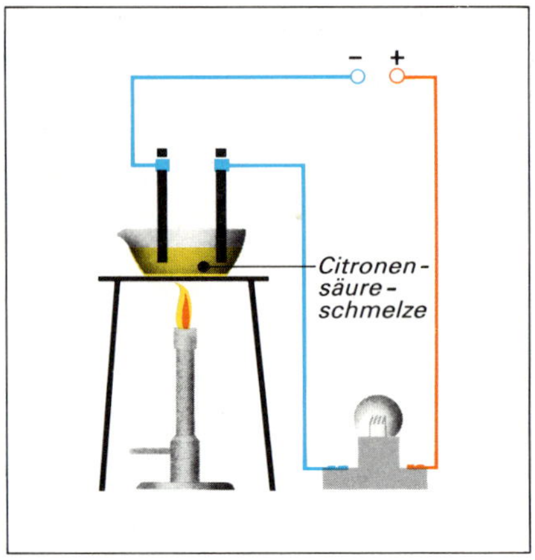

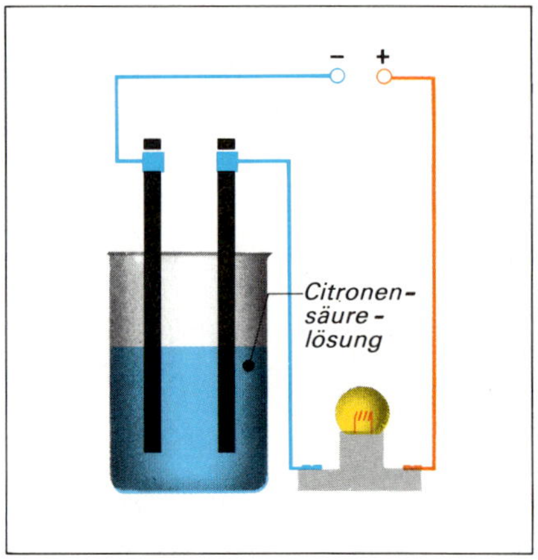

B 2 (links und rechts) Zu Aufgabe 4

1 Die Herstellung von Chlorwasserstoff im Labor durch Auftropfen von konzentrierter Schwefelsäure auf Kochsalz ist eine Säure-Base-Reaktion. Formulieren Sie die Reaktionsgleichung (es entsteht auch Natriumhydrogensulfat) sowie die Gleichung, die nur die reagierenden Teilchen angibt. Welche reagieren als Protonendonatoren, welche als Protonenakzeptoren? Welche Säure-Base-Paare sind an der Reaktion beteiligt?

2 Ammoniumchloridlösung wird zu Natriumhydroxid getropft. Das entstehende Gas ergibt mit Chlorwasserstoff einen weißen Rauch (▶ B 1). Formulieren Sie die Gleichungen der ablaufenden Säure-Base-Reaktionen und geben Sie Protonendonatoren und -akzeptoren an.

3 Welche Teilchen reagieren bei den folgenden Reaktionen als Protonendonatoren, welche als Protonenakzeptoren?

a) $Ba(OH)_2 + 2\,HI \longrightarrow BaI_2 + 2\,H_2O$
b) $Li_2O + H_2O \longrightarrow 2\,LiOH$
c) $Ca(OH)_2 \longrightarrow CaO + H_2O$
d) $Na_3PO_4 + H_2O \longrightarrow$
$2\,Na^+ + HPO_4^{2-} + Na^+ + OH^-$
e) $(NH_4)_2SO_4 + 2\,NaOH \longrightarrow$
$Na_2SO_4 + 2\,NH_3 + 2\,H_2O$

4 Eine Schmelze von Citronensäure leitet den elektrischen Strom nicht (▶ B 2 links). Gibt man Citronensäure in Wasser (▶ B 2 rechts), so leitet die Flüssigkeit den elektrischen Strom. Erklären Sie.

5 Wenn man festes Natriumhydrogensulfat mit festem Kochsalz zusammen erhitzt, entweicht ein stechend riechendes Gas, das ein feuchtes Universalindikatorpapier rot färbt. Formulieren Sie die gesamte Reaktionsgleichung und die Gleichung der reagierenden Teilchen. Welche reagieren als Protonendonatoren, welche als Protonenakzeptoren?

6 Beim Übergießen von Eisensulfid mit konzentrierter Salzsäure entweicht ein nach faulen Eiern riechendes Gas, das ein feuchtes Bleisalzpapier schwarz färbt. Formulieren Sie die gesamte Reaktionsgleichung und die Gleichung der reagierenden Teilchen. Welche reagieren als Protonendonatoren, welche als Protonenakzeptoren?

7 Welches Teilchen reagiert bei der Hitzespaltung von Ammoniumchlorid als Protonendonator, welches als Protonenakzeptor?

8 Welche der Teilchen können als amphotere Teilchen reagieren: NH_4^+; HSO_4^-; OH^-?

9 Erklären Sie folgenden Sachverhalt: Bei der Neutralisation von Salzsäure, $c(HCl) = 2$ mol/l, mit Natronlauge, $c(NaOH) = 1$ mol/l, wird dieselbe Wärmemenge frei wie bei der Neutralisation von Bromwasserstoffsäure, $c(HBr) = 2$ mol/l, mit Kalilauge, $c(KOH) = 1$ mol/l.

10 Eine Portion Lithiumhydroxid, $m = 4$ g, ergibt in Wasser gelöst eine Portion Lithiumhydroxidlösung, $V = 120$ ml. Berechnen Sie die Stoffmengenkonzentration $c(LiOH)$ der Lösung. Welches Volumen hat die Salzsäureportion, $c(HCl) = 1$ mol/l, die zur Neutralisation dieser Laugenportion erforderlich ist?

11 Zur Neutralisation von 25 ml Bariumhydroxidlösung unbekannter Konzentration wurden 5 ml Salzsäure, $c(HCl) = 0{,}1$ mol/l benötigt. Welche Stoffmenge und welche Masse hat die Bariumhydroxidportion, die in der Lösungsportion gelöst war?

Diese Begriffe sollten Ihnen etwas sagen:

Homolyse, Radikale, Reaktionskette, Heterolyse, Oxoniumion, Brönsted-Säure, Brönsted-Base, Säure-Base-Reaktion, Protonendonator, Protonenakzeptor, Protolyse, Ampholyt, Neutralisation, neutrale Lösung, Neutralisationsenthalpie, Maßlösung, Titration, äquivalente Stoffmenge, Äquivalenzpunkt, Probelösung.

5 Elektronenübergänge

Bisher haben wir Reaktionen mit Sauerstoff als Oxidationsreaktionen bezeichnet. Es zeigt sich aber, dass Reaktionen mit anderen Nichtmetallen in vielerlei Hinsicht denen mit Sauerstoff ähnlich sind. So ergibt sich aus unseren Kenntnissen vom Atombau, dass beispielsweise zwischen der Reaktion eines Metalls mit Sauerstoff und derjenigen mit Chlor eine grundlegende Gemeinsamkeit besteht: In beiden Fällen gehen Elektronen vom Metallatom auf das Nichtmetallatom über. Dies wird zu einer Erweiterung unseres Redoxbegriffs führen.

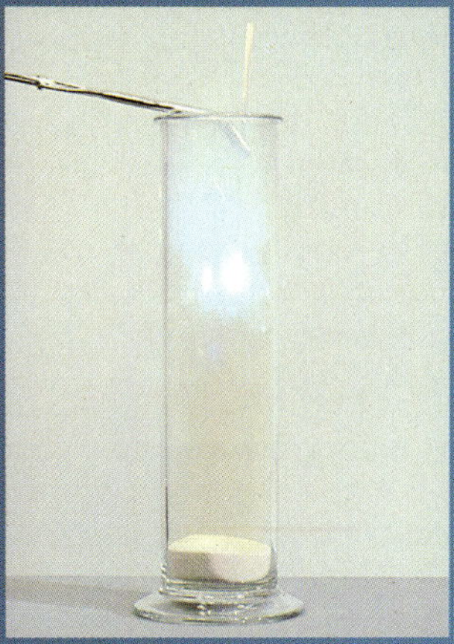

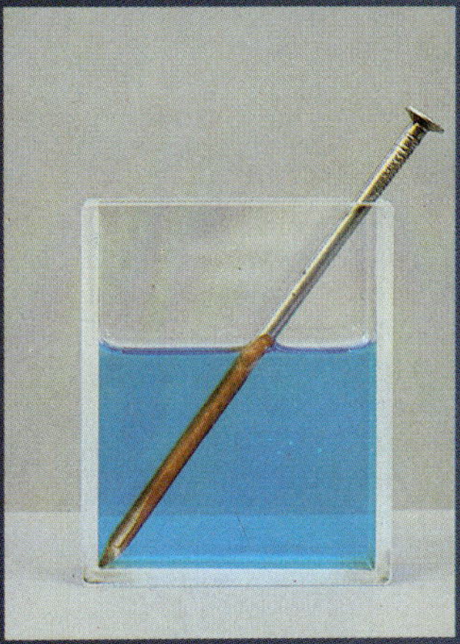

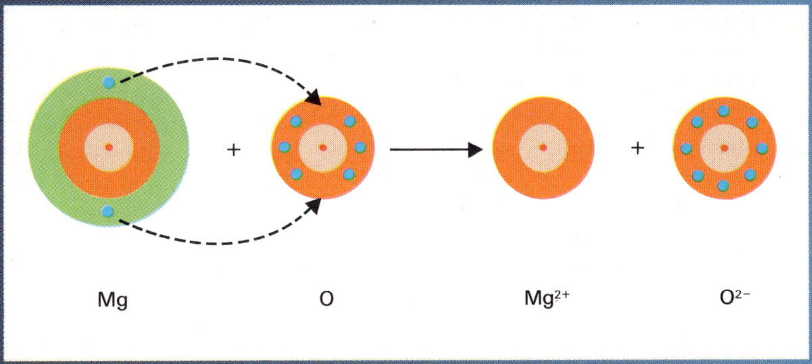

Die Bildung von Nichtmetalloxiden wie Wasser, Schwefeldioxid, Kohlenstoffdioxid aus den Elementen wurde auch als Oxidation bezeichnet.
Diese Nichtmetalloxide sind keine Ionenverbindungen. Um sie in das Redox-Begriffssystem einordnen zu können, werden wir einen neuen Begriff, die Oxidationszahl, kennen lernen.

5.1 Oxidation und Reduktion als Elektronenübergänge

V 1 Zwei Standzylinder werden jeweils ca. 1 cm hoch mit Sand gefüllt. Ein Standzylinder wird mit Sauerstoff gefüllt und abgedeckt. In den zweiten werden einige Tropfen Brom gegeben, so dass der Zylinder anschließend mit Bromdampf gefüllt ist.
In beide Standzylinder wird nun jeweils ein brennendes Stück Magnesiumband gehalten. (Schutzbrille! Abzug!)

V 2 a) In eine Lösung von Eisen(II)-sulfat leitet man Chlor ein. (Abzug!)
b) Zu einer Eisen(II)-sulfat-Lösung gibt man eine Lösung von Silbernitrat und erwärmt vorsichtig.

V 3 a) Zu einer Lösung von Eisen(III)-chlorid wird Zinkpulver gegeben und geschüttelt.
b) Eine Eisen(III)-chlorid-Lösung wird mit einer Lösung von Kaliumiodid versetzt.

Hinweis: Eisen(III)- bzw. Eisen(II)-Ionen können mit Kaliumthiocyanat(KSCN)-Lösung bzw. Kaliumhexacyanoferrat(III)($K_3[Fe(CN)_6]$)-Lösung nachgewiesen werden (Rot- bzw. Blaufärbung). Iod kann mit Stärkelösung nachgewiesen werden (Blaufärbung, ▶ B 1).

Ähnlich wie die Säure-Base-Definitionen haben auch die Begriffe Oxidation und Reduktion im Laufe der geschichtlichen Entwicklung einen Bedeutungswandel erfahren.
Ursprünglich verstand man unter Oxidation einen chemischen Vorgang, bei dem Sauerstoff mit einem anderen Stoff reagiert, z. B. die Verbrennung von Magnesium in reinem Sauerstoff (▶ B 2). Von einer Reduktion sprach man bei einem chemischen Vorgang, bei dem z. B. aus einem Metalloxid das Metall gewonnen wird. Die Namen „Oxidation" (von Oxygenium, Sauerstoff) und „Reduktion" (von lat. reducere, zurückführen) leiten sich unmittelbar aus dieser Definition ab.
Bei der Verbrennung von Magnesium in Sauerstoff entsteht Magnesiumoxid, eine Ionenverbindung, die aus Magnesium- und Oxidionen aufgebaut ist. Magnesiumionen entstehen aber auch z. B. bei der Reaktion von Magnesium mit Brom (▶ B 3). Die Ähnlichkeit beider Reaktionen zeigt sich, wenn man die Vorgänge in Teilschritte zerlegt:

$$\begin{aligned} 2\,Mg + O_2 &\rightarrow 2\,MgO \\ 2\,Mg &\rightarrow 2\,Mg^{2+} + 4\,e^- \\ O_2 + 4\,e^- &\rightarrow 2\,O^{2-} \end{aligned}$$

$$\begin{aligned} Mg + Br_2 &\rightarrow MgBr_2 \\ Mg &\rightarrow Mg^{2+} + 2\,e^- \\ Br_2 + 2\,e^- &\rightarrow 2\,Br^- \end{aligned}$$

In beiden Fällen geben die Magnesiumatome Elektronen ab, die von Sauerstoff- bzw. Brommolekülen aufgenommen werden. Es ist daher sinnvoll, auch die Reaktion von Magnesium mit Brom als eine Oxidation des Magnesiums anzusehen.
Die Oxidation muss nicht auf Atome beschränkt bleiben. Auch die Überführung von Eisen(II)- in Eisen(III)-Ionen in wässriger Lösung, die z. B. durch Chlormoleküle oder Silberionen erfolgen kann (▶ V 2), kann als Oxidation betrachtet werden.

$$2\,Fe^{2+}(aq) + Cl_2(g) \rightarrow 2\,Fe^{3+}(aq) + 2\,Cl^-(aq)$$

Das Fe^{2+}-Ion geht unter Elektronenabgabe in das Fe^{3+}-Ion über.
Oder: Das Eisenion wurde von der zweiwertigen zur dreiwertigen Stufe oxidiert.

B 1 Nachweis von Iod mit Stärke

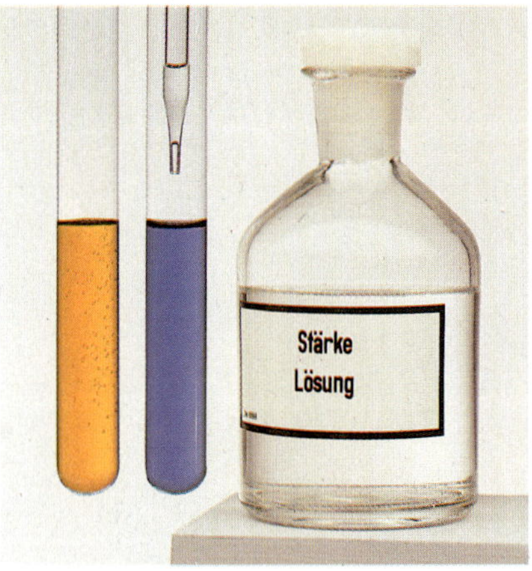

B 2 Magnesium mit Sauerstoff

B 3 Magnesium mit Brom

Oxidation und Reduktion als Elektronenübergänge

Umgekehrt kann das Fe^{3+}-Ion durch ein Zinkatom oder Iodidion durch Elektronenaufnahme wieder in das Fe^{2+}-Ion überführt werden (▶ V 3).

$$2\,Fe^{3+}(aq) + 2\,I^{-}(aq) \longrightarrow 2\,Fe^{2+}(aq) + I_2(aq)$$

Diese Elektronenaufnahme muss dann konsequent als Reduktion bezeichnet werden. Bei den zuerst betrachteten Reaktionen von Magnesium mit Sauerstoff und Brom nehmen die Nichtmetallatome Elektronen von Magnesiumatomen auf, sie werden also reduziert.

Eine Oxidation ist die Abgabe, eine Reduktion die Aufnahme von Elektronen.

Da ein Teilchen normalerweise nur dann Elektronen abgeben kann, wenn diese von anderen Teilchen aufgenommen werden, ist jede Oxidation mit einer Reduktion gekoppelt und umgekehrt. Beide Vorgänge laufen gleichzeitig ab. Reaktionen, denen Elektronenübergänge zugrunde liegen, werden als Reduktions-Oxidations-Reaktionen oder kurz **Redoxreaktionen** bezeichnet.
Ein Teilchen (Atom, Ion, Molekül), welches dabei Elektronen aufnimmt, d. h. als Elektronenakzeptor wirkt, heißt *Oxidationsmittel*, weil es den Reaktionspartner oxidiert. Entsprechend wird ein Teilchen, welches Elektronen abgibt, d. h. als Elektronendonator wirkt, als *Reduktionsmittel* bezeichnet. Das Oxidationsmittel wird also selbst reduziert. Entsprechend wird das Reduktionsmittel oxidiert.

Bei Redoxreaktionen werden Elektronen von einem Teilchen (Elektronendonator, Reduktionsmittel) auf ein anderes Teilchen (Elektronenakzeptor, Oxidationsmittel) übertragen.

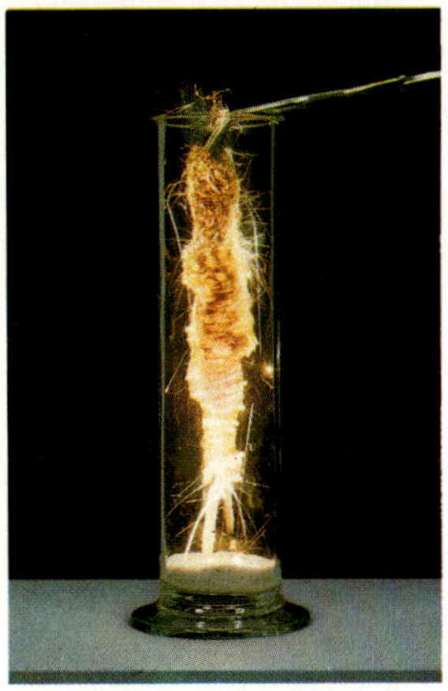

B 4 Eisen mit Sauerstoff

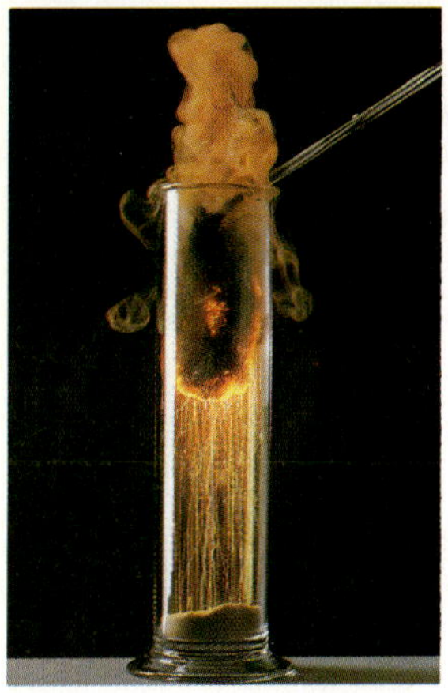

B 5 Eisen mit Chlor

A 1 Unter einer Oxidation verstand man ursprünglich die Reaktion eines Metalls mit Sauerstoff. Fassen Sie anhand der Reaktionen von Eisen mit Sauerstoff und Chlor die Argumente zusammen, die dieser Sonderstellung von Sauerstoff anderen Nichtmetallen gegenüber widersprechen.

A 2 Die Reaktion von Quecksilber mit Sauerstoff zu Quecksilberoxid ist nach der ursprünglichen Definition eine Oxidationsreaktion. Erläutern Sie, als was sie mit der heutigen Begriffsdefinition dargestellt werden muss. Umgekehrt war die Zerlegung von Quecksilberoxid in die Elemente eine Reduktion. Begründen Sie, wie dieser Vorgang mit den heutigen Begriffen zu benennen ist.

B 6 Vergleich von Redoxreaktionen mit Säure-Base-Reaktionen am Beispiel der Reaktionen Eisen/Chlor und Chlorwasserstoff/Ammoniak

Reaktionstyp	Redoxreaktion		Säure-Base-Reaktion	
Übertragenes Teilchen	Elektron		Proton	
Teilreaktionen	Oxidation: $Fe \longrightarrow Fe^{3+} + 3\,e^{-}$ | $\cdot 2$		Protonenabgabe: $HCl \longrightarrow H^{+} + Cl^{-}$	
	Reduktion: $Cl_2 + 2\,e^{-} \longrightarrow 2\,Cl^{-}$ | $\cdot 3$		Protonenaufnahme: $NH_3 + H^{+} \longrightarrow NH_4^{+}$	
Gesamtreaktion	Redox: $2\,Fe + 3\,Cl_2 \longrightarrow 2\,Fe^{3+} + 6\,Cl^{-}$		Protolyse: $HCl + NH_3 \longrightarrow NH_4^{+} + Cl^{-}$	
Benennung der reagierenden Teilchen	Elektronen-donator Reduktionsmittel ($2\,Fe$)	Elektronen-akzeptor Oxidationsmittel ($3\,Cl_2$)	Protonen-donator Brönsted-Säure (HCl)	Protonen-akzeptor Brönsted-Base (NH_3)

5.2 Oxidationszahl

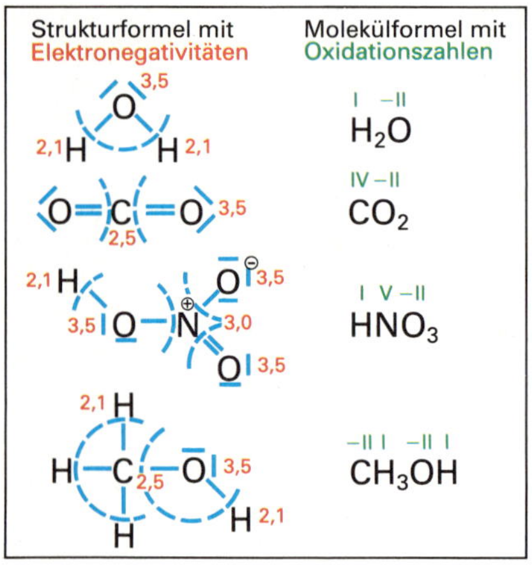

B 1 Ermittlung von Oxidationszahlen

Die Reaktion von Wasserstoff mit Sauerstoff ist eine Oxidation im ursprünglichen Sinn. In den entstehenden Wassermolekülen liegt nun keine Ionenbindung, sondern eine polare Atombindung vor, d. h. bei der Reaktion findet keine vollständige Elektronenübertragung statt. Um auch hier – sowie bei anderen ähnlichen Reaktionen – die neuen Redox-Definitionen anwenden zu können, stellt man sich vor, die bindenden Elektronen einer polaren Atombindung seien an das stärker elektronegative Atom abgegeben worden (Verfahren der Heterolyse der Bindung). Dadurch ordnet man jedem Atom eine gedachte Ladung zu, die durch die *Oxidationszahl* angegeben wird.

Die **Oxidationszahl** eines Atoms in irgendeinem Teilchen gibt also die gedachte Ladung an, die dieses Atom erhält, wenn man sich das Teilchen nur aus Atomionen aufgebaut denkt (▶ B 1). In Formeln werden Oxidationszahlen in römischen Ziffern (negative Oxidationszahlen mit vorgesetztem Minuszeichen) über die betreffenden Atomsymbole geschrieben. Aufgrund der Elektronegativitätswerte der Atome (↗ Kap. 2.3, ↗ Anhang) ergeben sich zur Festlegung der Oxidationszahlen in *Verbindungen* einige einfache *Regeln*, die in der nachfolgend angeführten Reihenfolge anzuwenden sind:

1. Ein Metallatom hat stets eine positive Oxidationszahl. Das Fluoratom hat stets die Oxidationszahl −I.
2. Das Wasserstoffatom hat die Oxidationszahl I.
3. Das Sauerstoffatom hat die Oxidationszahl −II.
4. Ein Halogenatom hat die Oxidationszahl −I.

Weiterhin gilt:

5. Atome innerhalb eines Atomverbands von Elementen bekommen die Oxidationszahl 0.
6. Bei Molekülen und Formeleinheiten ist die Summe der Oxidationszahlen aller Atome gleich 0.
7. Bei Atomionen (und Molekülionen) entspricht die (Summe der) Oxidationszahl(en) der Ladung.

Beispiele zur Ermittlung von Oxidationszahlen:

Beispiel 1: Oxidationszahlen der Atome im Natriumnitrat, $NaNO_3$.

a) Das Natriumatom hat eine positive Oxidationszahl (Regel 1). Aus der Stellung in der 1. Gruppe des PSE ergibt sich die Oxidationszahl I.
b) Die Sauerstoffatome erhalten jeweils die Oxidationszahlen −II (Regel 3).
c) Die Summe der Oxidationszahlen aller Atome ist 0. Damit bekommt das Stickstoffatom die Oxidationszahl V.

$$\overset{\text{I}}{\text{Na}}\,\overset{\text{V}}{\text{N}}\,\overset{-\text{II}}{\text{O}_3}$$

Beispiel 2: Oxidationszahlen der Atome im Wasserstoffperoxid, H_2O_2.

a) Die Wasserstoffatome erhalten jeweils die Oxidationszahlen I (Regel 2).
b) Die Summe der Oxidationszahlen aller Atome ist 0. Damit bekommen die Sauerstoffatome jeweils die Oxidationszahl −I. (Regel 2 ist vorrangig vor Regel 3!)

Mithilfe der Oxidationszahlen lässt sich erkennen, ob eine Redoxreaktion vorliegt und welches Atom oxidiert, welches reduziert wird. Eine Oxidation liegt vor, wenn ein Atom seine Oxidationszahl erhöht; eine Reduktion liegt vor, wenn ein Atom seine Oxidationszahl erniedrigt.

Eine Redoxreaktion liegt vor, wenn sich Oxidationszahlen beteiligter Atome ändern. Dabei bedeutet die Erhöhung der Oxidationszahl eine Oxidation, die Erniedrigung eine Reduktion des betreffenden Teilchens.

A 1 Geben Sie in den nachfolgenden Formeln die Oxidationszahlen aller Atome an:
AlF_3, CaH_2, C_2H_4, CCl_4, HCHO, HCOOH, CO_3^{2-}, HClO, H_2S, HSO_3^-, NH_3, NH_4Cl, N_2O, H_3PO_4.

A 2 Welche der folgenden Reaktionen sind Redoxreaktionen?
a) $Cu + 2\,H_2SO_4 \rightarrow CuSO_4 + 2\,H_2O + SO_2$
b) $CaCO_3 + 2\,HCl \rightarrow CaCl_2 + H_2O + CO_2$
c) $Zn + 2\,HCl \rightarrow ZnCl_2 + H_2$
d) $CH_3OH + CuO \rightarrow HCHO + Cu + H_2O$
e) $4\,NH_3 + 5\,O_2 \rightarrow 4\,NO + 6\,H_2O$
f) $2\,NaCl + H_2SO_4 \rightarrow Na_2SO_4 + 2\,HCl$
g) $2\,KOH + Cl_2 \rightarrow KClO + KCl + H_2O$

B 2 Redoxreaktion und Oxidationszahl

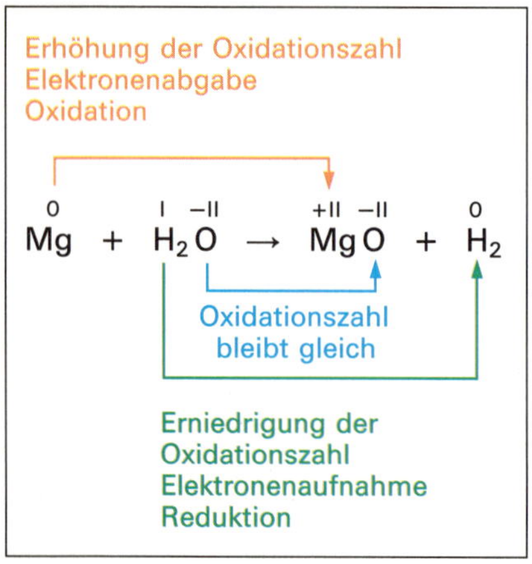

5.3 Redoxgleichungen

Durch die Einführung der Oxidationszahl können auch komplizierte **Redoxgleichungen** leicht formuliert werden. Es ist dabei zweckmäßig, zunächst Teilgleichungen für die Oxidation und die Reduktion zu formulieren. Die Formulierung in Teilgleichungen bedeutet dabei nicht, dass bei den Reaktionen freie Elektronen entstehen bzw. verbraucht werden. Gleichungen dieser Art geben nur die stöchiometrischen Verhältnisse, nicht jedoch den Verlauf einer Reaktion wieder.

Beispiele zur Erstellung von Redoxgleichungen:

Beispiel 1: Reaktion von Chloridionen mit Permanganationen in stark saurer Lösung (▶ V 1, ▶ B 1).
Es entstehen Chlor und Mn^{2+}-Ionen. Die Oxidationszahlen der Atome in den Ausgangs- und Endstoffen zeigen, dass eine Redoxreaktion vorliegt.
Die Chloridionen geben dabei Elektronen ab, ihre Oxidationszahl erhöht sich von −I auf 0, d. h. die Chloridionen werden oxidiert.
Die Elektronen werden von den Permanganationen aufgenommen, deren Oxidationszahl sich damit erniedrigt, d. h. sie werden reduziert.
Chloridionen und Chlormoleküle bzw. Permanganationen und Mangan(II)-Ionen bezeichnet man auch als **Redoxpaare**.

Zur Formulierung der Redoxgleichung bietet sich folgendes Vorgehen an:

A) Aufstellen der Redoxpaare und Festlegen der Oxidationszahlen

$$2\,\overset{-I}{Cl^-} \longrightarrow \overset{0}{Cl_2} \qquad \overset{VII}{Mn}O_4^- \longrightarrow \overset{II}{Mn^{2+}}$$

B) Aufstellen der *Teilgleichung für die Oxidation*

- Angabe des Redoxpaars und Ermitteln des Elektronenübergangs aus den Oxidationszahlen:

$$2\,Cl^- \longrightarrow \overset{0}{Cl_2} + 2\,e^-$$

C) Aufstellen der *Teilgleichung für die Reduktion*

- Angabe des Redoxpaars und Ermitteln des Elektronenübergangs aus den Oxidationszahlen:

$$\overset{VII}{Mn}O_4^- + 5\,e^- \longrightarrow Mn^{2+}$$

- Durchführung des Ladungsausgleichs durch Hinzufügen von Oxoniumionen:

$$MnO_4^- + 5\,e^- + 8\,H_3O^+ \longrightarrow Mn^{2+}$$

- Ausgleich der Sauerstoffatome durch Wassermoleküle:

$$MnO_4^- + 5\,e^- + 8\,H_3O^+ \longrightarrow Mn^{2+} + 12\,H_2O$$

D) Aufstellen der *Redoxgleichung (Gesamtgleichung)* über das kgV

- Ermitteln des kleinsten gemeinsamen Vielfachen (kgV) der Anzahl der Elektronen in den Teilgleichungen (die Anzahl der bei der Oxidation abgegebenen Elektronen ist gleich der Anzahl der bei der Reduktion aufgenommenen) und Multiplikation der Teilgleichungen mit den entsprechenden Faktoren.
- Addition der Teilgleichungen:

$$2\,Cl^- \longrightarrow Cl_2 + 2\,e^- \qquad | \cdot 5$$

$$MnO_4^- + 5\,e^- + 8\,H_3O^+ \longrightarrow Mn^{2+} + 12\,H_2O \qquad | \cdot 2$$

$$10\,Cl^- + 2\,MnO_4^- + 16\,H_3O^+ \longrightarrow 5\,Cl_2 + 2\,Mn^{2+} + 24\,H_2O$$

Ionen, die an der Reaktion nicht beteiligt sind, brauchen in den Gleichungen nicht aufgeführt zu werden.

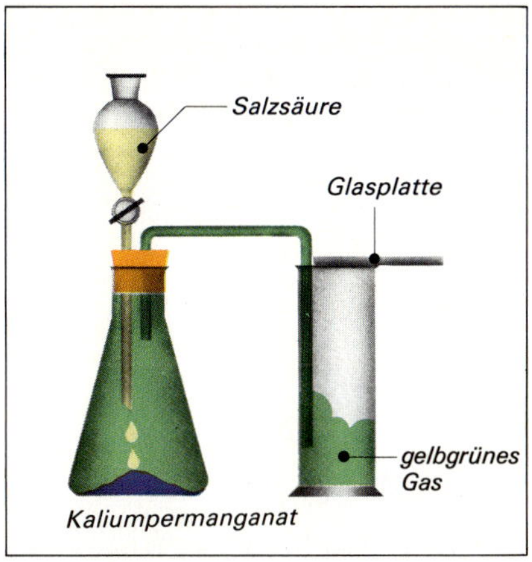

B 1 Reaktion von Salzsäure mit Kaliumpermanganat

V 1 Auf konzentrierte Kaliumpermanganat($KMnO_4$)-Lösung lässt man konzentrierte Salzsäure einwirken. Das entstehende Gas wird in einem Standzylinder aufgefangen und mit einem angefeuchteten Kaliumiodid-Stärke-Papier geprüft. (Abzug!)

A 1 Vervollständigen Sie folgende Redoxgleichungen:
(Saure Lösung)
$NO_2^- + MnO_4^- \longrightarrow NO_3^- + Mn^{2+}$
$HCOOH + MnO_4^- \longrightarrow CO_2 + Mn^{2+}$
$SO_3^{2-} + MnO_2 \longrightarrow SO_4^{2-} + Mn^{2+}$

B 2 Schema zur Erstellung von Redoxgleichungen

A) Aufstellen der Redoxpaare
Festlegen der Oxidationszahlen

B) Teilgleichung der Oxidation
- Elektronenübergang
- Ladungsausgleich mit: H_3O^+ (saures Medium) oder OH^- (alkalisches Medium)
- Ausgleich der Sauerstoffatome durch Wassermoleküle

C) Teilgleichung der Reduktion
- wie B

D) Aufstellen der Gesamtgleichung
- Ausgleich der Elektronenzahl in B und C über das kgV
- Addition der Teilgleichungen

B 2 Reaktion von Kupfer mit halbkonzentrierter Salpetersäure

V 2 Auf Kupferwolle lässt man halbkonzentrierte Salpetersäure einwirken. Das entstehende Gas wird pneumatisch aufgefangen. Anschließend wird es mit Luft in Kontakt gebracht (weißer Hintergrund). (Abzug!)

V 3 Eine verdünnte Kaliumpermanganatlösung wird durch einige Tropfen Natronlauge alkalisch gemacht und anschließend mit Wasserstoffperoxid(H_2O_2)-Lösung versetzt. Das entströmende Gas wird mit dem Glimmspan geprüft.

V 4 Chlorhaltige Luft (z. B. aus ▸ V 1) wird durch eine NaOH-Lösung gesaugt. Man prüft vor und hinter der alkalischen Lösung mit einem angefeuchteten Kaliumiodid-Stärke-Papier.

V 5 Ein Gemisch von Ammoniumchlorid(NH_4Cl)-Lösung und Natriumnitrit($NaNO_2$)-Lösung wird erwärmt. Das entstehende Gas wird mit dem Glimmspan geprüft.

A 2 Vervollständigen Sie folgende Redoxgleichungen (alkalische Lösung):
$MnO_4^- + Mn^{2+} \longrightarrow MnO_2$
$P \longrightarrow PH_3 + H_3PO_2$

Beispiel 2: Reaktion von Kupfer mit halbkonzentrierter Salpetersäure (▸ V 2).
Es entstehen Kupfer(II)-Ionen und das farblose Gas Stickstoff(II)-oxid, NO (mit Luftsauerstoff ergibt NO das braune Stickstoff(IV)-oxid, NO_2).
Redoxgleichung:

A) $\overset{0}{Cu} \longrightarrow \overset{II}{Cu}{}^{2+} \qquad H\overset{V}{N}O_3 \longrightarrow \overset{II}{N}O$

B) Ox $\quad Cu \longrightarrow Cu^{2+} + 2\,e^- \quad | \cdot 3$

C) Red $\quad HNO_3 + 3\,e^- + 3\,H_3O^+ \longrightarrow NO + 5\,H_2O \quad | \cdot 2$

D) Redox $\quad 3\,Cu + 2\,HNO_3 + 6\,H_3O^+ \longrightarrow 3\,Cu^{2+} + 2\,NO + 10\,H_2O$

Beispiel 3: Reaktion einer Kaliumpermanganatlösung mit Wasserstoffperoxidlösung im alkalischen Medium (▸ V 3). Es entstehen Braunstein, MnO_2, und Sauerstoff.
Redoxgleichung:

A) $\overset{VII}{Mn}O_4^- \longrightarrow \overset{IV}{Mn}O_2 \qquad H_2\overset{-I}{O}_2 \longrightarrow \overset{0}{O}_2$

B) Ox $\quad H_2O_2 + 2\,OH^- \longrightarrow O_2 + 2\,e^- + 2\,H_2O \quad | \cdot 3$

C) Red $\quad MnO_4^- + 3\,e^- + 2\,H_2O \longrightarrow MnO_2 + 4\,OH^- \quad | \cdot 2$

D) Redox $\quad 3\,H_2O_2 + 2\,MnO_4^- \longrightarrow 3\,O_2 + 2\,MnO_2 + 2\,OH^- + 2\,H_2O$

Beispiel 4: Chlor reagiert mit Natronlauge (▸ V 4). Es entstehen Chlorid und Hypochlorit (OCl^-).
Redoxgleichung:

A) $\overset{0}{Cl}_2 \longrightarrow 2\,\overset{-I}{Cl}{}^- \qquad \overset{0}{Cl}_2 \longrightarrow 2\,O\overset{+I}{Cl}{}^-$

B) Ox $\quad Cl_2 + 4\,OH^- \longrightarrow 2\,OCl^- + 2\,e^- + 2\,H_2O$

C) Red $\quad Cl_2 + 2\,e^- \longrightarrow 2\,Cl^-$

D) Redox $\quad 2\,Cl_2 + 4\,OH^- \longrightarrow 2\,OCl^- + 2\,Cl^- + 2\,H_2O$ oder
$\quad Cl_2 + 2\,OH^- \longrightarrow OCl^- + Cl^- + H_2O$

Man erkennt, dass Chlormoleküle sowohl Elektronen abgeben als auch Elektronen aufnehmen. Solche Reaktionen, bei denen eine Teilchenart als Oxidationsmittel und gleichzeitig Reduktionsmittel in Teilchen mit höherer und niederer Oxidationszahl übergeht, nennt man **Disproportionierungen**.

Beispiel 5: Ammoniumchlorid(NH_4Cl)-Lösung reagiert mit Natriumnitrit($NaNO_2$)-Lösung (▸ V 5). Es entsteht Stickstoff.
Redoxgleichung:

A) $2\,\overset{-III}{N}H_4^+ \longrightarrow \overset{0}{N}_2 \qquad 2\,\overset{III}{N}O_2^- \longrightarrow \overset{0}{N}_2$

B) Ox $\quad 2\,NH_4^+ + 8\,H_2O \longrightarrow N_2 + 6\,e^- + 8\,H_3O^+$

C) Red $\quad 2\,NO_2^- + 6\,e^- + 8\,H_3O^+ \longrightarrow N_2 + 12\,H_2O$

D) Redox $\quad 2\,NH_4^+ + 2\,NO_2^- \longrightarrow 2\,N_2 + 4\,H_2O$ oder
$\quad NH_4^+ + NO_2^- \longrightarrow N_2 + 2\,H_2O$

Hier entsteht nur eine Teilchenart als Endprodukt aus Teilchen mit höherer und tieferer Oxidationszahl. Man spricht von einer **Symproportionierung**.

5.4 Exkurs: Bedeutung von Redoxvorgängen

Redoxreaktionen sind sowohl in der Natur als auch in der Technik von großer Bedeutung. So führt bei der Fotosynthese eine stufenweise Reduktion des energiearmen Kohlenstoffdioxids zum energiereichen Zucker. Als Oxidationsprodukt entsteht Sauerstoff.
Der Redoxcharakter wird in der Gesamtgleichung (Bruttogleichung) deutlich:

$$6\,\overset{\text{IV}}{C}\overset{-\text{II}}{O_2} + 6\,\overset{\text{I}}{H_2}\overset{-\text{II}}{O} \longrightarrow \underset{\text{Traubenzucker}}{\overset{0}{C_6}\overset{\text{I}}{H_{12}}\overset{-\text{II}}{O_6}} + 6\,\overset{0}{O_2}$$

Bei der Atmung läuft dieser Vorgang umgekehrt ab: Der im Körper gespeicherte Zucker und Sauerstoff aus der Luft werden wieder zu Kohlenstoffdioxid und Wasser umgesetzt. Die dabei frei werdende Energie wird zum Beispiel für die Muskeltätigkeit oder zur Aufrechterhaltung der Körpertemperatur genutzt.

In der Technik finden wir Redoxreaktionen unter anderem bei allen Formen der Metallgewinnung aus Erzen, bei Korrosionsprozessen oder bei der elektrochemischen Stromerzeugung aus Batterien oder Akkumulatoren. Ein Beispiel hierfür ist die **Brennstoffzelle** (▶ B 1). Der Elektronenübergang bei der Redoxreaktion von Wasserstoff und Sauerstoff zu Wasser kann hierfür durch ein Messinstrument oder einen Verbraucher (Lampe, Motor) nachgewiesen werden (▶ V 1).
In vereinfachter Form laufen dabei folgende Reaktionen ab:

$$\ominus\text{-Pol} \quad H_2 + 2\,OH^- \longrightarrow 2\,H_2O + 2\,e^- \quad | \cdot 2$$
$$\oplus\text{-Pol} \quad O_2 + 2\,H_2O + 4\,e^- \longrightarrow 4\,OH^-$$
$$2\,H_2 + O_2 \longrightarrow 2\,H_2O$$

Die Spannung der Knallgaszelle beträgt etwa 1 V.

Größere Bedeutung haben Brennstoffzellen bisher nur in der Raumfahrt erlangt.

In Hinblick auf die begrenzten Vorräte der Energieträger Kohle, Erdöl und Erdgas ist die **Solar-Wasserstoff-Technologie** möglicherweise zukunftsweisend.
In einem Pilotprojekt in der Oberpfalz wird mithilfe von Solarzellen Sonnenenergie in elektrische Energie umgewandelt. Diese Energie wird eingesetzt, um den energiearmen und billigen Rohstoff Wasser in die Elemente Wasserstoff und Sauerstoff zu zerlegen. Der Energieträger Wasserstoff kann gespeichert, transportiert und wieder vielseitig eingesetzt werden: Er verbrennt wieder zum energiearmen Stoff Wasser, z. B. in Automotoren, zur Stromerzeugung oder zur Erzeugung von Wärme (▶ B 2).

Da diese billige und vor allem umweltfreundliche Technologie durch den immensen Flächenbedarf der Solarzellen begrenzt ist, wird auch sie allerdings nur einen Aspekt in einem Konzept zu neuen Energiequellen und zum Energiesparen darstellen.

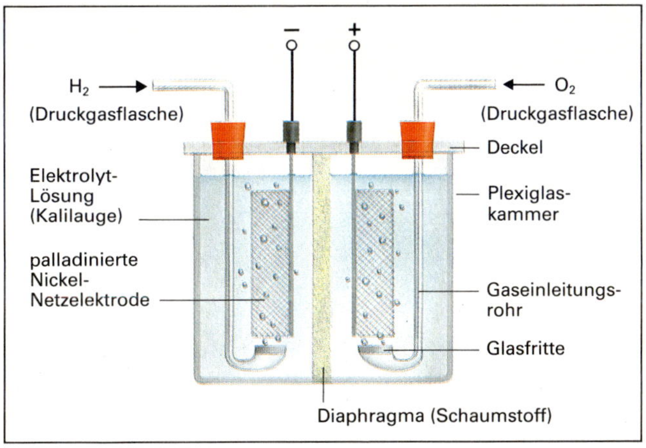

B 1 Modell einer Wasserstoff-Sauerstoff-Brennstoffzelle („Knallgaszelle")

V 1 In eine Kammer, die mit Schaumstoff in zwei Teile getrennt ist, wird Kalilauge ($c(KOH) = 5$ mol/l, VORSICHT: Stark ätzend!) eingefüllt. Als Elektroden werden palladinierte Nickeldrahtnetze vollständig in die Lösung eingetaucht (die Nickeldrahtnetze kann man durch Eintauchen in Palladium(II)-chlorid-Lösung palladinieren). Über Fritten werden Wasserstoff und Sauerstoff behutsam eingeperlt. Die Elektroden werden entweder mit einem Spannungsmessgerät oder einem Verbraucher verbunden.

A 1 Anstelle von Wasserstoff lässt sich auch, das allerdings giftige, Hydrazin (N_2H_4) als Brennstoff nutzen. Mit Sauerstoff entstehen Stickstoff und Wasser. Formulieren Sie hierfür die Redoxgleichung.

B 2 Solar-Wasserstoff-Technologie

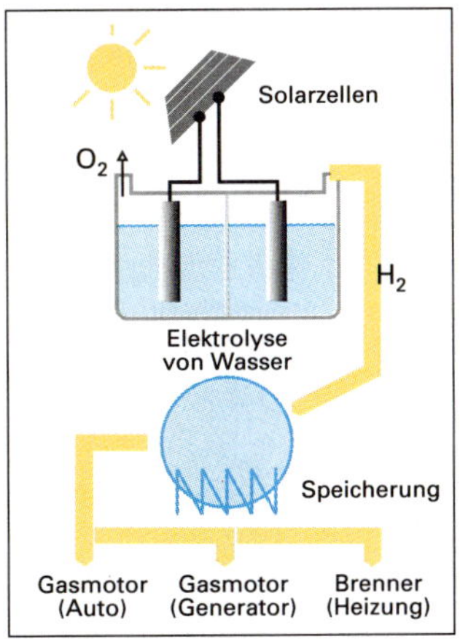

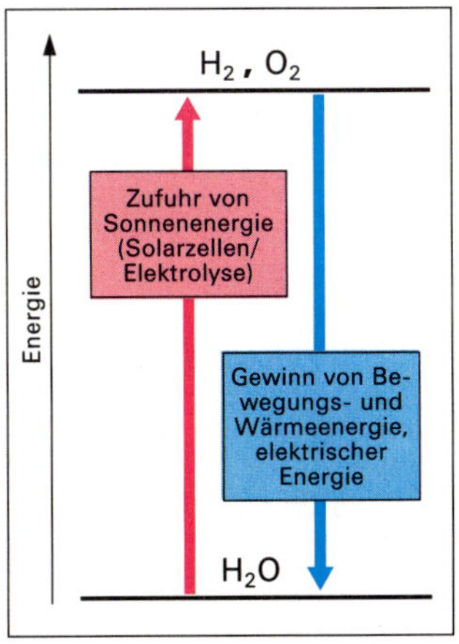

5.5 Überprüfung und Vertiefung

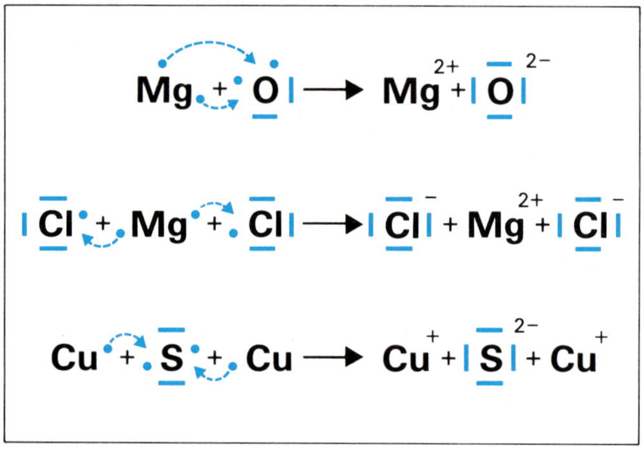

B 1 Elektronenübergänge von Metallatomen zu Nichtmetallatomen führen zur Bildung von Ionen

B 2 Blei(II)-oxid reagiert mit Holzkohle. Rechts: An der Reagenzglaswand sind kleine Bleitröpfchen zu sehen

1 Stellen Sie die Bildung von Natriumbromid und Aluminiumsulfid jeweils aus den Elementen sowie die Zerlegung von Quecksilbersulfid (HgS) durch Erwärmen entsprechend ▶ B 1 dar.

2 Stellen Sie unter Verwendung der Oxidationszahlen die Reaktionsgleichung für die Bildung von:
a) Calciumoxid
b) Bariumchlorid
c) Schwefeldioxid
jeweils aus den Elementen auf.

B 3 Elektrolyse einer Natriumhydroxidschmelze

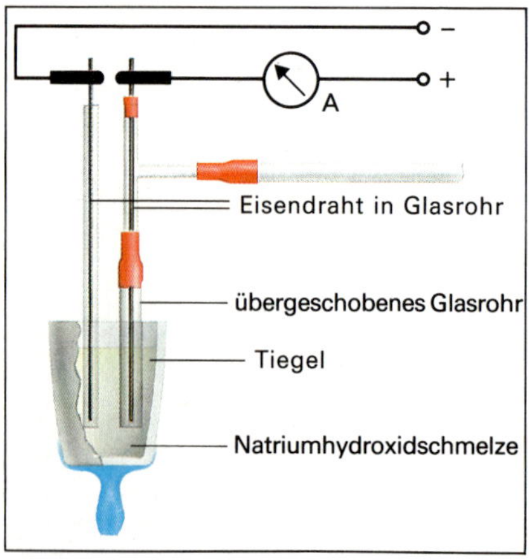

3 Stellen Sie durch Anfügen der Oxidationszahlen an die Formeln der Reaktionspartner fest, ob Redoxreaktionen vorliegen:
a) Reaktion von Natrium mit Wasser,
b) Herstellung von Chlorwasserstoff aus Natriumchlorid und Schwefelsäure,
c) Zerlegung von Silberchlorid durch Licht.

4 Geben Sie unter Verwendung von Oxidationszahlen die Namen der Stoffe an, zu denen folgende Verhältnisformeln gehören:
CuCl, $CuCl_2$, $FeBr_2$, $SnCl_2$, $SnCl_4$, FeO, Fe_2O_3, Fe_3O_4, PbO, PbO_2, Pb_3O_4.
Beachten Sie: In einem der jeweils drei Oxide des Eisens und des Bleis kommen die Atome mit zwei verschiedenen Oxidationszahlen vor.

5 Das wichtigste Kupfererz ist der Kupferkies mit der Verhältnisformel $CuFeS_2$. Er wird „geröstet", d. h. bei hoher Temperatur mit Sauerstoff (aus der Luft) umgesetzt:

$$2\,CuFeS_2 + 5\,O_2 \longrightarrow 2\,Cu + 2\,FeO + 4\,SO_2$$

Welche Atome bzw. Ionen werden oxidiert, welche reduziert? Begründen Sie durch Erstellung der Teilgleichungen die Koeffizienten der Gesamtgleichung.

6 Blei(II)-oxid wird mit ausgeglühter Holzkohle verrieben. Das Gemisch wird erhitzt und das entstehende Gas in Kalkwasser geleitet (▶ B 2). Formulieren Sie die Reaktionsgleichung der Umsetzung von Blei(II)-oxid mit Kohlenstoff und die Reaktionsgleichung der Nachweisreaktion. Wo liegt eine Redoxreaktion vor?

7 Natriumhydroxid ist ein Salz. Einen Hinweis darauf, aus welchen Ionen Natriumhydroxid aufgebaut ist, gibt uns die Elektrolyse einer Natriumhydroxidschmelze (▶ B 3). An der Anode entstehen Sauerstoff und Wasser. Formulieren Sie die Teilreaktion an der Anode.

Diese Begriffe sollten Ihnen etwas sagen:

Oxidation, Reduktion, Redoxreaktion, Oxidationsmittel, Reduktionsmittel, Elektronendonator, Elektronenakzeptor, Oxidationzahl, Redoxgleichung, Disproportionierung, Symproportionierung, Brennstoffzelle, Solar-Wasserstoff-Technologie.

6 Grundprodukte der chemischen Industrie

Chemie wird nicht nur im Labor betrieben. Die dort gewonnenen Erkenntnisse gehen auch in Produktionsprozesse der chemischen Industrie ein. Aus ihnen resultieren einerseits Produkte des täglichen Bedarfs, andererseits werden – ausgehend von einfachen Rohstoffen – Grundchemikalien erzeugt, aus denen sich wichtige Folgeprodukte, z. B.

Düngemittel, in großen Mengen herstellen lassen. Dadurch leistet die Chemie einen wesentlichen Beitrag auch zur Ernährung der ständig wachsenden Weltbevölkerung.
In diesem Kapitel werden wir Technologien zur großtechnischen Herstellung wichtiger chemischer Grundprodukte sowie deren Eigenschaften kennen lernen.
Die Nutzung chemischer Vorgänge in großem Maßstab bringt aber auch erhebliche Probleme für unsere Umwelt und Gesundheit mit sich. Dies zeigt sich z. B. beim intensiven Gebrauch von Mineraldünger.

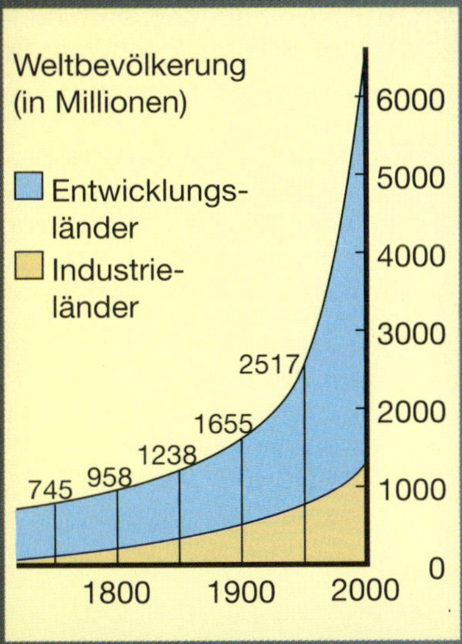

Bilanz des Hungers in der Welt

Bremen (dpa). Jährlich verhungern auf der Erde 40 Millionen Menschen, fast 1 Milliarde sind unterernährt. Nach Schätzungen von Fachleuten auf dem 4. Welternährungstag in Bremen wird sich die Lage wegen der Bevölkerungsexplosion in den Entwicklungsländern noch drastisch verschärfen. Die Nahrungsmittelproduktion müsste erheblich gesteigert werden, um die Menschheit ausreichend zu ernähren.

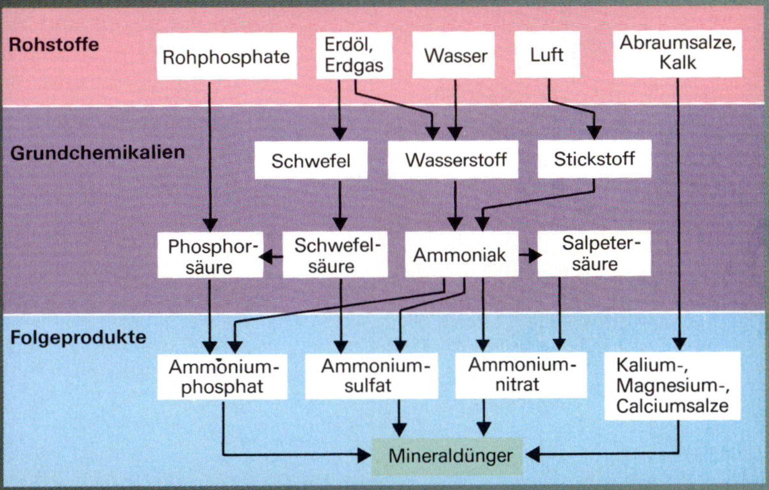

6.1 Vom Schwefeldioxid zur Schwefligen Säure

V 1 Eine rohe Kartoffel oder ein Apfel werden zerrieben. Man teilt den Brei in zwei Portionen. Der eine Teil verbleibt an der Luft, der andere wird in ein Gefäß mit Schwefeldioxid gebracht. (Abzug!) Man vergleicht beide Portionen nach einigen Stunden.

V 2 a) Man prüft Schwefeldioxid zunächst mit einem trockenen, dann mit einem feuchten Indikatorpapier.
b) Man leitet Schwefeldioxid in Wasser ein und prüft auf elektrische Leitfähigkeit.

V 3 Man lässt Schweflige Säure unter Zusatz von Bromthymolblau-Lösung einige Minuten sieden. (Abzug!) Während und nach dem Sieden führt man vorsichtig Geruchsproben durch und prüft die elektrische Leitfähigkeit vor und nach dem Versuch.

A 1 Wie andere saure Lösungen kann auch die Schweflige Säure Salze bilden. Unedle Metalle wie Magnesium, reagieren mit der Säure unter Wasserstoffentwicklung. Beim Eindampfen bleibt ein Salz, z. B. Magnesiumsulfit, zurück. Formulieren Sie die Reaktionsgleichung. Welcher Reaktionstyp liegt vor?

B 1 Mit Schwefeldioxid behandeltes Trockenobst

Schwefeldioxid. Bei der Verbrennung von Schwefel entsteht Schwefeldioxid, SO_2. Es kommt in der Natur in Vulkangasen vor. Beim Verbrennen von *Kohle* und *Heizöl* bildet sich *Schwefeldioxid*, da diese Brennstoffe Schwefelverbindungen enthalten. Schwefeldioxid ist ein *Umweltgift*, das in Natur und Technik schwere Schäden hervorruft und mitverantwortlich ist für den **„sauren Regen"** (↗ Kap. 8.7).
Schwefeldioxid wird als *Bleichmittel* für Wolle, Seide, Stroh und andere Materialien verwendet, die eine Chlorbleiche nicht vertragen. Auch als *Desinfektions-* und *Konservierungsmittel* wird Schwefeldioxid eingesetzt. So werden z. B. Fässer vor der Wein- und Mostbereitung „ausgeschwefelt". Schwefeldioxid hemmt die Gärung in Wein und Fruchtsäften. Auch Trockenobst wird mit Schwefeldioxid haltbar gemacht (▶ V 1, ▶ B 1).

Schwefeldioxid zeigt eine Siedetemperatur von −10 °C. Der relativ hohe Wert lässt für das Schwefeldioxidmolekül Dipolcharakter erwarten. Dies setzt einen gewinkelten Bau des Moleküls voraus. Am Schwefelatom müssen somit freie Elektronen lokalisiert sein. Da beide Bindungen zwischen dem Schwefelatom und den Sauerstoffatomen gleich lang und deutlich kürzer als eine Einfachbindung sind, kann das Molekül wie folgt formuliert werden:

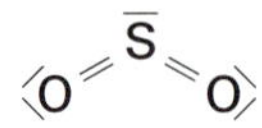

ca. 120°

Man erkennt, dass beim Schwefelatom das Elektronenoktett überschritten wird. Da wir dies bei weiteren Elementen der 3. Periode des PSE finden werden, muss die Oktettregel eingeschränkt werden.

Die Oktettregel gilt streng nur für die Atome der Elemente der zweiten Periode des PSE.

Schweflige Säure. Aufgrund seines Dipolcharakters löst sich Schwefeldioxid gut in Wasser. Die entstehende Lösung reagiert sauer. Die elektrische Leitfähigkeit weist auf das Vorhandensein von Ionen hin. Saure Lösungen enthalten H_3O^+-Ionen. Da Schwefeldioxid jedoch keine Wasserstoffatome enthält, müssen diese aus der Reaktion von Schwefeldioxidmolekülen mit Wassermolekülen entstanden sein.

Zunächst entsteht die **Schweflige Säure**:

$$SO_2(g) + H_2O(l) \longrightarrow H_2SO_3(aq)$$

Nur relativ wenige Schwefeldioxidmoleküle reagieren mit Wassermolekülen. Beim Erhitzen von Schwefliger Säure wird das gelöste Schwefeldioxid wieder vertrieben. Die Moleküle der Schwefligen Säure zerfallen wieder zu Schwefeldioxid- und Wassermolekülen. Dieser Zerfall setzt schon bei Zimmertemperatur ein, daher riecht Schweflige Säure stark nach Schwefeldioxid und kann daran erkannt werden (▶ V 3).

Mit weiteren Wassermolekülen bildet die Schweflige Säure **Oxonium-** und **Hydrogensulfitionen**:

$$H_2SO_3(aq) + H_2O(l) \longrightarrow H_3O^+(aq) + HSO_3^-(aq)$$

In sehr geringem Ausmaß werden in einer zweiten Protolysestufe **Sulfitionen** gebildet:

$$HSO_3^-(aq) + H_2O(l) \longrightarrow H_3O^+(aq) + SO_3^{2-}(aq)$$

Schweflige Säure ist eine unbeständige Säure. Ihre Moleküle sind Brönsted-Säuren.

6.2 Vom Schwefeltrioxid zur Schwefelsäure

Schwefeltrioxid. Beim Verbrennen von Schwefel in reinem Sauerstoff entsteht neben unsichtbarem Schwefeldioxid in geringem Ausmaß ein *weißer Rauch* (▶ V 1, ▶ B 2). Dieser Rauch entsteht auch bei der Reaktion von Schwefeldioxid mit Sauerstoff an Platin als Katalysator (▶ V 2, ▶ B 3). Da das Schwefeldioxid mit weiterem Sauerstoff reagiert, ist zu vermuten, dass sich ein Schwefeloxidmolekül mit *höherer Oxidationszahl* des *Schwefelatoms* gebildet hat. Quantitative Untersuchungen haben gezeigt, dass **Schwefeltrioxid** entsteht, ein weißer Feststoff.

$$2\,SO_2(g) + O_2(g) \xrightarrow[400\,°C]{\text{Katalysator}} 2\,SO_3(g) \qquad |\ \Delta H_R^\circ = -176\ \text{kJ}$$

Das Ausmaß der Reaktion von Schwefeldioxid zu Schwefeltrioxid ist stark temperaturabhängig (▶ V 1). Oberhalb 600 °C zerfällt das Schwefeltrioxid in Schwefeldioxid und Sauerstoff. Temperaturen von 400 °C und darunter wären günstige Reaktionsbedingungen. Bei Zimmertemperatur ist jedoch keine Umsetzung zwischen Schwefeldioxid und Sauerstoff zu beobachten, da die Umsetzung unter diesen Bedingungen äußerst langsam abläuft. Auch zwischen 400 °C und 600 °C findet die Reaktion nur mithilfe eines Katalysators hinreichend schnell statt.

Schwefelsäure. Schwefeltrioxid reagiert mit Wasser zur Schwefelsäure, die mit weiterem Wasser eine saure Lösung ergibt:

$$SO_3(g) + H_2O(l) \rightarrow H_2SO_4(l)$$
$$H_2SO_4(l) + 2\,H_2O(l) \rightarrow 2\,H_3O^+(aq) + SO_4^{2-}(aq)$$

Verwendung der Schwefelsäure. Sie ist eine der *wichtigsten Industriechemikalien.* Aufgrund ihrer vielseitigen Verwendbarkeit wird die Schwefelsäureproduktion oft sogar als Maß für die Leistungsfähigkeit der chemischen Industrie eines Landes betrachtet. Schwefelsäure ist ein **Halbfertigprodukt**, d. h. der größte Teil wird zu anderen chemischen Produkten weiterverarbeitet wie z. B. Düngemitteln, Farbstoffen, Waschmitteln, Sprengstoffen, Arzneimitteln, Pergamentpapier und Celluloid (Kunststoff). Daneben ist sie im Labor eine häufig eingesetzte Chemikalie. Größere Mengen werden auch in der Mineralölindustrie sowie in der Elektrotechnik verwendet („Batteriesäure" für Batterien von ca. 400 Millionen Fahrzeugen weltweit).

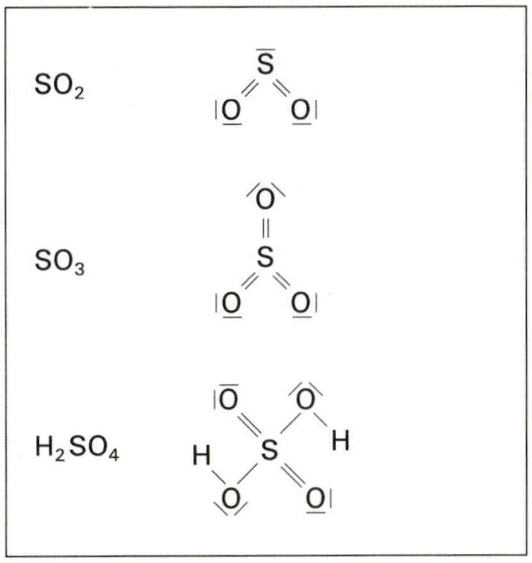

B 1 Elektronenformeln von Schwefeldioxid, Schwefeltrioxid und Schwefelsäure

V 1 In der Apparatur gemäß ▶ B 2 wird nach dem Entzünden von Schwefel der Platin-Perlkatalysator bis zum Auftreten des weißen Rauchs gleichmäßig erhitzt. Danach bringt man den Katalysator auf Rotglut und vergleicht die Rauchentwicklung mit vorher. Der Kolben wird anschließend mit Wasser versetzt und mit Indikatorpapier geprüft.

V 2 Man bringt ein Schwefeldioxid/Luft-Gemisch an einem Platinheizdraht zur Reaktion (▶ B 3).

B 2 Modellversuch zum Kontaktverfahren. Am Katalysator reagiert ein Gemisch aus Schwefeldioxid und Sauerstoff

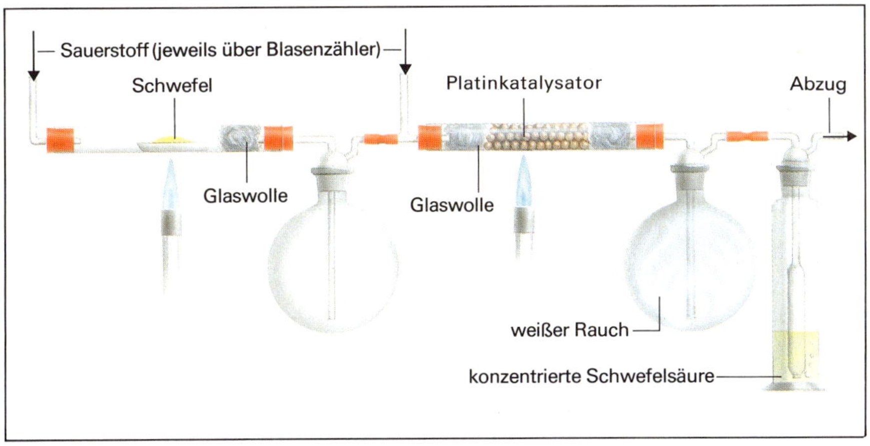

B 3 Bildung von Schwefeltrioxid aus Schwefeldioxid mit Platin als Katalysator

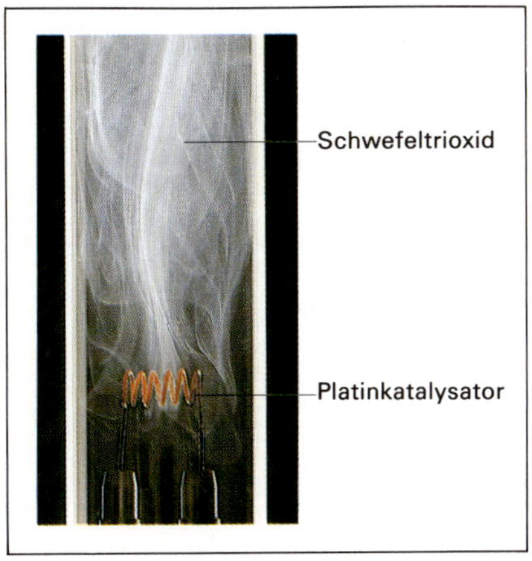

6.3 Technische Herstellung der Schwefelsäure

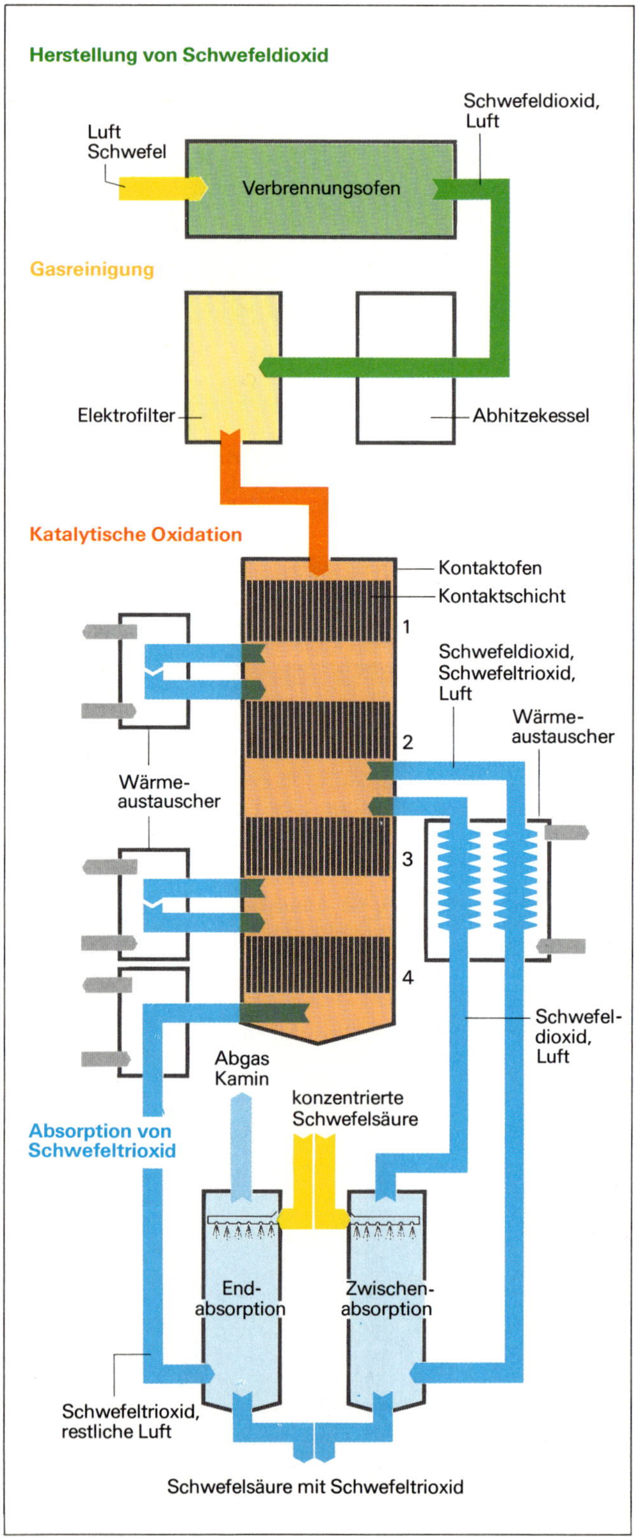

Das Kontaktverfahren. Schwefelsäure ist ein sehr wichtiges Produkt der chemischen Industrie. Insgesamt wurden 1988 etwa 165 Millionen Tonnen produziert, davon rund 6 Millionen Tonnen in der früheren Bundesrepublik Deutschland (▶ B 2). Die Herstellung der Schwefelsäure erfolgt heute großtechnisch nach dem so genannten Kontaktverfahren (Kontakt: frühere Bezeichnung für Katalysator) (▶ B 1, ▶ B 3). Der Katalysator ist notwendig, um bei den erforderlichen Reaktionsbedingungen zu einem wirtschaftlichen Reaktionsablauf zu kommen. Der Produktionsprozess lässt sich in vier Stufen untergliedern:

1. Stufe: Gewinnung von Schwefeldioxid. Ausgangsstoffe für die Schwefelsäuresynthese sind *elementarer Schwefel* (aus Schwefellagern oder bei der Kohle- bzw. Erdölaufbereitung gewonnen) sowie *sulfidische Erze*, z. B. Pyrit, ein Eisensulfid, Kupfer-, Blei- oder Zinksulfid. Der Schwefel wird zunächst in einem Ofen geschmolzen, dann mit Luft zerstäubt und zu Schwefeldioxid verbrannt. Beim *„Abrösten"* der Sulfide (Erhitzen unter Luftzufuhr), z. B. Pyrit, entsteht ebenfalls Schwefeldioxid:

$$4\,FeS_2 + 11\,O_2 \longrightarrow 2\,Fe_2O_3 + 8\,SO_2 \quad | \; \Delta H_R^\circ = -3312\ kJ$$

Der Röstprozess wird bei Kupfer-, Blei- und Zinksulfid nur durchgeführt, um die *sulfidischen Erze in Oxide umzubilden*, die im Verhüttungsprozess eingesetzt werden können. Das in großen Mengen als Nebenprodukt anfallende Umweltgift Schwefeldioxid kann nicht an die Luft abgegeben werden. Daher sind diesen Metallhütten Schwefelsäureanlagen zur sinnvollen *Verwertung des Schwefeldioxids* angeschlossen. Der größte Teil der in Deutschland erzeugten Schwefelsäure wird auf der Basis der Verbrennung elementaren Schwefels gewonnen.

2. Stufe: Gasreinigung und Trockung. Der Verbrennungs- bzw. Röstprozess ist exotherm. Die Abgase werden deshalb zunächst *gekühlt* (Abhitzekessel) und anschließend in einem gründlichen *Reinigungsprozess* (elektrostatische Filtration, Gaswäsche) von Fremdstoffen befreit, die mit dem Katalysator reagieren und ihn dadurch unwirksam machen können *(Katalysatorgifte)*. Das getrocknete Schwefeldioxid/Luft-Gemisch wird dann in einen *Kontaktofen* geleitet, wo der entscheidende Verfahrensschritt, die *Oxidation zu Schwefeltrioxid*, erfolgt.

B 1 Schema der technischen Schwefelsäureherstellung nach dem Doppelkontaktverfahren

3. Stufe: Katalytische Oxidation von Schwefeldioxid. Schwefeltrioxid beginnt ab 400 °C in Schwefeldioxid und Sauerstoff zu zerfallen. Deshalb muss man bei der Oxidation niedrige Temperaturen einhalten. Hierbei entstehen nur bei Anwendung von *Katalysatoren („Kontakte")* größere Schwefeltrioxidmengen. In der Technik verwendet man hierfür *Vanadium(V)-oxid.* Das Gasgemisch wird bei ca. 430 °C auf die *erste Kontaktschicht* geleitet. Durch die exotherme Oxidation heizt sich das Gasgemisch weiter auf. Es muss nach Verlassen der Kontaktschichten wieder auf 430 °C abgekühlt werden. Dies erfolgt in *Wärmeaustauschern.* Dabei wird die Wärme in Anlagen mit Röstgaserzeugung an frisch zur Reaktion herbeigeführtes Gas abgegeben, um es auf die entsprechende Reaktionstemperatur zu bringen. In Anlagen mit Schwefelverbrennung wird die Wärme vor allem zur Erzeugung von Dampf genutzt. Zwischen der zweiten und dritten Kontaktschicht gelangen die Gase in einen *Zwischenabsorber,* wo das bislang entstandene Schwefeltrioxid aus dem Gemisch entfernt wird. Anschließend werden die Restgase wieder auf Reaktionstemperatur gebracht und in den *Kontaktofen* zurückgeführt.
In Anlagen mit diesem **Doppelkontaktverfahren** wird ein Umsatz von 99,5% bis 99,7% erreicht. Damit kann die Ausbeute erhöht und die Belastung der Umwelt durch eventuell nicht umgesetztes Schwefeldioxid niedrig gehalten werden.

4. Stufe: Umsetzung des Schwefeltrioxids zur Schwefelsäure. Das Schwefeltrioxid wird in den *Absorptionstürmen* in konzentrierte Schwefelsäure eingeleitet, da es von der Schwefelsäure besser aufgenommen wird als von Wasser. Durch zusätzliche Wasserzufuhr kann der Volumenanteil der Schwefelsäure ständig auf 98% gehalten werden.

Neben der Produktion von Schwefelsäure aus Schwefeltrioxid gewinnt das Recycling von Abfallschwefelsäure an Bedeutung.

Land	Schwefelsäure-Produktion in Mio. t
USA	30
GUS	24
Volksrepublik China	8
Japan	7
Deutschland	6
Frankreich	4
Kanada	3
Welt	ca. 120

B 2 Produktion von Schwefelsäure pro Jahr

A 1 Bei der technischen Schwefeltrioxidherstellung muss das Gasgemisch immer nach Durchströmen einer Kontaktschicht über Wärmeaustauscher geleitet werden. Erklären Sie dies.

A 2 Welche Vorteile besitzt das Doppelkontaktverfahren?

B 3 Anlage zur großtechnischen Herstellung von Schwefelsäure nach dem Doppelkontaktverfahren.
Der Kontaktofen befindet sich im rechten Teil des Bildes

6.4 Eigenschaften und Reaktionen der Schwefelsäure

V 1 Die Dichte von konzentrierter Schwefelsäure wird mithilfe eines Aräometers oder durch Wägen einer Schwefelsäureportion mit $V = 50$ ml ermittelt. (Schutzbrille!)

V 2 Durch die Apparatur nach ▶ B 1 wird Luft gesaugt. Die Färbungen der beiden blauen Cobaltchloridpapiere werden beobachtet. (Schutzbrille!)

⚠ **V 3** In einem Becherglas, das in einer Glasschale steht, wird ein dickflüssiger Sirup aus Zucker und Wasser hergestellt. Man gießt ebenso viel konzentrierte Schwefelsäure zu. (VORSICHT! Schutzbrille! Abzug!)

V 4 Ein Holzspan wird etwa 30 s lang in einem Reagenzglas in konzentrierte Schwefelsäure getaucht. (Schutzbrille!)

V 5 Auf ein Stück Filterpapier in einer Porzellanschale werden einige Tropfen konzentrierter Schwefelsäure gegeben. (Schutzbrille!)

V 6 Zu konzentrierter Schwefelsäure wird Zinkpulver gegeben. (Schutzbrille!)
Die entstehenden Gase werden durch Geruchsprobe und ein angefeuchtetes Indikator- bzw. Bleisalzpapier nachgewiesen.

V 7 Zu etwa 10 ml konzentrierter Schwefelsäure werden Kupferspäne gegeben und erwärmt. (Schutzbrille!)
Das entstehende Gas wird durch Geruchsprobe und ein angefeuchtetes Indikatorpapier nachgewiesen.

A 1 Formulieren Sie Teilgleichungen und Redoxgleichung für die Reaktion in ▶ V 7.

B 1 Konzentrierte Schwefelsäure trocknet Gase. Nur das linke Cobaltchloridpapier färbt sich rosa

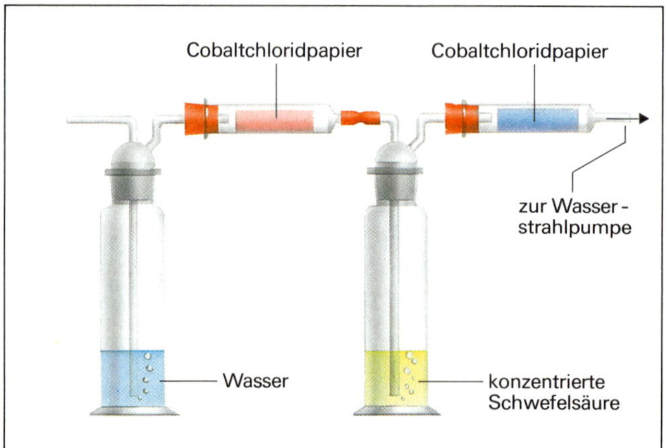

Eigenschaften der konzentrierten Schwefelsäure. Konzentrierte Schwefelsäure besitzt einen Volumenanteil von 96% bis 98%. Sie ist eine farblose, ölige Flüssigkeit mit einer Siedetemperatur von 338 °C und einer Dichte von $\varrho = 1{,}84$ g/ml (▶ V 1). Im Gegensatz zur Schwefligen Säure ist sie eine **beständige Säure**. In ▶ V 2 verfärbt sich aufgrund der mit Wasserdampf angereicherten Luft nur das Cobaltchloridpapier zwischen den beiden Waschflaschen rosa. Konzentrierte Schwefelsäure nimmt demnach aus ihrer Umgebung Wasserdampf auf, ist also **hygroskopisch**. Sie wird daher als Trockenmittel in **Exsikkatoren** (von lat. exsiccare, austrocknen) und zum *Trocknen von Gasen* verwendet. Aus Stoffen wie Zucker, Holz oder Papier, die hauptsächlich aus Kohlenstoff-, Wasserstoff- und Sauerstoffatomen aufgebaut sind, spaltet konzentrierte Schwefelsäure Wasser ab; die Säure wirkt *verkohlend*. Auch Kleidungsstücke, Haut und Haare werden zerstört.
Heiße konzentrierte Schwefelsäure führt zu *schweren Verätzungen* und *Brandwunden*.
Beim Umgang mit der Säure sind daher die Sicherheitsvorschriften streng zu beachten.

Konzentrierte Schwefelsäure ist stark wasserentziehend (hygroskopisch).

Reaktionen der konzentrierten Schwefelsäure. Mit unedlen Metallen reagiert die konzentrierte Schwefelsäure unter Bildung eines Gasgemischs. Mit Bleiacetatpapier lässt sich Schwefelwasserstoff, H_2S, nachweisen, mit feuchtem Indikatorpapier Schwefeldioxid (▶ V 6, ▶ B 3). Hinzu kommt die Bildung von Schwefel. Betrachtet man die Oxidationszahlen der Reaktionsprodukte, so folgt, dass Schwefelsäure reduziert und damit das Metall, hier Zink, oxidiert wurde. Selbst solch komplizierte Reaktionen können jedoch mit den Regeln zur Aufstellung von Redoxgleichungen formuliert werden:

Red
$$H_2SO_4 + 2\,e^- + 2\,H_3O^+ \rightarrow SO_2 + 4\,H_2O$$
$$H_2SO_4 + 8\,e^- + 8\,H_3O^+ \rightarrow H_2S + 12\,H_2O$$
$$H_2SO_4 + 6\,e^- + 6\,H_3O^+ \rightarrow S + 10\,H_2O$$
$$\overline{3\,H_2SO_4 + 16\,e^- + 16\,H_3O^+ \rightarrow SO_2 + H_2S + S + 26\,H_2O}$$

Ox
$$Zn \rightarrow Zn^{2+} + 2\,e^- \quad | \cdot 8$$

Redox
$$3\,H_2SO_4 + 8\,Zn + 16\,H_3O^+ \rightarrow 8\,Zn^{2+} + SO_2 + H_2S + S + 26\,H_2O$$

Ergänzung mit Sulfationen führt zur Stoffgleichung:

$$11\,H_2SO_4 + 8\,Zn \rightarrow 8\,ZnSO_4 + SO_2 + H_2S + S + 10\,H_2O$$

Vor allem bei Erwärmung reagiert konzentrierte Schwefelsäure stark oxidierend. Selbst ein edles Metall wie Kupfer wird unter Bildung von Kupferoxid, CuO und Kupfersulfid, CuS oxidiert (▶ V 7, ▶ B 4).

Konzentrierte Schwefelsäure ist bei höheren Temperaturen ein starkes Oxidationsmittel.

Eigenschaften der verdünnten Schwefelsäure. Beim Einbringen von konzentrierter Schwefelsäure in Wasser wird eine erhebliche Wärmemenge frei, die dabei erreichten Temperaturen können die Siedetemperatur des Wassers übersteigen (▶ V 8). Bei der Herstellung einer Schwefelsäurelösung darf man daher *niemals Wasser in konzentrierte Schwefelsäure gießen*, da sich das Wasser aufgrund seiner geringeren Dichte nicht sofort mit der Schwefelsäure vermischt. An der Berührungsfläche von Wasser und Säure bilden sich durch örtliche Überhitzung Dampfblasen, so dass Säure aus dem Gefäß spritzen und schwere Verätzungen verursachen kann. Deshalb muss beim Verdünnen von konzentrierter Schwefelsäure mit Wasser stets die Säure in kleinen Portionen unter Umrühren in das Wasser gegeben werden (▶ B 2).

Konzentrierte Schwefelsäure enthält im Wesentlichen H_2SO_4-Moleküle. Da verdünnte Schwefelsäure saure Eigenschaften besitzt, muss die beim Eingießen von konzentrierter Schwefelsäure in Wasser auftretende starke Erwärmung von der *Reaktion* der Schwefelsäuremoleküle mit Wassermolekülen und von der *Hydratation* der dabei gebildeten Oxonium- und Säurerestionen herrühren:

$$H_2SO_4 + H_2O \rightarrow H_3O^+(aq) + HSO_4^-(aq)$$
$$HSO_4^-(aq) + H_2O \rightarrow H_3O^+(aq) + SO_4^{2-}(aq)$$

Die HSO_4^--Ionen heißen **Hydrogensulfationen**, die SO_4^{2-}-Ionen **Sulfationen**. Die Sulfationen bilden sich vor allem bei starker Verdünnung.

Schwefelsäuremoleküle sind zweiprotonige Brønsted-Säuren.

Reaktionen der verdünnten Schwefelsäure. Sie zeigt die typischen Reaktionen saurer Lösungen, wobei zwei Arten von Salzen entstehen können: **Sulfate** und **Hydrogensulfate**. Mit unedlen Metallen, z. B. Magnesium, entstehen Wasserstoff und gelöstes Sulfat (▶ V 9):

$$SO_4^{2-}(aq) + 2\,H_3O^+(aq) + Mg(s) \rightarrow$$
$$Mg^{2+}(aq) + SO_4^{2-}(aq) + H_2(g) + 2\,H_2O(l)$$

Unedle Metalle werden von den Oxoniumionen der verdünnten Schwefelsäure unter Wasserstoffentwicklung oxidiert.

Mit edlen Metallen wie Kupfer, Quecksilber und Silber reagiert verdünnte Schwefelsäure nicht.

Nachweis von Sulfationen. Gibt man Bariumchloridlösung zu Schwefelsäure- oder Sulfatlösungen, so fällt ein *weißer Niederschlag* aus. Aus Barium- und Sulfationen entsteht schwer lösliches Bariumsulfat (▶ V 10). Der Nachweis ist so empfindlich, dass auch die im Trinkwasser enthaltenen Sulfationen erfasst werden.

$$2\,H_3O^+(aq) + SO_4^{2-}(aq) + Ba^{2+}(aq) + 2\,Cl^-(aq) \rightarrow$$
$$BaSO_4(s) + 2\,H_3O^+(aq) + 2\,Cl^-(aq)$$

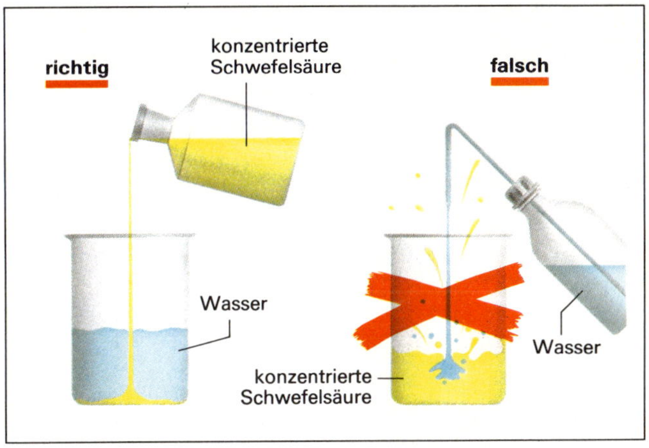

B 2 Verdünnungsregel für Schwefelsäure. „Niemals Wasser auf die Säure, sonst geschieht das Ungeheure!"

V 8 Unter Umrühren werden etwa 50 ml konz. Schwefelsäure in kleinen Portionen zu etwa 25 ml Wasser gegeben. Die Temperatur wird jeweils gemessen. (Schutzbrille!)

V 9 a) Geben Sie zu etwa 10 ml verdünnter Schwefelsäure Magnesiumband bzw. Zinkgranalien im Überschuss. Prüfen Sie das entstehende Gas mit der Knallgasprobe. Filtrieren Sie von nicht umgesetztem Metall ab und dampfen Sie das Filtrat langsam ein. (Schutzbrille!)
b) Wiederholen Sie den Versuch mit Kupfer.

V 10 Geben Sie zu Schwefelsäure- bzw. Sulfatlösungen einige Tropfen Bariumchloridlösung. Wiederholen Sie den Versuch mit Leitungswasser.

B 3 Reaktion von konz. Schwefelsäure mit Zink

B 4 Reaktion von konz. Schwefelsäure mit Kupfer

6.5 Technische Herstellung von Salpetersäure

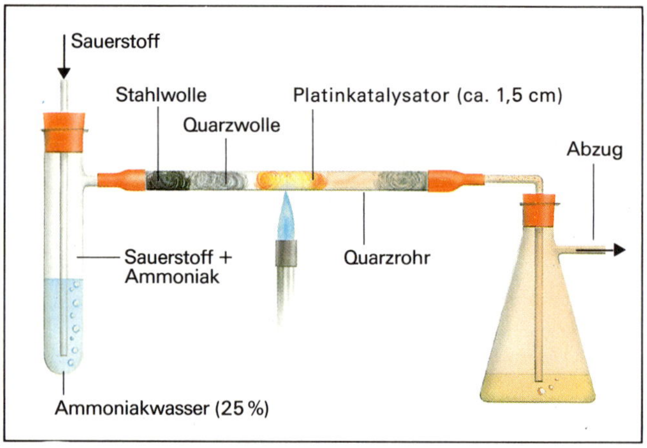

B 1 Modellversuch zum Ostwald-Verfahren. Das braune Stickstoffdioxid bildet mit Sauerstoff und Wasser Salpetersäure

V 1 Man baut eine Apparatur nach ▶ B 1 zusammen; das Quarzrohr (Durchmesser 8 mm) wird mit Platin-Perlkatalysator und Quarzwolle locker ausgefüllt. Dann leitet man einen Sauerstoffstrom durch die Apparatur (einige Blasen pro Sekunde) und erhitzt den Katalysator auf Rotglut (Schutzbrille! Schutzscheibe!). Glüht dieser nach Entfernen des Brenners nicht kräftig weiter, verstärkt man den Sauerstoffstrom. Tritt weißer Rauch auf, zieht man das Einleitungsrohr bis knapp über die Oberfläche des Ammoniakwassers heraus. Sobald die Stickstoffdioxidentwicklung eingesetzt hat, wird das Gas in den Erlenmeyerkolben geleitet. Nach Beendigung des Versuchs gibt man Wasser in das Gefäß, schüttelt kräftig und setzt einige Tropfen Universalindikatorlösung zu.

Vom Ammoniak zur Salpetersäure. Salpetersäure ist die nach Ammoniak wichtigste Stickstoffverbindung. Ein großer Teil des großtechnisch hergestellten Ammoniaks wird in einer ebenfalls großtechnisch bedeutenden Reaktion zur Produktion von Salpetersäure eingesetzt. Im Laborversuch (▶ V 1, ▶ B 1) reißt ein Sauerstoffstrom Ammoniak aus der Lösung mit, die Reaktion beider Gase erfolgt am Platinkatalysator:

$$4\,NH_3(g) + 5\,O_2(g) \xrightarrow{Pt} 4\,NO(g) + 6\,H_2O(l) \quad |\ \Delta H_R^\circ = -905\text{ kJ}$$

Das farblose, giftige *Stickstoffmonooxid* setzt sich mit weiterem Sauerstoff sofort zu braunem *Stickstoffdioxid* um, einem stark giftigen Gas mit süßlichem, bromähnlichem Geruch:

$$2\,NO(g) + O_2(g) \longrightarrow 2\,NO_2(g) \quad |\ \Delta H_R^\circ = -114\text{ kJ}$$

Stickstoffdioxid reagiert mit Wasser und Sauerstoff (Luft) zu **Salpetersäure**:

$$4\,NO_2(g) + O_2(g) + 2\,H_2O(l) \longrightarrow 4\,HNO_3(aq)$$

Das technische Verfahren (▶ B 2, ▶ B 3) geht auf Arbeiten von W. OSTWALD (1853 - 1932) zurück und ist nach ihm benannt. Hierbei erfolgt die Reaktion zwischen Ammoniak und Sauerstoff (Luft) bei etwa 700 °C in Ammoniak-Verbrennungsöfen an einem äußerst feinmaschigen Platinnetz (ca. 2000 Maschen/cm^2), an dem das Gasgemisch mit hoher Geschwindigkeit vorbeiströmt (Verweilzeit am Katalysator: $2 \cdot 10^{-4}$ s).
Das Mischungsverhältnis zwischen Ammoniak und Sauerstoff muss *genau eingehalten werden*, da die beiden Gase auch zu *Stickstoff* und *Wasser reagieren können*. Die kurze Verweilzeit ist erforderlich, um den sonst eintretenden Zerfall von Stickstoffmonooxid in Sauerstoff und Stickstoff zu verhindern.

B 2 Verbrennungsofen einer Anlage zur Oxidation von Ammoniak nach dem Ostwald-Verfahren. Rechts: Schnitt durch einen der Reaktoröfen

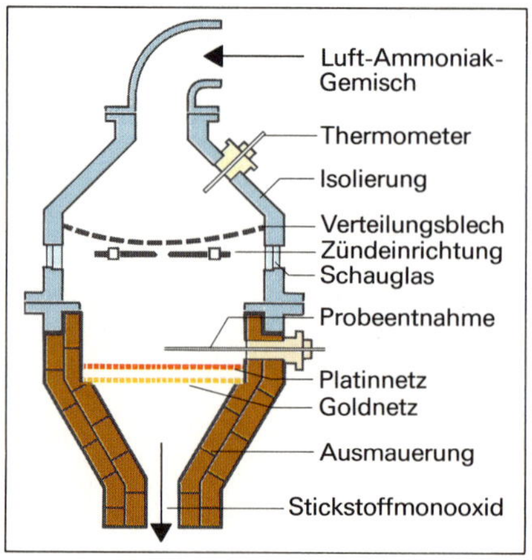

B 3 Salpetersäure ist ein wichtiges Halbfertigprodukt

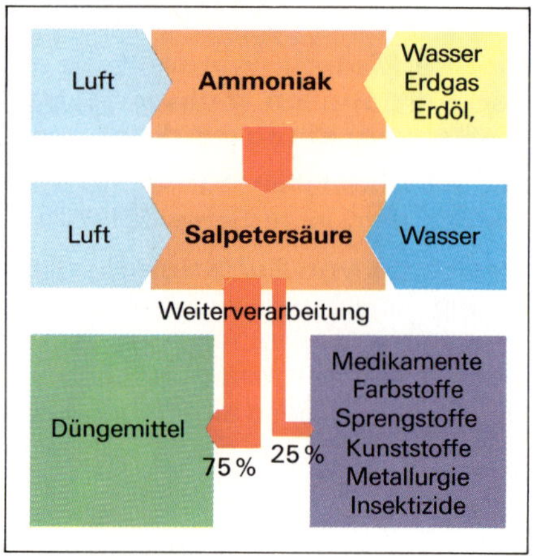

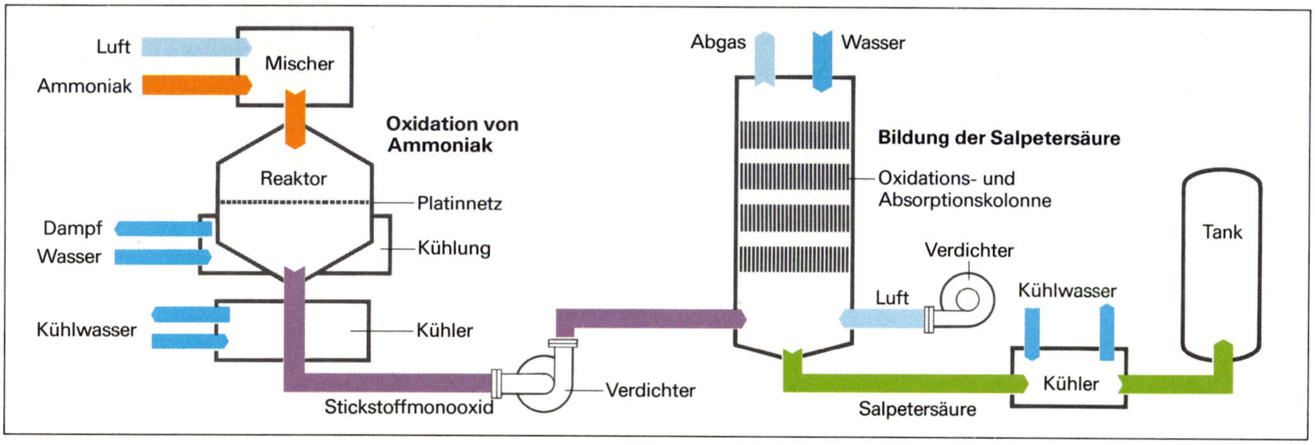

B 4 Schema der technischen Herstellung von Salpetersäure nach dem Ostwald-Verfahren

Die hohe Strömungsgeschwindigkeit führt zu einem relativ starken Abrieb am Katalysator; ein großer Teil davon schlägt sich auf dem nachgeschalteten Goldnetz nieder. Das Stickstoffmonooxid reagiert nahezu vollständig in hintereinander geschalteten Oxidations- und Absorptionskolonnen mit Sauerstoff (Luft) über Stickstoffdioxid zu Salpetersäure. Mit einer Abgasreinigung wird versucht, die Umweltbelastung durch Stickstoffoxide in Grenzen zu halten.

Verwendung. In der ehemaligen Bundesrepublik Deutschland wurden 1988 über zwei Millionen Tonnen Salpetersäure produziert. Davon gingen 75% in die Düngemittelherstellung. Ferner wird die Salpetersäure zur Herstellung von Medikamenten, Pflanzenschutzmitteln, Spreng-, Farb- und Kunststoffen verwendet (▶ B 3).

Die Luftverbrennung. Die Möglichkeit, aus Ammoniak Salpetersäure herzustellen, war schon seit 1838 bekannt. Ohne große Ammoniakmengen konnte sie jedoch technisch nicht genutzt werden. Dies änderte sich erst mit der Produktion von Ammoniak nach dem Haber-Bosch-Verfahren 1913. Aufgrund des jedoch schon gegen Ende des 19. Jahrhunderts stark zunehmenden Bedarfs an Stickstoffdünger (und Sprengstoffen), wurde nach Verfahren gesucht, mit Stickstoff und Sauerstoff aus der Luft über Stickstoffmonooxid Salpetersäure zu gewinnen. Eines dieser Verfahren ist die so genannte *Luftverbrennung* (▶ B 5), bei der Stickstoff und Sauerstoff im *elektrischen Lichtbogen* (über 3000 °C) zu Stickstoffmono- bzw. -dioxid reagieren (▶ V 2). Das Verfahren hat jedoch aufgrund des *hohen Energiebedarfs* nur in Ländern mit billiger Wasserkraft (Norwegen, Schweiz) für einige Zeit eine Rolle gespielt.

V 2 Man baut eine Apparatur nach ▶ B 5 zusammen. In der Waschflasche befindet sich Wasser, versetzt mit einigen Tropfen Universalindikatorlösung. Die Kupferelektroden der Reaktionskugel (Abstand ca. 0,5 cm) verbindet man mit den Polen eines Hochspannungstransformators (5000 bis 6000 V, VORSICHT! Hochspannung!) und erzeugt eine kräftige Funkenstrecke.
Sobald sich die Kugel mit braunem Gas gefüllt hat, wird durch das obere Glasrohr ein schwacher Luftstrom gedrückt.

A 1 In Luft liegt Stickstoff neben Sauerstoff vor, ohne dass eine Reaktion eintritt. In ▶ V 2 läuft jedoch eine Reaktion ab. Erklären Sie den Unterschied.

B 5 Luftverbrennung. Stickstoff reagiert mit Sauerstoff im elektrischen Lichtbogen

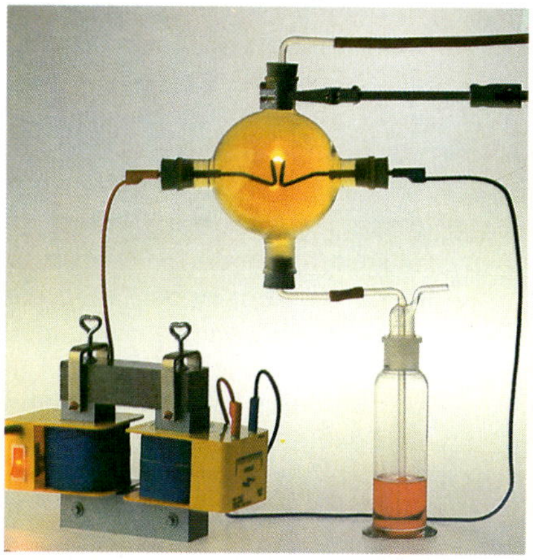

6.6 Eigenschaften und Reaktionen der Salpetersäure

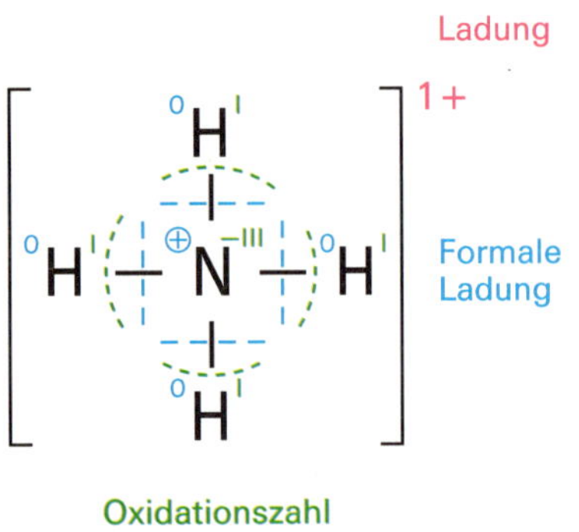

B 1 Ladung, formale Ladung und Oxidationszahl am Beispiel des Ammoniumions

V 1 Man gibt zu Zink bzw. Magnesiumband 15%ige Salpeter- bzw. Schwefelsäure. (Abzug!)

V 2 In einem Gasentwickler wird Salpetersäure ($c(HNO_3) =$ 6 mol/l; $w = 33\%$) zu Kupferspänen getropft und gelinde erwärmt. Das pneumatisch aufgefangene Gas wird mit Luft in Berührung gebracht. (Abzug!)

V 3 In ein Reagenzglas mit Silberspiegel wird konz. Salpetersäure getropft. (Schutzbrille!)

Reine, 100%ige **Salpetersäure** ist eine farblose Flüssigkeit mit einer Siedetemperatur von 84,1 °C. Sie bildet an der Luft Nebel und wird auch als „rauchende" Salpetersäure bezeichnet. Da sie durch Lichteinwirkung in Umkehrung ihrer Synthesereaktion zerfällt, muss sie in braunen Flaschen aufbewahrt werden. Sie ist häufig durch das beim Zerfall entstehende und sich in der Säure lösende Stickstoffdioxid gelb gefärbt. Der Massenanteil der konzentrierten Salpetersäure liegt zwischen 65% und 69%.

Die Elektronenformel des Salpetersäuremoleküls. In die Elektronenformel sind insgesamt 24 Elektronen einzubauen. Dabei ist zu beachten, dass bei allen Atomen der 2. Periode des PSE die Oktettregel streng gilt. Wir formulieren *vorläufig*:

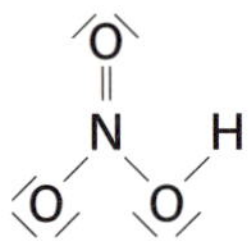

Geht man davon aus, dass die Bindungselektronen den verbundenen Atomen zu gleichen Teilen gehören, so besitzen das Stickstoffatom 4 Außenelektronen, zwei Sauerstoffatome jeweils 6 und das dritte Sauerstoffatom 7 Außenelektronen. Vergleicht man die Elektronenzahl mit der des jeweils neutralen Atoms, so kann man den Atomen eines Moleküls oder Molekülions sogenannte **formale Ladungen** zuordnen. Das Stickstoffatom bekommt die formale Ladung 1 ⊕, die Sauerstoffatome 0 bzw. 1 ⊖. Das Wasserstoffatom zeigt die formale Ladung 0. Das Aufstellen von Elektronenformeln wird erleichtert, wenn man die Regeln zu den formalen Ladungen beachtet:

a) Die formalen Ladungen sollen möglichst klein sein.
b) Negative formale Ladungen sollen bevorzugt am elektronegativeren Atom sitzen.

Reaktionen der konzentrierten Salpetersäure. Salpetersäure ist eine noch stärker oxidierende Säure als Schwefelsäure. Nur die edelsten Metalle, wie z. B. Gold und Platin, werden nicht angegriffen. Diese Eigenschaft wird benutzt, um Gold von Silber zu trennen (scheiden). Konzentrierte Salpetersäure wird daher auch Scheidewasser genannt und seit Jahrhunderten für diesen Zweck benutzt.

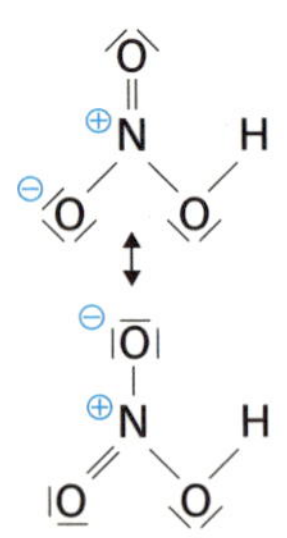

Mesomere Grenzformeln des Salpetersäuremoleküls

Die Mesomerie. Vom Salpetersäuremolekül lassen sich zwei gleichwertige Elektronenformeln aufstellen (siehe links). Nach beiden Formeln würde jeweils eine Doppelbindung mit geringerer Bindungslänge und eine Einfachbindung mit größerer Bindungslänge vom Stickstoffatom zu den beiden freien Sauerstoffatomen resultieren. Experimentelle Untersuchungen zeigen jedoch die völlige Gleichartigkeit der beiden Bindungen. Das bedeutet, dass die beiden Elektronen der Doppelbindung gleichmäßig über beide Stickstoff-Sauerstoff-Bindungen verteilt sind. Keine der beiden Elektronenformeln wird damit dem wahren elektronischen Zustand des Moleküls gerecht. Man bezeichnet sie daher als Grenzformeln und deutet mit dem Doppelpfeil (**Mesomeriepfeil**) an, dass die tatsächliche Elektronenverteilung zwischen diesen mesomeren Grenzformeln liegt.

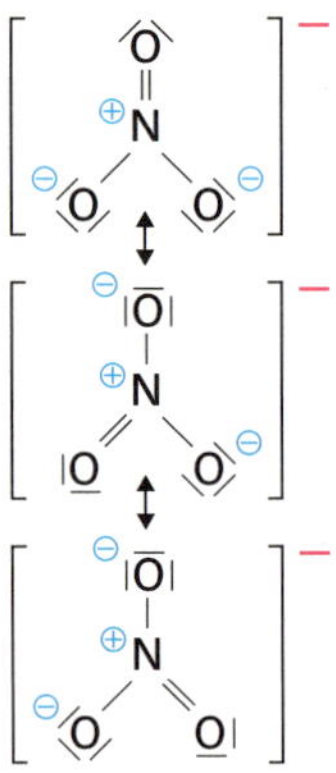

Nitration

Eigenschaften und Reaktionen der Salpetersäure

Ein Gemisch aus konzentrierter Salzsäure und konzentrierter Salpetersäure vermag auch mit Gold und Platin zu reagieren. Da Gold als „König der Metalle" bezeichnet wird, heißt dieses Gemisch *Königswasser*.

Bei der Reaktion von konzentrierter Salpetersäure mit Metallen wie Kupfer oder Silber (▶ V 2, ▶ V 3) entstehen **Nitrate** und Stickstoffdioxid.

$$Cu(s) + 4\,H_3O^+(aq) + 4\,NO_3^-(aq) \longrightarrow Cu^{2+}(aq) + 2\,NO_3^-(aq) + 2\,NO_2(g) + 6\,H_2O(l)$$

Auch Nichtmetalle werden wie Kupfer von konzentrierter Salpetersäure oxidiert. Aus Schwefel entsteht dabei Schwefelsäure. Holzkohle oder weißer Phosphor reagieren ebenfalls äußerst heftig (▶ V 4, ▶ B 2). Einige Stoffe, wie z. B. Holzwolle oder Terpentinöl, werden durch konzentrierte Salpetersäure sogar entflammt.

Konzentrierte Salpetersäure ist gegenüber vielen Metallen und Nichtmetallen ein starkes Oxidationsmittel. Es bilden sich Nitrate und Stickstoffdioxid.

B 2 Reaktion von konzentrierter Salpetersäure mit Holzkohle

Reaktionen der verdünnten Salpetersäure. Nur sehr stark verdünnte Salpetersäure (unter 1%ig) reagiert mit unedlen Metallen wie eine typische saure Lösung unter Wasserstoffentwicklung.
Je konzentrierter die Säure ist, um so mehr dominiert die Bildung der giftigen Stickstoffoxide, Stickstoffmonooxid, NO, und Stickstoffdioxid, NO_2 (nitrose Gase). Halbkonzentrierte Salpetersäure reagiert mit Kupfer unter Bildung des farblosen Stickstoffmonooxids, das beim Kontakt mit Luft rasch zu braunem Stickstoffdioxid reagiert.

Verdünnte Salpetersäure oxidiert viele Metalle. Dabei entsteht überwiegend Stickstoffmonooxid.

V 4 In erwärmte konz. Salpetersäure (Porzellanschale) gibt man glühende Holzkohle bzw. ein linsengroßes Stück Weißen Phosphor. (Schutzbrille! Abzug!) ⚠

V 5 In einem Reagenzglas (Stativ) erhitzt man Kaliumnitrat und bringt einen glimmenden Holzspan zunächst über und dann in die Schmelze.

V 6 Man versetzt Nitratlösung mit Eisen(II)-sulfat-Lösung und unterschichtet mit konzentrierter Schwefelsäure. (Schutzbrille!)

Reaktionen und Verwendung von Nitraten. Die Ionengitter der Salze der Salpetersäure sind aus Metall- und Nitrationen, NO_3^-, aufgebaut. Alle Nitrate sind in Wasser leicht löslich. Nitratschmelzen zersetzen sich beim Erhitzen: Schwermetallnitrate zerfallen in das Metalloxid, Stickstoffdioxid und Sauerstoff, Alkalinitrate zerfallen in Sauerstoff und **Nitrite**:

$$2\,KNO_3(s) \longrightarrow 2\,KNO_2(s) + O_2(g)$$

Nitrite sind Salze der **Salpetrigen Säure** (Molekülformel HNO_2), einer bei Zimmertemperatur unbeständigen Säure.

Auf der Erde gibt es nur einige wenige bedeutende Lagerstätten von Nitraten. Kaliumnitrat (Salpeter, von griech./lat. sal petrae, Felsensalz) findet man u. a. in Indien und China, Natriumnitrat vor allem in der Wüste von Atacama in Nordchile (Chilesalpeter).
In früherer Zeit diente Salpeter vor allem zur Herstellung von Schießpulver. Seit Mitte des 19. Jahrhunderts finden die Alkalinitrate sowie Ammoniumnitrat immer stärkere Verwendung als **Mineraldünger**.

Silbernitrat ist ein Nachweismittel auf Halogenidionen; Strontium- und Bariumnitrate werden bei der Herstellung von Feuerwerkskörpern eingesetzt. Zum Nachweis auf Nitrationen versetzt man die betreffende Lösung mit einem Eisen(II)-Salz und unterschichtet mit konzentrierter Schwefelsäure. An der Phasengrenze entsteht ein brauner Ring (▶ V 6, ▶ B 3).

B 3 Nitratnachweis gemäß ▶ V 6

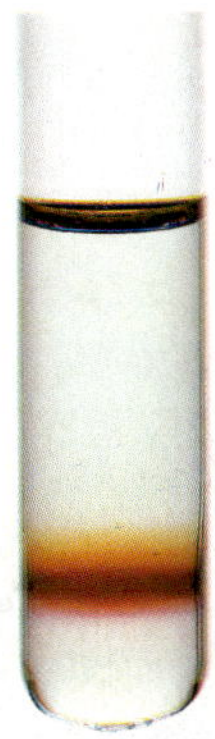

B 4 Holz in einer Kaliumnitratschmelze

6.7 Eigenschaften und Reaktionen der Phosphorsäure

V 1 Auf eine Balkenwaage gibt man ein Schälchen mit Phosphor(V)-oxid und tariert aus.

V 2 a) Roter Phosphor wird in reinem Sauerstoff verbrannt. Nach dem Abkühlen setzt man zunächst nur einige Tropfen, dann mehr Wasser zu und prüft die Temperatur.
b) Die Lösung wird mit Universalindikator und auf Leitfähigkeit geprüft.

⚠ **V 3** Geben Sie Magnesiumspäne zu verdünnter Phosphorsäure und führen Sie die Knallgasprobe durch.

V 4 Streichen Sie Phosphorsäure dünn auf ein rostiges Eisenblech und trocknen Sie durch Erwärmen. Versuchen Sie den Belag abzuwaschen.

V 5 Geben Sie zu einer Spatelspitze Calciumphosphat 10 ml Wasser bzw. 10 ml verdünnte Schwefelsäure. (Schutzbrille!)

V 6 Geben Sie zu Leitungswasser Natriumphosphatlösung.

V 7 Man lässt Phosphatlösung in salpetersaure Ammoniummolybdatlösung tropfen.

B 1 Rostumwandlung durch Phosphorsäure. Dabei entsteht eine schützende Phosphatschicht

Phosphorsäure. Konzentrierte Phosphorsäure ist eine farblose, ölige Flüssigkeit mit einem Massenanteil von etwa 85% Phosphorsäure. Reine Phosphorsäure ist ein *sehr hygroskopischer Feststoff* (Schmelztemperatur: 42 °C). Wie z. B. Schwefelsäure kann auch Phosphorsäure aus dem entsprechenden Oxid hergestellt werden. Beim Verbrennen von Phosphor entsteht *Phosphor(V)-oxid*, eine äußerst hygroskopische Substanz (▸ V 1), die vielfach als hochwirksames Trockenmittel eingesetzt wird. Dieser Feststoff ist aus Molekülen aufgebaut, die die Formel P_4O_{10} besitzen. Phosphor(V)-oxid bildet mit Wasser in einer exothermen Reaktion Phosphorsäure (▸ V 2a).

$$P_4O_{10}(s) + 6\,H_2O(l) \longrightarrow 4\,H_3PO_4(aq)$$

Phosphorsäure bildet mit Wasser drei Arten von Säurerestionen:

$$H_3PO_4(s) + H_2O(l) \longrightarrow H_3O^+(aq) + H_2PO_4^-(aq) \quad \text{Dihydrogenphosphation}$$
$$H_2PO_4^-(s) + H_2O(l) \longrightarrow H_3O^+(aq) + HPO_4^{2-}(aq) \quad \text{Hydrogenphosphation}$$
$$HPO_4^{2-}(s) + H_2O(l) \longrightarrow H_3O^+(aq) + PO_4^{3-}(aq) \quad \text{Phosphation}$$

Den Säurerestionen entsprechend bildet Phosphorsäure drei Reihen von Salzen, die *Dihydrogenphosphate (primäre Phosphate)*, die *Hydrogenphosphate (sekundäre Phosphate)* und die *Phosphate (tertiäre Phosphate)*. Wegen ihrer Ungiftigkeit wird Phosphorsäure als Zusatz zu Erfrischungsgetränken verwendet, um diesen einen sauren Geschmack zu verleihen. Phosphorsäure wird vor allem zur Herstellung von Düngemitteln, zum Teil noch von Waschmitteln sowie von Rostumwandlern (▸ V 4, ▸ B 1) gebraucht.

Phosphate. Das wichtigste in der Natur vorkommende Phosphat ist das *Calciumphosphat* (Apatit, Phosphorit), das in Nordafrika (Marokko, Algerien, Tunesien), den USA (Florida) und in der GUS (Halbinsel Kola am Weißen Meer) große Lager bildet. Dieses Salz ist der Ausgangsstoff zur Gewinnung anderer Phosphatverbindungen und von Phosphor selbst.
Calciumphosphat ist in Wasser *nur sehr wenig löslich*, leicht löslich sind nur die Alkaliphosphate. Durch *„Aufschließen"* mit Schwefelsäure kann es in *lösliches Dihydrogenphosphat* und *Calciumsulfat* überführt werden (▸ V 5):

$$Ca_3(PO_4)_2(s) + 2\,H_2SO_4(aq) \longrightarrow 2\,CaSO_4(s) + Ca(H_2PO_4)_2(aq)$$

Das entstehende Salzgemisch nennt man in der Düngemittelindustrie *Superphosphat*; es ist ein wichtiger Mineraldünger. Für seine Erzeugung werden etwa 60% der Weltproduktion an Schwefelsäure eingesetzt.

Bedeutung von Phosphaten. Phosphationen sind für alle Organismen lebenswichtig. So enthalten z. B. Knochen und Zähne einen hohen Anteil an Calciumphosphat. Pflanzen entziehen die für ihr Wachstum notwendigen Phosphate dem Boden. Sie müssen daher neben anderen Salzen dem Boden wieder zugeführt werden.
Spül- und Waschmitteln wurden zur Wasserenthärtung früher Phosphate, später Polyphosphate zugesetzt. Diese Ionen binden die für den Waschvorgang ungünstigen Calciumionen im Wasser. Aufgrund der Umweltbelastungen durch Phosphate und Polyphosphate werden zunehmend Waschmittel angeboten, in denen diese Ionen durch umweltfreundlichere Stoffe ersetzt sind.
Phosphate lassen sich mit *Ammoniummolybdatlösung* nachweisen, wobei ein *gelber Niederschlag* auftritt (▸ V 7).

6.8 Düngung

Die Bevölkerung der Erde beträgt zu Beginn des dritten Jahrtausends etwa 7 Milliarden Menschen. Millionen von Menschen verhungern oder leiden an Unterernährung. Eine ausreichende Ernährung kann nur erreicht werden, wenn die nutzbaren Flächen bestmöglich bewirtschaftet werden. Ihr Ertrag hängt u. a. stark vom Ausmaß der **Düngung** ab.

Stoffbedarf der Pflanzen. Pflanzen benötigen zum Wachstum neben Licht und Wärme zahlreiche Stoffe: *Kohlenstoffdioxid* aus der Luft benötigen sie zum Aufbau von Kohlenstoffverbindungen. Alle übrigen Substanzen, *Wasser* und *Mineralstoffe*, stammen aus dem Boden (▶ V 2). Die Mineralstoffe liegen als Salze vor und werden im gelösten Zustand mit den Wurzeln aufgenommen (▶ B 1). Neben *Stickstoffverbindungen* benötigt die Pflanze *Phosphate, Sulfate, Kalium-, Calcium-, Magnesium-* und *Eisensalze*, ferner in geringen Portionen *Schwermetallionen (Spurenelemente)*, z. B. Kupfer-, Mangan-, Zink- und Molybdänionen.

Warum gedüngt werden muss. Die Mineralstoffe durchlaufen in der unberührten Natur *einen geschlossenen Kreislauf*. Aus ihnen wird Pflanzensubstanz aufgebaut, die beim Absterben der Pflanze wieder in den Boden zurückgelangt. Auf landwirtschaftlich intensiv genutzten Flächen werden die Stoffe mit der Ernte diesem *Kreislauf entzogen* (▶ B 3). Der Boden verarmt rasch an Nährsalzen, die Erträge nehmen ab. Daher müssen ihm die verlorengegangenen Salze durch **Wirtschaftsdünger** (Mist, Jauche, Kompost) oder industriell hergestellte **Mineraldünger** wieder zugeführt werden. Es ist ein großes Verdienst des Chemikers JUSTUS VON LIEBIG (1803 - 1873), dass er 1840 auf diesen Tatbestand hingewiesen hat.

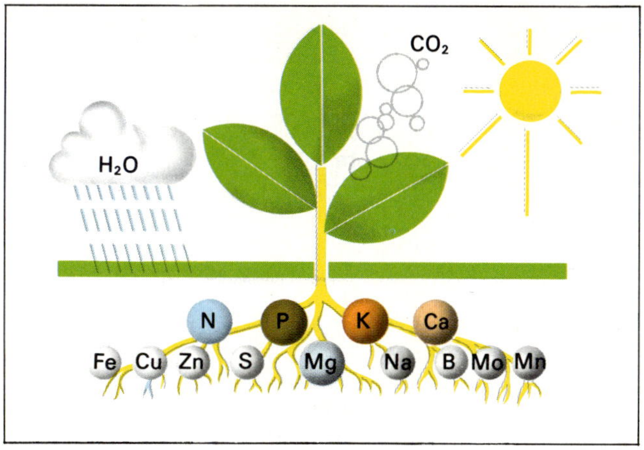

B 1 Lebensgrundlage der Pflanze. Neben Licht, Wärme, Wasser und Kohlenstoffdioxid benötigt sie noch Mineralstoffe

V 1 Geben Sie zu Holzkohlenasche verdünnte Salzsäure und filtrieren Sie vom Rückstand ab (Schutzbrille!). Führen Sie mit dem Filtrat Nachweisproben auf Kaliumverbindungen, Phosphat- und Sulfationen durch. Prüfen Sie mit Teststäbchen auf Calcium- und Eisenionen.

V 2 Schlämmen Sie Garten- oder Ackerboden mit dest. Wasser auf und filtrieren Sie. Prüfen Sie das Filtrat auf Kalium-, Nitrat-, Phosphat-, Sulfat- (vorher Salzsäure zusetzen) und Chloridionen (vorher Salpetersäure zusetzen). (Schutzbrille!) Wiederholen Sie die Nachweisreaktionen mit Teststäbchen bzw. Reagenziensätzen und prüfen Sie zusätzlich auf Eisen- und Calciumionen.

B 2 JUSTUS VON LIEBIG (1803 - 1873) und seine grundlegende Erkenntnis zum Prinzip der Düngung

B 3 Nährsalzentzug in kg/ha durch eine gute Ernte. Die Salze müssen dem Boden durch Düngung wieder zugeführt werden. Die Zahlenangaben legen N, P_2O_5, K_2O zugrunde

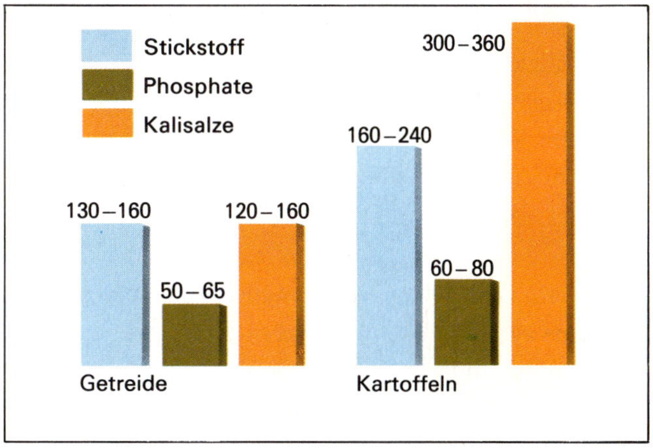

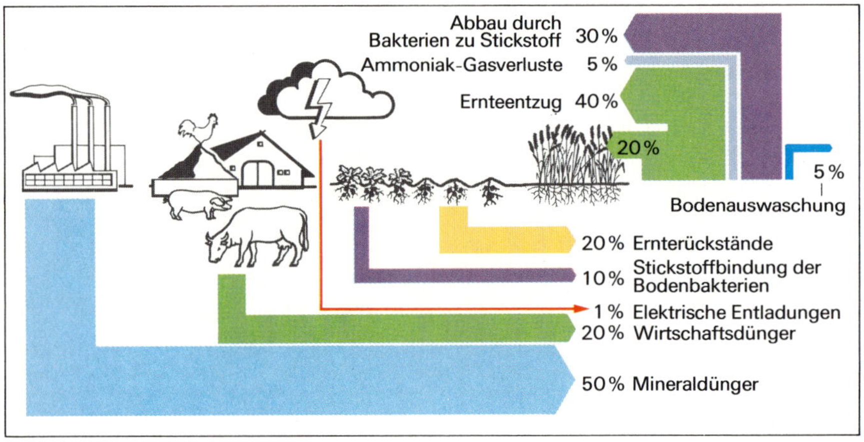

B 4 Kreislauf des Stickstoffs

B 5 Knöllchen an Lupinenwurzeln

Der Stickstoffkreislauf. In der Natur existieren zahlreiche *Stoffkreisläufe*, z. B. für Wasser und Sauerstoff. Auf der vorigen Seite haben wir den Kreislauf der Nährsalze in der unberührten Natur kennen gelernt. Im folgenden soll nun ein Stoffkreislauf *nach Eingriff durch landwirtschaftliche Nutzung* am Beispiel des *Stickstoffs* dargestellt werden (▶ B 4).

Stickstoffverbindungen sind unentbehrlich für den Aufbau von Eiweißsubstanzen der Pflanzen. Sie nehmen aus dem Boden *Nitrationen* auf. Nur wenige Pflanzen, Leguminosen (z. B. Lupinen, Klee), können mithilfe von Bakterien (Knöllchenbakterien) in ihren Wurzeln Stickstoff aus der Luft binden (▶ B 5). Tiere fressen Pflanzen und bauen damit tierisches Eiweiß auf. Ausscheidungen von Tieren, abgestorbene Pflanzen und Überreste von Tieren werden im Boden durch Bakterien zu *Ammoniak* bzw. Ammoniumsalzen abgebaut und schließlich wieder zu *Nitraten* umgewandelt. LIEBIG hat diesen Teil des Kreislaufs 1840 beschrieben (▶ B 6).

Ein Teil des Ammoniaks wird aber auch von Bakterien in Stickstoff umgebildet, der an die Atmosphäre abgegeben wird. Luftstickstoff kann aber nicht nur durch die Leguminosen gebunden werden. Bei Gewittern entsteht durch Blitze *Stickstoffmonooxid*, das zu Salpetersäure reagiert, die mit dem Regenwasser in den Boden gelangt. Die Mengen sind jedoch gering.

B 6 Text JUSTUS VON LIEBIGS über den Kreislauf der Stoffe aus dem Jahre 1840 (Auszug)

Kohlensäure, Ammoniak und Wasser enthalten in ihren Elementen die Bedingungen zur Erzeugung aller Thier- und Pflanzenstoffe, während ihres Lebens. Kohlensäure, Ammoniak und Wasser sind die letzten Producte des chemischen Processes ihrer Fäulniß und Verwesung. Alle die zahllosen, in ihren Eigenschaften so unendlich verschiedenen, Producte der Lebenskraft nehmen nach dem Tode die ursprünglichen Formen wieder an, aus denen sie gebildet worden sind. Der Tod, die völlige Auflösung einer untergegangenen Generation, ist die Quelle des Lebens für eine neue.

Der Stickstoffkreislauf wird durch die *landwirtschaftliche Nutzung* stark gestört, da ein beträchtlicher Teil der Nährstoffe weggeführt wird. Mit der Wirtschaftsdüngung wurde früher versucht, die entzogenen Nährstoffe wieder zurückzuführen. Ferner sollte mit der so genannten *Dreifelderwirtschaft* (Winter-, Sommergetreide, Brache im dreijährigen Wechsel auf einem Feld) eine einseitige Auslaugung verhindert und eine Erholung des Bodens erreicht werden.

Daraus entstand später die *Fruchtwechselwirtschaft*, die anstelle der Brache Hack- oder Futterpflanzen zur Bodenverbesserung vorsah. Seit den Untersuchungen LIEBIGS gewann die *Mineraldüngung*, vor allem zur Steigerung der Erträge, immer mehr an Bedeutung. An Stickstoffdünger standen nur Kalium- und Natriumnitrat zur Verfügung, und zur Jahrhundertwende bestand Sorge, dass diese Lager bald erschöpft sein würden. Daher wurde nach Wegen gesucht, *Stickstoff aus der Luft zu binden*. Dieses Problem wurde mit dem Haber-Bosch-Verfahren gelöst. Heute werden 85% der Ammoniakproduktion auf der Welt zu Düngemitteln verarbeitet.

Düngung

Die im Handel befindlichen Mineraldünger ermöglichen es, jeweils mit denjenigen Nährsalzen zu düngen, die die Pflanze braucht. Beim Düngen muss das von LIEBIG formulierte **Minimumgesetz** berücksichtigt werden: Die Pflanzennährsalze können sich nicht gegenseitig ersetzen. Der Ertrag richtet sich nach demjenigen Pflanzennährsalz, an dem es am *stärksten mangelt* (▶ B 7).

Die Düngersorten. Auf *Stickstoffdünger* sind die Pflanzen besonders angewiesen, da der im Boden gebundene Stickstoff nur begrenzt verfügbar ist. Die wichtigsten Stickstoffdünger sind Nitrate und Ammoniumsalze. Auch *Phosphate* dienen zum Aufbau lebenswichtiger Stoffe. Bei der Düngerherstellung wird unlösliches Calciumphosphat „aufgeschlossen" (↗ Kap. 6.7). *Kaliumionen* haben Einfluss auf die Steuerung des Wasserhaushalts der Pflanzen. Kalidünger werden aus Salzen gewonnen, die in Kalibergwerken abgebaut werden. *Calciumionen* spielen eine ähnliche Rolle wie Kaliumionen. Vor allem kalkarme oder saure Böden müssen mit Kalk versorgt werden. *Volldünger* enthalten die Nährsalze in einem abgestimmten Mischungsverhältnis.

Bedeutung der Mineraldünger. Die Verwendung von Mineraldüngern hat zu einer *erheblichen Steigerung der Ernteerträge* geführt (▶ B 9). 1981/82 wurden weltweit 32 Millionen Tonnen Phosphatdünger (angegeben als P_2O_5), 65 Millionen Tonnen Stickstoffdünger (angegeben als N) und 26 Millionen Tonnen Kalidünger (angegeben als K_2O) hergestellt. Die chemische Industrie leistet damit einen erheblichen Beitrag zur Ernährung der ständig wachsenden Bevölkerung, wobei aus *Rohstoffen* wie Luft, Wasser, Kohle bzw. Erdöl oder Erdgas sowie Salzen *hochwertige Düngemittel* gewonnen werden.

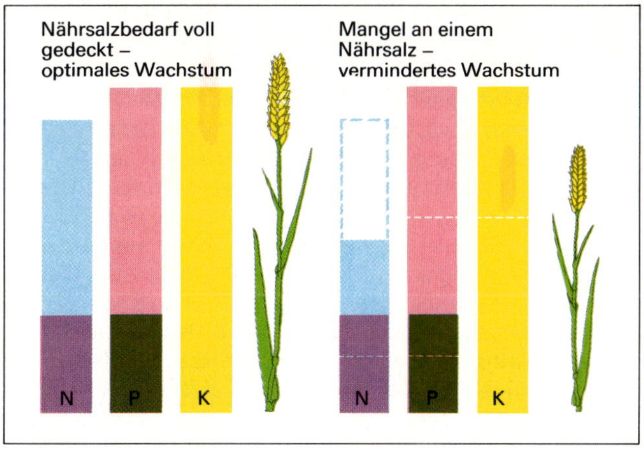

B 7 Minimumgesetz. Das Pflanzenwachstum wird von dem im Minimum vorliegenden Pflanzennährstoff begrenzt

V 3 Geben Sie in drei Reagenzgläser a) destilliertes Wasser, b) Nährlösung (in 1 l dest. Wasser 1 g Calciumnitrat, 0,5 g Kaliumdihydrogenphosphat und 0,5 g Magnesiumsulfat) c) Nährlösung ohne Calciumnitrat. Stecken Sie jeweils einen Zweig der Ampelpflanze (Tradeskantia) in die Lösungen. Beobachten Sie das Wachstum.

V 4 Lösen Sie verschiedene Mineraldünger in Wasser und filtrieren Sie, falls erforderlich, ab. Prüfen Sie das Filtrat auf Kalium-, Calcium-, Nitrat-, Sulfat- (vorher Salzsäure zusetzen) und Phosphationen mit Ihnen bekannten Nachweismethoden. (Schutzbrille!)

A 1 Informieren Sie sich im Lexikon über Gründüngung.

B 8 Zusammensetzung einiger wichtiger Mineraldünger

Düngerart Handelsname (Beispiele)	Bestandteile	Nährsalzgehalt in % N	P (als P_2O_5)	K (als K_2O)
N-Dünger Ammonsulfatsalpeter 26	$(NH_4)_2SO_4$, NH_4NO_3	26		
P-Dünger Superphosphat	$Ca(H_2PO_4)_2$, $CaSO_4$		18	
K-Dünger Kaliumchlorid	KCl			50
NPK-Dünger Nitrophoska, Rustica usw.	NH_4NO_3, $(NH_4)_2HPO_4$, $CaHPO_4$, KCl, $Ca(H_2PO_4)_2$, $CaSO_4$	13	13	21

B 9 Steigerung der Ernteerträge durch Einsatz von Mineraldüngern

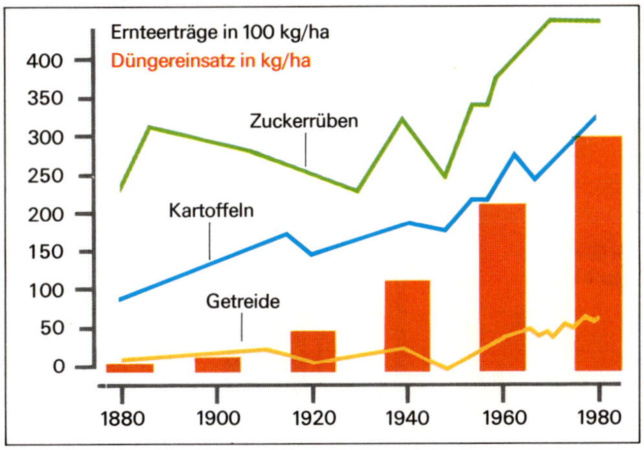

6.9 Belastung der Umwelt durch Nitrate

Sorgen um Nitrat im Wasser

Stuttgart. Der steigende Nitratgehalt im Grund- und Trinkwasser und die damit verbundene Gefahr für die Gesundheit bereiten zunehmend Sorge. Viele der etwa 4000 Grundwassererfassungen in Baden-Württemberg überschreiten den Grenzwert der Trinkwasserverordnung für Nitrat im Trinkwasser von 50 mg/l zum Teil noch erheblich. Hauptursache ist die intensive Düngung in der Landwirtschaft. Abhängig von Düngermenge, Bodenart und Bepflanzung wird Nitrat aus dem Boden gewaschen und gelangt über das Grundwasser ins Trinkwasser. Ein Forschungsprogramm soll der Nitratbelastung langfristig entgegenwirken. Als Sofortmaßnahmen kommen in Betracht: Mischen mit nitratärmerem Wasser, Anschluss an die öffentliche Wasserversorgung oder Aufbereitung des Grundwassers.

B 1 Bericht aus einer Tageszeitung

V 1 Untersuchen Sie bei unterschiedlicher Witterung gesammelte Wasserproben aus Bächen und Flüssen mit Teststäbchen bzw. Reagenziensätzen auf den Gehalt von Ammonium-, Nitrat- und Phosphationen.

V 2 a) Stellen Sie mit Teststäbchen den Nitratgehalt von konventionell bzw. biologisch-dynamisch erzeugten Karotten bzw. Rote Beten fest. Verarbeiten Sie dazu das Material zu einem Brei und nehmen Sie ihn mit dest. Wasser auf.
Untersuchen Sie anschließend das Filtrat. Störende Färbungen können durch Schütteln mit Clarocarbon F und anschließendes Filtrieren beseitigt werden.
b) Wiederholen Sie den Versuch mit käuflichem Karotten- bzw. Rote-Bete-Saft.

Trotz der großen Bedeutung der Mineraldüngung bringt diese auch Gefahren mit sich, vor allem wenn Düngemittel bei sehr intensiv betriebener Landwirtschaft oder intensiv betriebenem Gartenbau in zu großer Menge eingesetzt werden. Überschüssige Nährsalze können den *Boden versalzen* bzw. werden durch das Regenwasser aus dem Boden ausgewaschen und gelangen in *Grund- und Oberflächenwasser* (▶ V 1). Dort können sie u. a. zur *Belastung der Trinkwasserreserven*, z. B. durch die sehr leicht löslichen Nitrate (▶ B 1, ▶ B 2), und zur *Veränderung der Oberflächengewässer* führen.
Zu einer Auswaschung der Nitrate kommt es vor allem dann, wenn zu viel gedüngt wird oder wenn zu Zeiten gedüngt wird, in denen der Nitratbedarf der Pflanze gering ist (▶ B 3) bzw. wenn hohe Sickerwassermengen anfallen, z. B. bei Düngung auf stark durchlässigen Böden bei darauf folgenden Niederschlägen.

Diese **Überdüngung** kann zu einer Anreicherung von Nitraten in der Pflanze führen. Bestimmte Pflanzen können Nitrate speichern (z. B. Spinat, Rote Bete, Kopfsalat). Solch belastete Pflanzenkost stellt ein erhebliches Gesundheitsrisiko dar, da Nitrate im Körper des Menschen zu giftigen Nitriten abgebaut werden. Diese Nitritionen reagieren mit dem Hämoglobin, dem Farbstoff der roten Blutkörperchen, und beeinträchtigen damit die Sauerstoffaufnahme. Eine Gefahr für die Gesundheit sind auch die aus den Nitritionen entstehenden und Krebs erregenden Nitrosamine. Besonders gefährdet sind hierbei Säuglinge.

In Abkehr von einer verstärkten Mineraldüngung sowie der Verwendung chemischer Pflanzenschutzmittel hat sich der *biologische Landbau* entwickelt, mit der Absicht, weniger belastete Produkte anzubieten. Dabei wird auf Höchsterträge verzichtet.

B 2 Nitratnachweis in Trinkwasserprobe

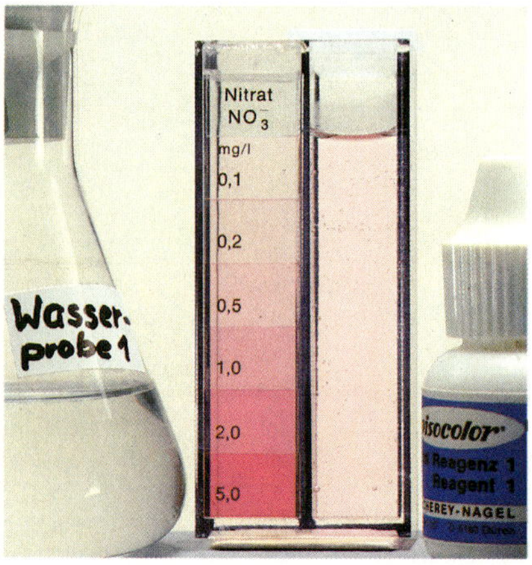

B 3 Stickstoffbedarf einiger Pflanzen während des Wachstums

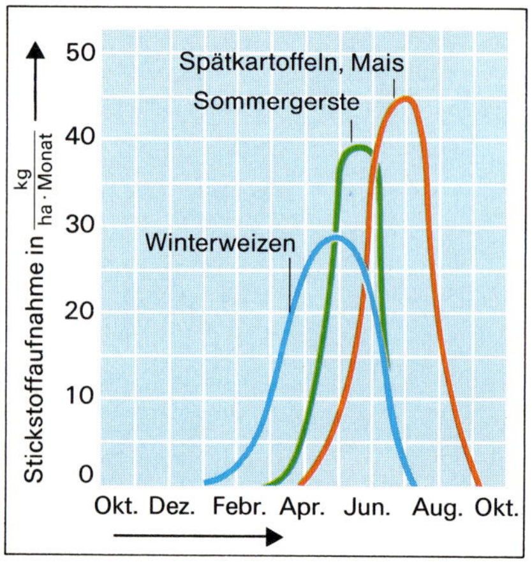

B 4 Überschüssiges Nitrat aus Düngemitteln kann ins Trinkwasser gelangen

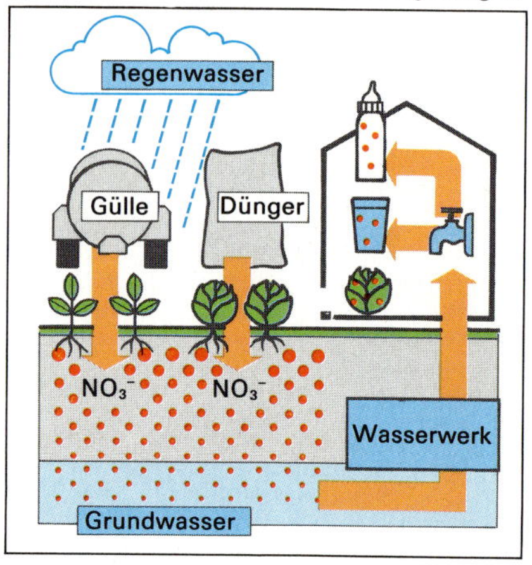

6.10 Belastung der Umwelt durch Phosphate

Häusliche Abwässer enthalten neben Phosphaten und fäulnisfähigen Stickstoffverbindungen aus Fäkalien zum Teil immer noch *Phosphate aus Waschmittelrückständen* (▶ V 1). Zu der Abwasserbelastung, an der auch die Industrie beteiligt ist, kommt noch die Phosphatzufuhr, die durch das *Auswaschen überdüngter Ackerböden* in die Gewässer gelangt (▶ V 1, ↗ Kap. 6.9).

Die große Zufuhr an Nährsalzen führt zu einem starken Pflanzenwachstum, vor allem bei den Algen (▶ V 2). Diesen Vorgang nennt man **Eutrophierung** (Überdüngung, ▶ B 1). So stieg der Planktongehalt des Bodensees in den letzten 30 Jahren auf das 30- bis 100-fache an.

Durch das übermäßige Wachstum mancher Pflanzenarten wird das *biologische Gleichgewicht eines Gewässers gestört*: Die Pflanzen nehmen sich gegenseitig den Lebensraum weg, sterben dadurch ab und sinken auf den Grund des Gewässers. Bei ihrer Zersetzung verbrauchen die Pflanzen den im Wasser gelösten Sauerstoff. Schließlich tritt *Fäulnis* ein, wobei Giftstoffe, u. a. auch *Schwefelwasserstoff*, entstehen. Man sagt: das Gewässer *„kippt um"*. Der Boden bedeckt sich mit einer immer stärker werdenden *Schlammschicht*; Fische und andere Lebewesen gehen zugrunde (▶ B 2).

Als Ersatzstoff für Phosphate wird seit einigen Jahren ein umweltverträglicher Enthärter, **Zeolith A**, eingesetzt, der Natriumionen gegen die Härte bildenden Ionen austauscht. Außerdem werden zunehmend in Kläranlagen 3. Reinigungsstufen eingebaut, in denen gelöste Phosphate z. B. mit Eisen(II)-Ionen ausgefällt werden.

B 1 Eutrophierter See mit starkem Algenwachstum

V 1 Im Reagenzglas wird eine Waschmittellösung mit Salpetersäure gekocht und auf Phosphationen geprüft. (Schutzbrille!)

V 2 Bringen Sie zu 100 ml dest. Wasser bzw. zu 100 ml Nährlösung I (1 g Kaliumnitrat; 0,25 g Magnesiumsulfat; 0,015 g Calciumchlorid in 1 l dest. Wasser) bzw. zu 100 ml Nährlösung II (wie Nährlösung I, zusätzlich 0,5 g Natriumhydrogenphosphat und 0,08 g Dinatriumhydrogenphosphat) je 2 ml Algensuspension. Verschließen Sie die Gefäße mit Watte und stellen Sie sie an Nordfenstern ab. Schütteln Sie täglich kräftig durch (2 bis 4 Wochen).

V 3 Geben Sie zu einer Wasserprobe vom Ablauf einer Kläranlage 10%ige Eisen(III)-chlorid-Lösung.

B 2 Eutrophierung eines Gewässers durch Phosphate. Links: Normales Gewässer. Mitte: Starkes Pflanzenwachstum durch eingeleitete Phosphate. Rechts: Das Gewässer ist „umgekippt"

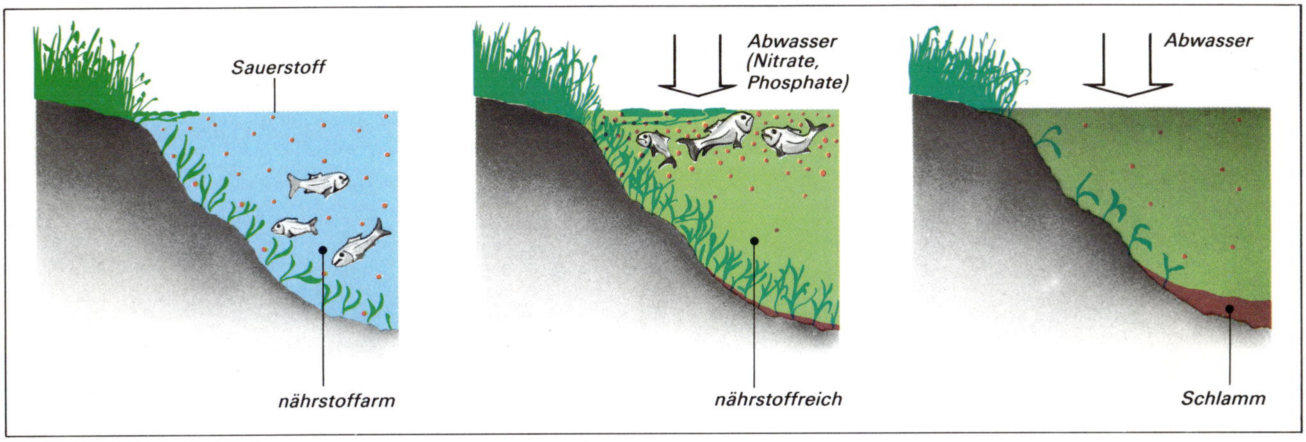

6.11 Überprüfung und Vertiefung

Untersuchung	Befund	
Bodenart	mittlerer Lössboden	
pH-Wert	5,2	
Kalkzustand Stufe Bedarf	 A (niedrig) 68 kg CaO/ar	
Nährsalzgehalt (mg/100 g Boden)		Klasse
– Phosphat (als P_2O_5)	7	A
– Kalium (als K_2O)	16	B
– Magnesium	11	B
Empfehlung: Boden kalken, Phosphatdüngung verstärken		

B 1 (links und rechts) Zu Aufgabe 1

B 2 Zu Aufgabe 4

1 Viele Bauern lassen Bodenuntersuchungen durchführen (▶ B 1). Warum ist dies für den Ertrag und zugleich für die Umwelt wichtig?

2 Ein Metall reagiert mit Salpetersäure. Die entstehende Lösung gibt mit Kochsalzlösung einen weißen Niederschlag. Begründen Sie unter Aufstellung der entsprechenden Redoxgleichung und der Nachweisgleichung, um welches Metall es sich handelt.

3 Bei der *Luftverbrennung* reagieren Stickstoff und Sauerstoff zu Stickstoffmonooxid und Stickstoffdioxid. Stellen Sie für beide Reaktionen die Formelgleichungen auf.

B 3 Zu Aufgabe 8: Energieanteile bei der Pflanzenproduktion

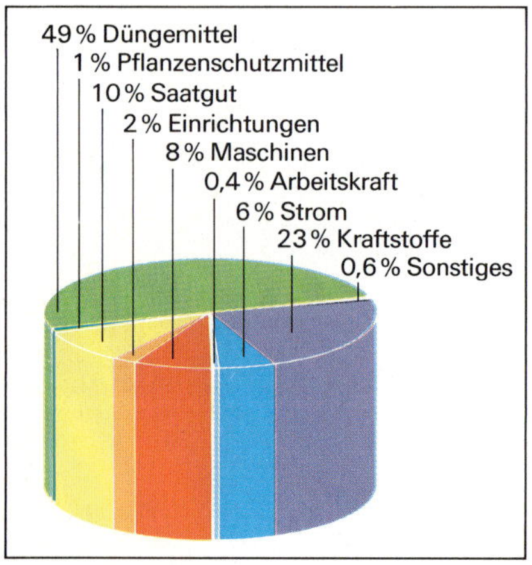

4 Wieso kommt es bei Gewittern (▶ B 2) zur Bildung von Salpetersäure?

5 Erklären Sie: Zu Schwefliger Säure wird Wasserstoffperoxid (Oxidationsmittel) gegeben. Die Lösung riecht anschließend nicht mehr nach Schwefeldioxid, und mit Bariumchloridlösung fällt ein feinkristalliner weißer Niederschlag aus.

6 Stellen Sie die Reaktionsgleichungen für den Aufschluss von Calciumphosphat mit Phosphor- bzw. Salpetersäure auf.

7 Nennen Sie Namen und Formeln von Alkalisalzen, die sich von der Phosphorsäure ableiten.

8 Welche Probleme ergeben sich aus den Energieanteilen bei der Pflanzenproduktion (▶ B 3) vor allem für Länder der Dritten Welt?

9 Versuchen Sie ein Schema zu entwickeln, das den Weg von den entsprechenden Rohstoffen und die Verflechtung der Zwischenprodukte bis zu Phosphat-, Nitrat-, Sulfat- und Kalidüngern aufzeigt.

10 In Ländern der Dritten Welt (z. B. Indien) wird Mist häufig nicht zum Düngen der Felder verwendet. Erläutern Sie die Hintergründe.

11 Bei einer quantitativen Reaktion in einer Kolbenproberapparatur werden 40 ml Schwefeldioxid mit 40 ml Sauerstoff zur Reaktion gebracht. Nach Beendigung des Versuchs sind noch 20 ml Gas vorhanden, die sich als Sauerstoff nachweisen lassen. Berechnen Sie die Formel des entstandenen Schwefeloxids.

12 Stellen Sie die Zusammensetzung handelsüblicher Düngemittel fest. Sie ist meist auf den Säcken abgedruckt.

13 Das Salz Ammoniumnitrat, das sich besonders als Stickstoffdünger eignet, zerfällt bei höheren Temperaturen explosionsartig in Stickstoff, Sauerstoff und Wasser. Formulieren Sie hierfür die Redoxgleichung und benennen Sie diesen Reaktionstyp.

Diese Begriffe sollten Ihnen etwas sagen:

Unbeständige Säure, Halbfertigprodukt, Doppelkontaktverfahren, beständige Säure, hygroskopisch, Exsikkator, zweiprotonige Brönstedsäure, Ostwaldverfahren, Formale Ladung, Grenzformel, Mesomerie, Mesomeriepfeil, Xanthoproteinreaktion, Mineralstoffe, Wirtschaftsdünger, Mineraldünger, Stickstoffkreislauf, Minimumgesetz, Überdüngung, Eutrophierung.

7 Mineralische Rohstoffe

Das Element Kohlenstoff nimmt wegen der Vielfalt seiner Verbindungen eine Sonderstellung ein. Die meisten Kohlenstoffverbindungen gehören in die Organische Chemie. Von anorganischen Verbindungen spielen neben den Oxiden und der Kohlensäure vor allem die Salze, Carbonate und Hydrogencarbonate, in Natur, Technik und Alltag eine wichtige Rolle. Um ihre Bedeutung und Anwendung zu verstehen, ist es erforderlich, sich mit ihren Eigenschaften und Reaktionen zu beschäftigen.

Noch verbreiteter als Kohlenstoffverbindungen sind Verbindungen des Elements Silicium: Quarz und Silicate. Ein großer Teil der Böden und der Erdkruste besteht aus ihnen. Diese Rohstoffe werden schon seit Jahrtausenden zur Herstellung von Gebrauchsgegenständen, z. B. Glas oder Keramik, gebraucht. Weitere wichtige Produkte unserer Zeit wie Beton oder Reinstsilicium für die Halbleitertechnik benötigen diese Rohstoffe.

7.1 Kohlensäure und ihre Salze

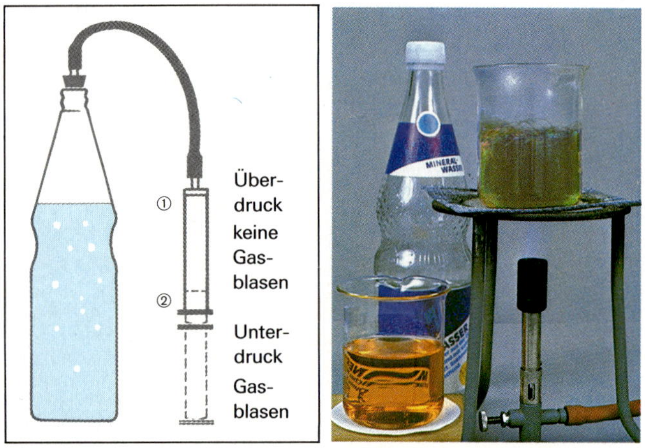

B 1 Löslichkeit von Kohlenstoffdioxid in Abhängigkeit von Druck und Temperatur

V 1 Leiten Sie das aus einer Mineralwasserflasche entweichende Gas in Kalkwasser.

V 2 a) Leiten Sie Kohlenstoffdioxid längere Zeit durch kaltes Wasser, das mit etwas Universalindikatorlösung versetzt wurde.
b) Wiederholen Sie Versuch a ohne Indikatorzusatz und prüfen Sie dabei die elektrische Leitfähigkeit.

V 3 Erhitzen Sie Mineralwasser, dem Universalindikatorlösung zugesetzt wurde, zum Sieden. Führen Sie ein Gasableitungsrohr in Kalkwasser.

A 1 Stellen Sie die unterschiedlichen Eigenschaften von Kohlenstoffdioxid und Kohlensäurelösung in einer Tabelle zusammen.

B 2 Elektronenformeln des Kohlensäuremoleküls und des Carbonations. Formale Ladungen sind blau dargestellt

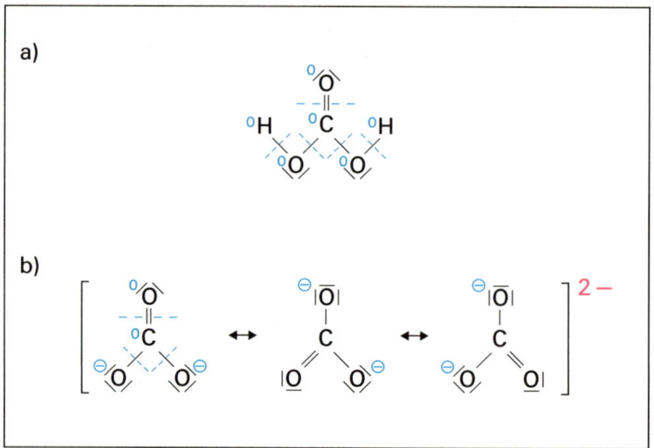

Öffnet man eine Flasche Mineralwaser, so entweicht Kohlenstoffdioxid (▶ V 1). In der Umgangssprache wird es ungenau als Kohlensäure bezeichnet. Säuren müssen jedoch Wasserstoffatome aufweisen, so dass diese Bezeichnung für Kohlenstoffdioxid irreführend ist.

Vom Kohlenstoffdioxid zur Kohlensäure. Leitet man Kohlenstoffdioxid in Wasser ein, so entsteht eine *saure Lösung* (▶ V 2) mit Oxonium- und Säurerestionen, obwohl Kohlenstoffdioxid *keine Wasserstoffverbindung* ist. Wie beim Schwefeldioxid kann man sich den Vorgang modellhaft wie folgt vorstellen: Durch die Reaktion mit Wasser entsteht zunächst **Kohlensäure**:

$$CO_2(g) + H_2O(l) \longrightarrow H_2CO_3(aq)$$

Ihre Moleküle bilden mit weiteren Wassermolekülen Oxoniumionen und Säurerestionen:

$$H_2CO_3(aq) + H_2O(l) \longrightarrow \underset{\text{Hydrogencarbonation}}{HCO_3^-(aq)} + H_3O^+(aq)$$

$$HCO_3^-(aq) + H_2O(l) \longrightarrow \underset{\text{Carbonation}}{CO_3^{2-}(aq)} + H_3O^+(aq)$$

Carbonationen werden allerdings nur in äußerst geringem Umfang gebildet.

Hydrogencarbonationen HCO_3^- und Carbonationen CO_3^{2-} sind die Säurerestionen der Kohlensäure.

Eigenschaften der Kohlensäure. Zur Herstellung von Mineralwasser wird Kohlenstoffdioxid in natürliches mineralsalzhaltiges Wasser eingepresst und gelöst. Die Löslichkeit des Gases ist vom Druck abhängig (▶ B 1). Von den Molekülen des gelösten Kohlenstoffdioxids reagieren nur ca. 0,1 % mit Wassermolekülen, die Bildung von Kohlensäuremolekülen ist also eine *unvollständig ablaufende* Reaktion. Kocht man Mineralwasser, so entweicht Kohlenstoffdioxid, und die Flüssigkeit hat nach kurzer Zeit keine sauren Eigenschaften mehr (▶ V 3):

$$H_2CO_3(aq) \longrightarrow H_2O(l) + CO_2(g)$$

Die Bildung der Kohlensäure ist also eine *umkehrbare Reaktion*. Reine, wasserfreie Kohlensäure ist daher als Substanz nicht fassbar. Kohlensäure stellt eine *unbeständige Säure* dar.

Kohlensäure in unserer Umwelt. Die Säure entsteht in der Natur auch durch Aufnahme von Kohlenstoffdioxid durch Regenwasser. Durch die saure Lösung werden *Korrosionsvorgänge*, wie z. B. das Rosten von Eisen, beschleunigt. Auch an der Bildung von *Patina*, dem blaugrünen Überzug von Kupferdächern, ist Kohlensäure beteiligt. Von großer Bedeutung für Natur und Technik ist die Umbildung von kalkhaltigem Gestein durch Kohlensäure (↗ Kap. 7.2).

Kohlensäure und ihre Salze

Kohlensäure bildet zwei Reihen von Salzen. Kohlensäurelösungen enthalten zwei verschiedene Säurerestionen, Hydrogencarbonat- und Carbonationen. Dementsprechend existieren auch zwei unterschiedliche Reihen von Salzen. Salze mit dem Säurerestion HCO_3^- heißen **Hydrogencarbonate**, die mit CO_3^{2-}-Ionen **Carbonate**.
Zur Herstellung der Salze geht man von *Hydroxidlösungen* aus, die mit Kohlensäure umgesetzt werden. Dazu wird Kohlenstoffdioxid in die Lösungen eingeleitet. Die starke Erwärmung z. B. beim Einleiten in Natronlauge, weist auf eine chemische Reaktion hin (▶ V 4). Das beim Eindampfen zurückbleibende weiße Produkt ist **Natriumcarbonat**:

$$2\,Na^+(aq) + 2\,OH^-(aq) + CO_2(g) \longrightarrow 2\,Na^+(aq) + CO_3^{2-}(aq) + H_2O(l)$$

Auch Sodalösungen reagieren mit Kohlenstoffdioxid (▶ V 5a). Es fällt dabei kristallines, weißes **Natriumhydrogencarbonat** *(Natron)* aus, das eine *geringere Löslichkeit* in Wasser besitzt als Soda. Dieses Salz erhält man ebenfalls, wenn in die Lösung von ▶ V 4 weiter Kohlenstoffdioxid eingeleitet wird (▶ V 5b):

$$2\,Na^+(aq) + CO_3^{2-}(aq) + CO_2(g) + H_2O(l) \longrightarrow 2\,NaHCO_3(s)$$

Besonders wichtig ist die entsprechende Reaktion mit Kalkwasser, bei der zunächst schwer lösliches **Calciumcarbonat** *(Kalk)* ausfällt. Das Auftreten eines weißen Niederschlags von Calciumcarbonat ist demnach ein Nachweis für Kohlenstoffdioxid und Kohlensäurelösung:

$$Ca^{2+}(aq) + 2\,OH^-(aq) + CO_2(g) + H_2O(l) \longrightarrow CaCO_3(s) + 2\,H_2O(l)$$

Leitet man in die Suspension von Calciumcarbonat in Wasser weiter Kohlenstoffdioxid ein, so löst sich der Niederschlag auf. Es entsteht das wesentlich leichter lösliche Calciumhydrogencarbonat:

$$CaCO_3(s) + CO_2(g) + H_2O(l) \longrightarrow Ca^{2+}(aq) + 2\,HCO_3^-(aq)$$

Alle Carbonate, mit Ausnahme der Alkalicarbonate, sind in Wasser schwer löslich. Durch saure Lösungen werden Carbonate und Hydrogencarbonate zersetzt, dabei entweicht Kohlenstoffdioxid. Wegen der leicht wahrnehmbaren Entwicklung des Gases (Aufschäumen) dient diese Reaktion als Nachweis für die Salze der Kohlensäure.

Die Reaktion von Carbonaten und Hydrogencarbonaten mit Säure macht man sich häufig zunutze. So nimmt man schwache Säuren zum Entkalken von Geräten und Töpfen und verwendet Natriumhydrogencarbonat zur Herstellung von Back- oder Brausepulvern. Früher verwendete man Natriumhydrogencarbonat gegen Sodbrennen (Überschuss von Salzsäure im Magen).

Vorkommen der Carbonate und Hydrogencarbonate. Diese Verbindungen sind in der Natur in großen Mengen anzutreffen. *Kalkstein* (der im Wesentlichen aus Calciumcarbonat besteht) und *Dolomit* (vor allem aus dem Doppelsalz Calcium-magnesium-carbonat, $CaMg(CO_3)_2$, zusammengesetzt) bilden ganze Gebirgsmassive, wie z. B. die Kalkalpen und die Dolomiten. *Kalkspat* (Calcit), dessen Kristalle durch ihre *Doppelbrechung* des Lichts bekannt sind, ist ganz reines Calciumcarbonat. *Marmor* und *Tropfstein* sind ebenfalls fast reines Calciumcarbonat.
Soda und Natron kommen in den Salzseen und Salzpfannen vieler Trockengebiete vor und werden dort bei anhaltender Trockenheit ausgeschieden (▶ B 3), z. B. in Ägypten (Natrontal), Ost-Afrika und in den USA (Nevada).

B 3 Natronsee

V 4 In konz. Natronlauge wird ein rascher Kohlenstoffdioxidstrom eingeleitet. (Schutzbrille!) Dabei prüft man die Veränderung der Temperatur. Nach spürbarer Veränderung bricht man den Versuch ab, entnimmt der Lösung eine Probe und dampft sie ein.

V 5 a) In eine kalte, gesättigte Natriumcarbonatlösung wird längere Zeit Kohlenstoffdioxid eingeleitet (Schutzbrille!). b) In die Lösung von ▶ V 4 wird ebenfalls weiter Kohlenstoffdioxid eingeleitet.

B 4 Wichtige Carbonate und Hydrogencarbonate

Natriumcarbonat (Soda) $Na_2CO_3 \cdot 10\,H_2O$
Herstellung von Glas, Seife, Waschmitteln und Farbstoffen

Natriumhydrogencarbonat (Natron) $NaHCO_3$
Herstellung von Brause- und Backpulver; Feuerlöscher; früher Mittel gegen Sodbrennen

Kaliumcarbonat (Pottasche) K_2CO_3
Herstellung von Kaliseifen (Schmierseifen) und Glas

Calciumcarbonat (Kalk) $CaCO_3$
Baustein, Schotter; Herstellung von Zement, Branntkalk, Löschkalk und Düngemitteln

7.2 Kreislauf des Kalks in Natur und Technik

V 1 Erhitzen Sie eine Lösung von Calciumhydrogencarbonat und leiten Sie das entstehende Gas mit einem gewinkelten Glasrohr in Kalkwasser.

V 2 Leiten Sie in eine Kalkaufschlämmung längere Zeit Kohlenstoffdioxid ein. Filtrieren und erhitzen Sie das Filtrat zum Sieden.

V 3 a) Erhitzen Sie Leitungswasser im Reagenzglas.
b) Schütteln Sie gleiche Portionen dest. Wasser und Leitungswasser mit der gleichen Menge verdünnter Seifenlösung. Beobachten Sie das Ausmaß der Schaumbildung.

V 4 Bestimmen Sie mithilfe von Reagenziensätzen die Härte von Leitungswasser und Regenwasser.

V 5 Wiederholen Sie ▶ V 3b mit Regenwasser, Mineralwasser, gekochtem Wasser und Leitungswasser, dem zuvor Soda zugesetzt wurde.

V 6 In einem waagrecht eingespannten Quarzreagenzglas werden Calciumcarbonatstückchen kräftig erhitzt. Von der Öffnung des Reagenzglases führt ein gewinkeltes Glasrohr in Kalkwasser.

B 1 Kreislauf des Kalks in der Natur

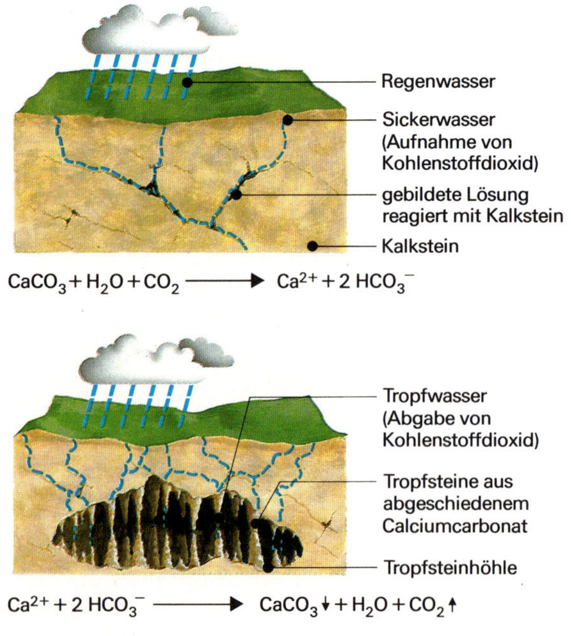

Der natürliche Kreislauf des Kalks. In Landschaften wie z. B. der Fränkischen Schweiz, deren Untergrund aus Kalkstein besteht, findet man häufig Spalten und Höhlen im Gestein. Sie entstehen durch die Wirkung des Wassers. Calciumcarbonat ist zwar ein schwer lösliches Salz; leitet man jedoch *Kohlenstoffdioxid* in eine frisch gefällte *Calciumcarbonatsuspension* ein, so erhält man nach kurzer Zeit eine *klare Lösung* (↗ Kap. 7.1), die Ca^{2+}- und HCO_3^--Ionen enthält.
In der Natur vollzieht sich die Reaktion von Calciumcarbonat zum Hydrogencarbonat ständig (▶ B 1). Regenwasser nimmt beim Durchgang durch die Luft und den Humus des Bodens Kohlenstoffdioxid auf, so dass es auf Kalkgestein einwirken und tiefe Furchen, Spalten und Höhlen bilden kann. *Verdunstet* an anderen Stellen das Wasser der Calciumhydrogencarbonat-Lösung, so entweicht Kohlenstoffdioxid, und es fällt wieder Calciumcarbonat aus (▶ V 2):

$$Ca^{2+}(aq) + 2\,HCO_3^-(aq) \longrightarrow CaCO_3(s) + H_2O(l) + CO_2(g)$$

Dieser Vorgang zeigt sich in der Natur bei der Bildung von *Tropfstein* (▶ B 2) oder *Kalksinterterrassen* (▶ B 3), wo beim Herabstürzen des Wassers viel Kohlenstoffdioxid frei wird.

Hartes und weiches Wasser. Durch die Calciumhydrogencarbonat-Bildung sowie Auslaugungsvorgänge in Salzlagern und Gesteinen, sind *Salze im Wasser gelöst* (▶ V 3a). Schüttelt man destilliertes Wasser einerseits und Leitungswasser andererseits mit Seifenlösung, so beobachtet man unterschiedlich starke Schaumbildungen (▶ V 3b). Bei starker Schaumbildung spricht man von **weichem Wasser**, bei wenig Schaum von **hartem Wasser**. Die **Wasserhärte** wird durch gelöste Calcium-, Magnesium- und teilweise auch Eisensalze bedingt. Man unterscheidet dabei die **vorübergehende Härte** (Carbonathärte oder temporäre Härte) und die **bleibende Härte** (permanente Härte), die vor allem durch Sulfate hervorgerufen wird. Ursache der Carbonathärte sind die Hydrogencarbonationen; beim Erhitzen der Lösung bildet sich schwer lösliches Calciumcarbonat, das sich als *Kesselstein* in Rohren, Töpfen oder Heizkesseln festsetzt (▶ B 4).

Waschen mit hartem Wasser *erhöht* durch Bildung von waschinaktiver, schwer löslicher Kalkseife den Seifenverbrauch. Erst nachdem alle Calciumionen ausgefällt sind, kann sich die Waschwirkung der Seife entfalten. Aus diesem Grund hat man früher der Waschlösung als *Enthärtungsmittel* Soda zugesetzt (▶ V 5). Die Carbonationen reagieren dabei mit den Calciumionen zu schwer löslichem Calciumcarbonat. Heute benutzt man andere Enthärter, die meist schon in den Waschmitteln enthalten sind (↗ Kap. 6.10).

Kreislauf des Kalks in Natur und Technik

B 2 Höhle mit Tropfsteinen an Boden und Decke

B 3 Kalksinterterrassen in Pamukkale (Türkei)

B 4 Kalkablagerungen in einem Wasserleitungsrohr

Temporäre und permanente Härte bilden die **Gesamthärte** des Wassers. Sie wird oft noch in **Härtegraden** (**Grad deutscher Härte**, Einheitenzeichen **°dH**) angegeben. 1 °dH entspricht einer Calciumoxidkonzentration $c(\text{CaO}) = 0{,}1783$ mmol/l, die z. B. durch Einbringen von 10 mg Calciumoxid in 1 l Wasser erreicht wird. Die Konzentrationen der Magnesium- und Eisenverbindungen werden auf Calciumoxid umgerechnet. Die Wasserhärte ist je nach geologischem Untergrund sehr unterschiedlich. Sie kann mit Reagenziensätzen bestimmt werden (▶ V 4).

Der technische Kreislauf des Kalks. In der Technik wird in Steinbrüchen abgebautes Calciumcarbonat auf ca. 1000 °C erhitzt. Dabei zerfällt es in Kohlenstoffdioxid und Calciumoxid (▶ V 6, ▶ V 7 a):

$$CaCO_3(s) \xrightarrow{1000\,°C} CaO(s) + CO_2(g)$$

Dieser Vorgang heißt **Kalkbrennen**. Calciumoxid wird auch als **gebrannter Kalk** oder **Branntkalk** bezeichnet. Gebrannter Kalk und Wasser reagieren stark exotherm zu Calciumhydroxid (▶ V 7 b), das **gelöschter Kalk** oder **Löschkalk** heißt (**Kalklöschen**). Seine wässrige Suspension wird auch **Kalkmilch** genannt.
Mischt man Löschkalk mit Sand und Wasser, so erhält man **Kalkmörtel**. Vor der Erfindung des Zements wurde er als Bindemittel zwischen Mauersteinen verwendet. Zum *Abbinden* muss Kalkmörtel Kohlenstoffdioxid aus der Luft aufnehmen (▶ V 8), wobei wieder, unter Freisetzung von Wassermolekülen, Calciumcarbonat entsteht (▶ B 5). Die Kalkkriställchen bilden dabei mit den Sandkörnern ein festes Gefüge. Das Abbinden kann bei dicken Mauern Jahre dauern. In dieser Zeit sind die Mauern immer etwas feucht. Heute wird Kalkmörtel vor allem für den Außenputz von Gebäuden verwendet.

V 7 a) Man erhitzt im Röhrenofen einige Marmorstückchen ca. 30 min auf 1000 °C und lässt im Exsikkator erkalten.
b) Dann gibt man tropfenweise Wasser auf das Produkt und misst dessen Temperatur.

V 8 Mischen Sie einen Teil Löschkalk mit drei Teilen Sand und Wasser. Lassen Sie eine Probe davon einige Tage an der Luft, eine andere in einem mit Kohlenstoffdioxid gefüllten Einmachglas stehen. Ermitteln Sie jeweils die Dauer bis zum Verfestigen des Mörtels. Tropfen Sie nach dem Erhärten verdünnte Salzsäure auf beide Proben.

A 1 Stellen Sie die Reaktionsgleichungen auf für a) Kalklöschen, b) Abbinden von Löschkalk.

B 5 Der technische Kreislauf des Kalks

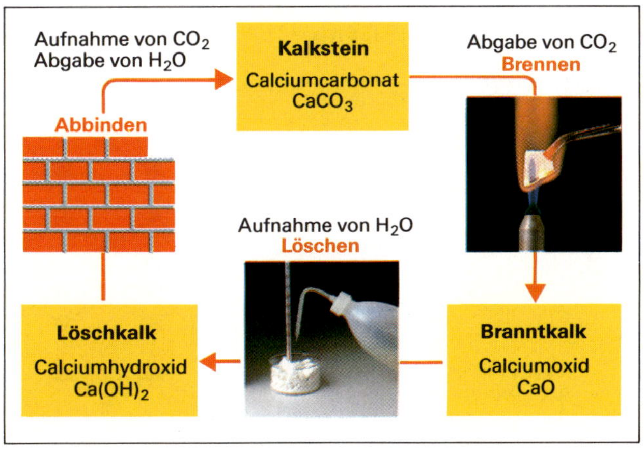

7.3 Quarz

B 1 Bergkristall, reiner Quarz. Die Kristalle sind sechseckig gebaut

V 1 Betrachten Sie einige Sandkörner und ein Stück Sandstein unter dem Mikroskop.

A 1 Stellen Sie mithilfe eines Mineralienführers eine Tabelle weiterer Quarzmineralien mit ihren charakteristischen Färbungen zusammen.

A 2 Suchen Sie im Lexikon nach Informationen über Ergussgesteine, Sedimentgesteine und metamorphe Gesteine. Stellen Sie in einer Tabelle Beispiele zusammen.

Sehr bekannte Gesteine sind *Granit, Gneis* und *Glimmerschiefer*. Sie alle enthalten Quarz. Bei der Verwitterung quarzhaltiger Gesteine werden die sehr harten und in Wasser unlöslichen Quarzkriställchen frei, von Wasser abtransportiert und als **Sand** abgelagert (▶ V 1), der wieder zu *Sandstein* verbacken kann.
Reiner Quarz ist **Siliciumdioxid, SiO_2**. Man findet ihn als **Bergkristall**.

Das Element **Silicium** steht in der vierten Hauptgruppe des Periodensystems unter dem verwandten Kohlenstoff. Im Gegensatz zum gasförmigen Kohlenstoffdioxid ist Siliciumdioxid jedoch ein sehr harter Feststoff mit hoher Schmelz- und Siedetemperatur. Diese Unterschiede müssen im *verschiedenen Aufbau* beider Stoffe begründet liegen.

Kohlenstoff- und Siliciumatome besitzen je vier Außenelektronen und können jeweils vier Atombindungen zu Partnern ausbilden. In dem *kleinen, linearen* Kohlenstoffdioxidmolekül sind zwei Sauerstoffatome über zwei Doppelbindungen an das Kohlenstoffatom gebunden. Beim Silicium hingegen müssen wir aufgrund der oben genannten Eigenschaften schließen, dass es nicht aus kleinen Molekülen bestehen kann. Silicium- und Sauerstoffatome sind über Atombindungen, und zwar Einfachbindungen, aneinander gebunden. Damit bildet Quarz, ähnlich wie der Diamant, ein festes Kristallgitter mit Atombindungen aus. In diesem Gitter gehen von jedem Siliciumatom vier Bindungen zu Sauerstoffatomen aus, die das Siliciumatom *tetraedrisch* umgeben. Mit ihrer zweiten Bindung sind die Sauerstoffatome an weitere Siliciumatome gebunden, so dass sie immer die gemeinsame Ecke zweier Tetraeder bilden. Auf diese Weise entsteht ein großer Kristall mit einem *regelmäßigen Netzwerk aus Tetraedern*, das, zusammen mit der Stärke der Silicium-Sauerstoff-Bindung, die Härte und die hohe Schmelztemperatur verursacht (▶ B 3, ▶ B 4). Die Formel SiO_2 ist also eine *Verhältnisformel*.

Beim Schmelzen und Verdampfen von festem Kohlenstoffdioxid müssen nur Van-der-Waals-Kräfte zwischen den Molekülen überwunden werden. Schmelz- und Siedetemperatur sind daher niedrig. Beim Quarz hingegen ist die Trennung von Atombindungen nötig. Entsprechend hoch sind Schmelz- und Siedetemperatur.

B 2 Vergleich von Kohlenstoffdioxid (a) und Siliciumdioxid (b)

a) ⟨O=C=O⟩ **Moleküle**

Atombindungen und Van-der-Waals-Kräfte: Siedetemperatur −78,5 °C

b) **Atomgitter**

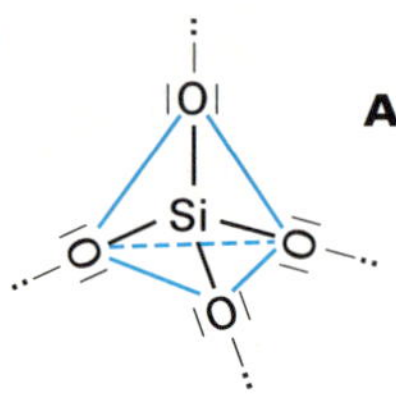

Alle Verknüpfungen sind Atombindungen: Schmelztemperatur 1705 °C

B 3 Aufbau von Quarz. Zur besseren Übersicht ist nur eine Schicht abgebildet

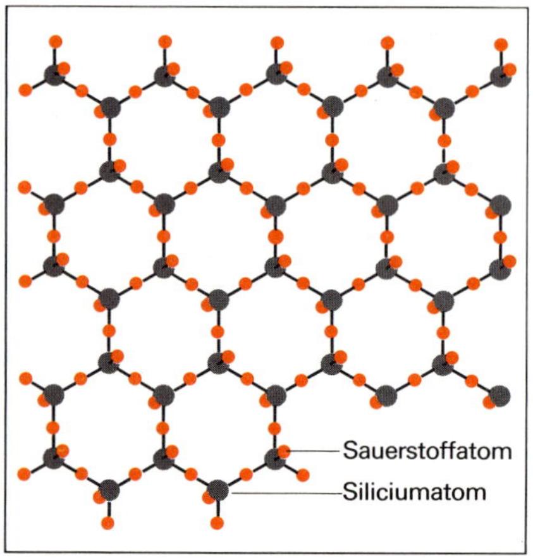

B 4 Kristallgittermodell von Quarz. Sechseckige Hohlräume sind zu erkennen

7.4 Vom Quarz zum Reinstsilicium

Die Elektronik hat in den letzten Jahrzehnten Einzug in all unsere Lebensbereiche gehalten. Mit der Auffindung des Transistorseffektes in Halbleitern konnte man Elektronenströme in winzigen Einkristallen steuern. Halbleiter stehen mit ihrer Eigenschaft, den elektrischen Strom zu leiten, zwischen den Leitern (Kupfer, Eisen) und den Nichtleitern (Glas, Kunststoffe). Die Entwicklung hochreiner Halbleiterwerkstoffe machte eine zweite Miniaturisierung möglich. Auf einem einzigen, fingernagelgroßen Stück dieses Halbleitermaterials, einem „Chip", lassen sich heute mehrere Millionen elektrischer Schaltkreise unterbringen. Die Herstellung solch hochreiner Materialien ist damit eine wichtige Aufgabe der Chemie geworden. Eine hervorragende Stellung nimmt dabei das Silicium ein. Der Ausgangsstoff ist Quarz.

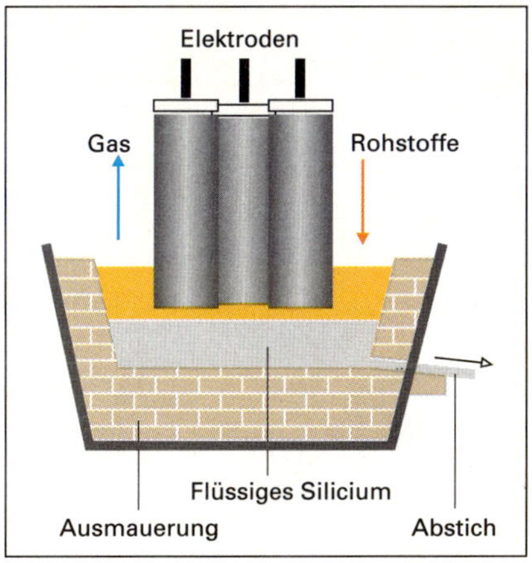

B 1 Herstellung von Rohsilicium

Vom Quarz zum Reinstsilicium. In der ersten Stufe wird Quarz hoher Reinheit elektrothermisch im Niederschachtofen (▶ B 1) bei Temperaturen von etwa 2000 °C durch Kohlenstoff zu **Rohsilicium** reduziert:

$$SiO_2(s) + 2\,C(s) \longrightarrow Si(s) + 2\,CO(g) \quad | \quad \Delta H_R^\circ = +696\,kJ$$

Als Reduktionskohle findet unter Berücksichtigung von elektrischem Widerstand und Preis ein Gemisch verschiedener Kohlesorten, Holzkohle und Holz Verwendung. Da der Verbrauch an elektrischer Energie sehr hoch ist, sind die Standorte zur Produktion des Rohsiliciums an Orte mit preisgünstiger elektrischer Energie gekoppelt.

Das Rohsilicium (Reinheitsgrad > 98%) wird in der 2. Stufe fein gemahlen und in einem Wirbelschichtreaktor mit Chlorwasserstoff zu **Trichlorsilan** umgesetzt:

$$Si(s) + 3\,HCl(g) \longrightarrow SiHCl_3(l) + H_2(g) \quad | \quad \Delta H_R^\circ = -218\,kJ$$

In der 3. Stufe wird das Trichlorsilan (Siedetemperatur 30 °C) durch Destillation hoch gereinigt und unter Zugabe von Wasserstoff thermisch zu **polykristallinem Reinstsilicium** zersetzt:

$$2\,SiHCl_3(l) + 2\,H_2(g) \longrightarrow 2\,Si(s) + 6\,HCl(g) \quad | \quad \Delta H_R^\circ = +964\,kJ$$

Dieses polykristalline Silicium (Reinheitsgrad 99,999 999 9 %) muss in der 4. Stufe für die Verwendung in der Mikroelektronik in einen Einkristall umgewandelt werden. Beim Verfahren des *Tiegelziehens* wird hierzu das Silicium (Schmelztemperatur 1440 °C) geschmolzen und aus der Schmelze mittels eines Impfkristalls unter Rotation zu **Siliciumeinkristallen** bis zu einer Masse von 70 kg gezogen (▶ B 2).

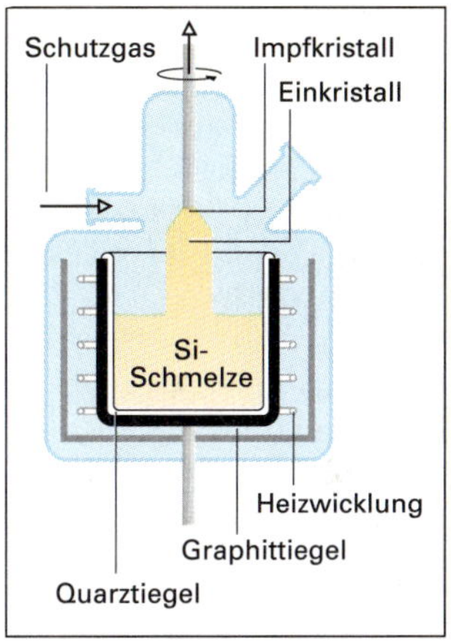

B 2 Ziehen eines Siliciumeinkristalls
B 3 Ein Chip: Baustein moderner Elektronik

Dotierung von Silicium. Bei Halbleitern wie Silicium liegen im Gegensatz zu Leitern wie Kupfer nur wenige freie Elektronen im Metallgitter vor. Die Leitfähigkeit ist daher sehr gering. Durch Versetzen (Dotieren) von Halbleitern mit geringsten Mengen von Fremdatomen können jedoch gezielt elektrische Eigenschaften verändert werden. So erzeugen ins Metallgitter eingebaute Phosphoratome durch ihre 5 Valenzelektronen einen Elektronenüberschuss, Boratome durch die 3 Valenzelektronen so genannte „Elektronenlöcher". Durch ein schichtweises Dotieren kann z. B. der Stromdurchgang gesperrt oder erlaubt werden, d. h. der Halbleiterbereich zeigt Steuereigenschaften. Voraussetzung hierfür ist allerdings ein vollkommen regelmäßiger Aufbau des Metallgitters, d. h. die Erzeugung **monokristallinen Siliciums**. Die Dotierung erfolgt während der Schmelzphase zum monokristallinen Silicium. Da die Herstellung der Siliciumeinkristalle sehr teuer ist, werden in neuester Zeit Forschungen an den Halbleitereigenschaften von *polykristallinem* Silicium vorangetrieben.

7.5 Kieselsäuren und Silicate

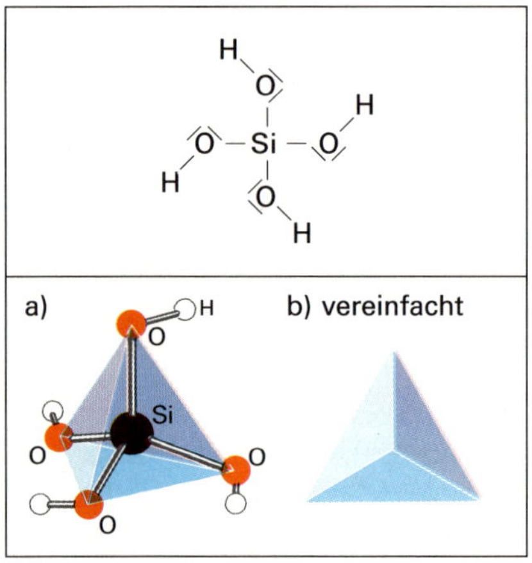

B 1 Orthokieselsäure. Elektronenformel und räumlicher Bau

Kieselsäuren. Die am einfachsten gebaute Kieselsäure, die Orthokieselsäure mit der Formel H_4SiO_4, ist sehr unbeständig. Ihre Moleküle verbinden sich leicht untereinander unter Wasserabspaltung zu größeren Einheiten. Eine solche Reaktion nennt man **Kondensation**. Durch Kondensation zweier Moleküle der Orthokieselsäure gelangt man zur **Orthodikieselsäure**. Schreitet die Kondensation in einer Richtung fort, so gelangt man zu einer Kieselsäurekette mit durchschnittlich 650 Einheiten, die als **Metakieselsäure** bezeichnet wird. Um solche Verbindungen in Formelschreibweise angeben zu können, muss man eine Baueinheit, die sogenannte **Repetiereinheit**, ermitteln. Bei der Metakieselsäure geschieht dies in einfacher Weise dadurch, dass man die Sauerstoffatome zwischen den Siliciumatomen nur zur Hälfte einer Baueinheit zuordnet:

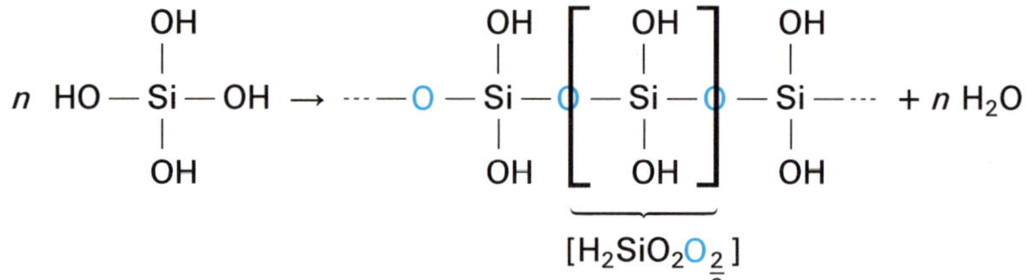

Insgesamt: $([H_2SiO_3]_n)$ Metakieselsäure

Da die Verknüpfung der Kieselsäure an allen OH-Gruppen erfolgen kann, gelangt man über Band- und Blattstrukturen schließlich zur Raumnetzstruktur von SiO_2 (▶ B 4, ↗ Kap. 7.3).

Das Zusammentreten kleinerer Moleküle unter Wasserabspaltung nennt man Kondensation.

Silicate. Ersetzt man formal die Protonen der Kieselsäure durch Metallionen, so gelangt man zu den Salzen der Kieselsäuren, den **Silicaten**. Man kann Silicate durch Zusammenschmelzen von Carbonaten mit Quarz herstellen (▶ V 1). In wässriger Lösung nimmt ein Teil der Silicatanionen Protonen aus den Wassermolekülen auf. Es entstehen kondensierte Kieselsäuren, und die Lösung reagiert alkalisch.

A 1 Formulieren Sie Elektronenformelausschnitte von kondensierten Kieselsäuren mit Band- und Blattstruktur. Versuchen Sie, wie bei der Metakieselsäure dargestellt, für diese Strukturen die Repetiereinheiten zu formulieren.

A 2 Wie bei den Oxiden sind auch bei den Säuren von Kohlenstoff und Silicium, H_2CO_3 und H_4SiO_4, Unterschiede im Aufbau und Verhalten feststellbar. Stellen Sie diese Unterschiede zusammen.

B 2 Kieselsäuren. a) Kondensation von Orthokieselsäure, b) Kettenartige Verknüpfung der Tetraeder, c) Bandstruktur, formal aus zwei Kettengliedern gebildet, d) Blattstruktur, in zwei Richtungen unbegrenzt

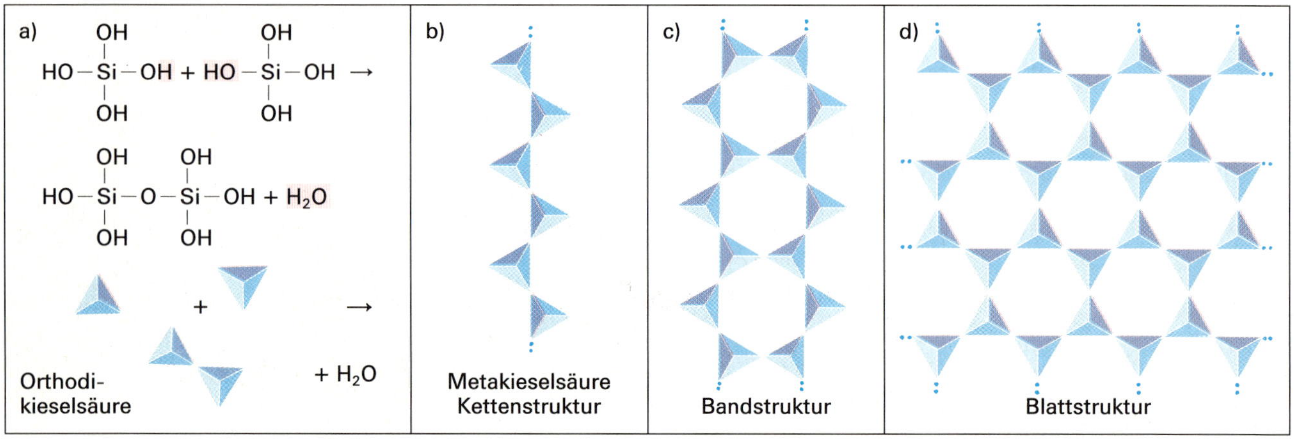

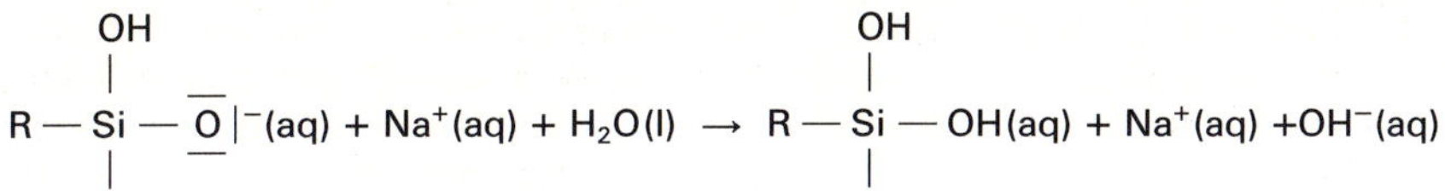

(R = Kieselsäurerest)

Lässt man Licht durch solche Lösungen fallen, so wird dieses so gestreut, dass man eine Trübung erkennen kann. Dies bezeichnet man nach dem englischen Physiker JOHN TYNDALL als **Tyndall-Effekt**. Diese Erscheinung zeigen alle Lösungen mit einer Teilchengröße zwischen 10^{-8} m und 10^{-7} m. Man nennt diese Lösungen **kolloide Lösungen** und unterscheidet sie von echten Lösungen mit kleineren Teilchen und Suspensionen mit größeren Teilchen (▶ B 4). Weitere Beispiele kolloider Zustände sind Lösungen von Stärke oder Schwefel.

Lösungen von Teilchen, deren Größe zwischen der Teilchengröße echter Lösungen und der Teilchengröße in Suspensionen liegen, nennt man kolloide Lösungen.

Alkalisilicatlösungen wurden früher unter dem Namen **Wasserglas** häufig verwendet. Sie dienten unter anderem zum Kitten von Glas und Porzellan, zum Konservieren von Eiern und zum Imprägnieren von Papier.

Fügt man Säure zu einer Silicatlösung, so wird die Kieselsäurebildung und damit die Kondensation zu immer größeren Teilchen verstärkt. Es entsteht ein, durch Einschluss vieler Wassermoleküle, gallertartiger Feststoff, ein **Gel**. Getrocknet entsteht ein Feststoff mit einer sehr großen Oberfläche **(Silicagel, Kieselgel)**. Versetzt mit einem Cobaltsalz, welches bei der Wasseraufnahme seine Farbe von Blau nach Rosa ändert, dient es aufgrund seiner hohen **Adsorptionsfähigkeit** für Wasser als Trockenmittel (▶ B 3).

Viele Silicate kommen als Mineralien in der Natur vor (▶ B 5, ▶ B 6). Asbest, ein Magnesiumsilicat, bildet stängelige und faserige Kristalle (Bandsilicat), Glimmer blättrige Strukturen (Schichtsilicat). Die Verwendung von Asbest (Bremsbeläge, Verkleidungen) ist aufgrund seiner Krebs erregenden Wirkung auf das Lungengewebe nahezu eingestellt.

B 3 Silicagel im adsorptionsfähigen Zustand

V 1 In einem Tiegel werden 2 g Soda geschmolzen, dann kleine Portionen Quarzpulver zugesetzt, bis die Gasentwicklung ausbleibt. Zu der erstarrten Schmelze gibt man Wasser, kocht auf und filtriert heiß.

V 2 Setzen Sie einer verdünnten Wasserglaslösung bzw. der Lösung von ▶ V 1 verdünnte Salzsäure zu.

V 3 Erhitzen Sie rosa gefärbtes Silicagel im Reagenzglas.

B 4 Kolloide Lösung und Tyndall-Effekt

Teilchengröße	$< 10^{-8}$ m	10^{-8} m bis 10^{-7} m	$> 10^{-7}$ m
System	Echte Lösung (links)	kolloide Lösung (rechts)	Suspension

B 5 Asbestfasern

B 6 Glimmer

7.6 Glas

V 1 a) Mischen Sie 20,5 g Borsäure, 5 g Lithiumcarbonat, 3,6 g Soda, 3,4 g Calciumcarbonat und 2 g pulverisiertes Siliciumdioxid gut. Erhitzen Sie einen Tiegel auf Rotglut und geben Sie dann einige Spatel des Gemisches hinein. Geben Sie nach dem Schmelzen weiter portionsweise Gemisch zu. Setzen Sie einen Deckel auf und erhitzen Sie die Schmelze in einem Tiegelofen ca. eine halbe Stunde auf 800 °C. Gießen Sie die Schmelze danach auf ein zuvor erhitztes Eisenblech.
b) Wiederholen Sie den Versuch a. Fügen Sie dem Gemisch 40 mg Kupfer(II)-oxid oder Eisen(III)-oxid bei.

V 2 Erhitzen Sie ein Glasrohr bzw. ein Quarzrohr und prüfen Sie das Verhalten bei Rotglut. Tauchen Sie dann die heißen Gläser in kaltes Wasser. (Schutzbrille!)

V 3 Erhitzen Sie unter dauerndem Drehen den unteren Teil eines Reagenzglases, bis es an einer Stelle sehr weich wird. Nehmen Sie es dann aus der Flamme und blasen Sie es vorsichtig etwas auf. (Schutzbrille!)

Glas ist heute in den vielfältigsten Formen und Anwendungen von größter praktischer Bedeutung. Glas besitzt aber auch eine außerordentliche kulturelle Bedeutung, denn es ist der einzige künstlich geschaffene Werkstoff, der seit etwa sechs Jahrtausenden ununterbrochen in Gebrauch ist. Um den Aufbau und die Eigenschaften des Glases besser verstehen zu können, betrachten wir zunächst den Aufbau von Quarzglas.

Quarzglas. Quarz hat eine hohe Schmelztemperatur von etwa 1700 °C, weil beim Schmelzvorgang ein Teil der starken Silicium-Sauerstoff-Bindungen im Quarzkristall *aufgebrochen* werden muss. Beim Abkühlen wird die Schmelze zähflüssiger und erstarrt schließlich, *ohne zu kristallisieren*. Ähnlich wie bei Quarz sind die Siliciumatome auch im Quarzglas tetraedrisch von vier Sauerstoffatomen umgeben. Diese Tetraeder sind jedoch nicht mehr *regelmäßig* angeordnet (▶ B 2), sondern bleiben in der im flüssigen Zustand vorhandenen Unordnung.
Feste Stoffe, die keine regelmäßige Struktur besitzen und nicht bei einer *bestimmten* Temperatur schmelzen, sondern einen **Erweichungsbereich** besitzen, bezeichnet man im Gegensatz zu kristallinen Stoffen als **amorphe** (von griech. morphe, Gestalt; a: Verneinungsform; also: form-, gestaltlos) Substanzen oder **Gläser**.
Quarzglas ist ein teures Glas hoher Qualität. Es besitzt eine so geringe Wärmeausdehnung, dass es rotglühend in kaltes Wasser getaucht werden kann, ohne zu zerspringen (▶ V 2).

Andere Glassorten. Beim Zusammenschmelzen von Carbonaten mit Quarz entstehen unter Kohlenstoffdioxidentwicklung Silicate, die ähnlich wie Quarz einen teilweise vernetzten Aufbau besitzen. Auch sie gehen beim Erstarren in den Glaszustand über. Aus Quarzsand, Soda und Kalk entsteht **Normalglas (Natronkalkglas)** mit einem Erweichungsbereich zwischen 500 °C und 600 °C (▶ V 1 a). Normalglas ist ein Gemisch aus Natrium- und Calciumsilicaten, das als solches also Ionen enthält.
Die Kationen sind in das unregelmäßige Netzwerk, das die Silicat- und Sauerstoffatome bilden, eingelagert (▶ B 3). Beim Zusammenschmelzen wird ein größerer Teil der starken Silicium-Sauerstoff-Bindungen ersetzt. Damit sinkt der Erweichungsbereich der Substanz.

B 1 Glasbläser bei der Arbeit mit einer Glasmacher-Pfeife

B 2 Struktur von Quarzglas. Zweidimensionales Modell

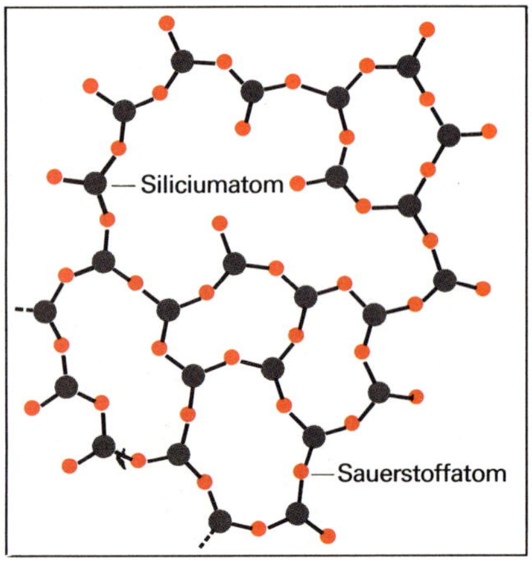

B 3 Struktur von Glas. Zweidimensionales Modell

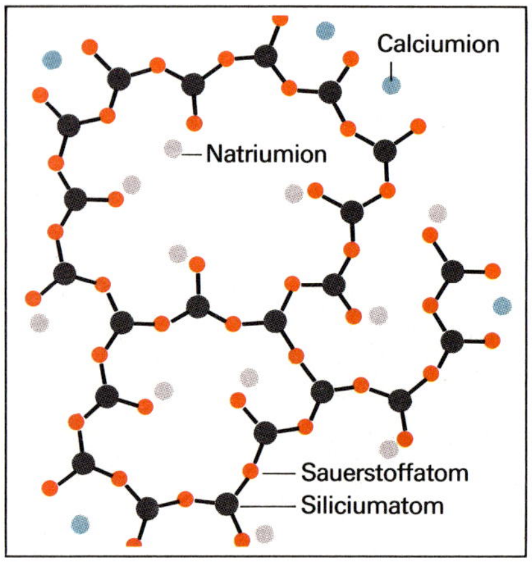

Glassorte	Rohstoff	Eigenschaften, Verwendung
Normalglas	SiO_2 $CaCO_3$ Na_2CO_3	Erweichung bei 500°C – 600°C, wird von Laugen angegriffen; für chemische Geräte
schwer schmelzbares Glas	SiO_2 $CaCO_3$ K_2CO_3	Erweichung bei 700°C – 800°C; für chemische Geräte
Jenaer Glas	SiO_2 Al_2O_3 B_2O_3 BaO	geringe Wärmeausdehnung, beständig gegen Laugen; für chemische Geräte, feuerfeste Schüsseln
Kristallglas oder Bleiglas	SiO_2 PbO K_2CO_3	hohe Lichtbrechung; als Schmuckglas, für geschliffene Geschirre

B 4 Verschiedene Glassorten. Je nach Art und Menge der Rohstoffe besitzt das Glas unterschiedliche Eigenschaften

B 5 Gießen von Flachglas

Eigenschaften von Glas. Die große Bedeutung von Glas in Alltag und Technik erklärt sich aus seinen herausragenden Eigenschaften, die durch *Zusätze* bei der Herstellung *weitgehend verändert* werden können (▶ B 4). Glas ist durchsichtig und kann zu Linsen und Prismen geschliffen werden. Das *Färben* von Gläsern erfolgt durch Zusatz verschiedener Metalloxide bei der Herstellung. Cobaltoxid z. B. färbt Glas blau, Eisen(II)-oxid grün und Eisen(III)-oxid braun (▶ V 1 b). Wegen seines Erweichungsbereichs ist Glas günstig zu verarbeiten und zu blasen, wobei vielerlei Formen möglich sind (▶ V 3). Glas ist hygienisch, da es keinerlei Geschmack annimmt und leicht zu reinigen ist. Bei geringeren Belastungen verhält es sich elastisch, erst bei stärkeren Einwirkungen spröde.
Glas ist ein elektrischer Isolator, auch seine Wärmeleitfähigkeit ist gering. Diese Eigenschaft und seine Durchsichtigkeit machen Glas zu einem wichtigen Baustoff. Glas ist gegen chemische Einflüsse weitgehend beständig, so dass nahezu alle Substanzen in Glasbehältern aufbewahrt werden können. Ausnahmen bilden Fluor, Fluorwasserstoff und dessen wässrige Lösung. Normalglas enthält in geringem Ausmaß wasserlösliche Silicate, die eine alkalische Lösung hervorrufen (▶ V 4). Alkalische Lösungen greifen im Laufe der Zeit Glas an. Dies geschieht auch in Spülmaschinen, wenn bislang unsichtbare Kratzer verstärkt und sichtbar gemacht werden (▶ V 5).

Die technische Herstellung von Glas. Die Ausgangsstoffe werden meist mit 20% bis 60% Glasscherben auf 1300 °C bis 1600 °C erhitzt. Der Zusatz von Glasscherben trägt zur Energie- und Rohstoffeinsparung bei. Deshalb wird bei dem an sich unvernünftigen Gebrauch von Einwegflaschen immer mehr Altglas gesammelt und der Wiederverwertung zugeführt **(„Altglasrecycling")**.
Bei einer Temperatur von 900 °C wird die Glasmasse heute größtenteils maschinell verarbeitet. Durch *Gießen, Walzen* und *Ziehen* entstehen **Fenster- und Scheibenglas** (▶ B 5). Automaten *blasen* täglich bis zu 60 000 Flaschen. Nur Spezialgeräte und Schmuckgläser werden noch von Glasbläsern hergestellt (▶ B 1). Glasfasern werden als **Glaswolle** bei der Wärmedämmung und als **Glasgewebe** zur Verstärkung von Kunststoffen **(Glasfiber)** im Fahrzeugbau eingesetzt. Als **Lichtleiter** ersetzen Glasfasern in der Nachrichtentechnik das weltweit immer knapper werdende Kupfer.

V 4 Zerstampfen Sie ein Stück Fenster- bzw. Reagenzglas (Jenaer Glas) im Stahlmörser. Erwärmen Sie jeweils einen Spatel davon in Wasser unter Zusatz von Phenolphthalein zum Sieden.

V 5 Reiben Sie eine Hälfte von 1 Stück Fensterglas ca. 20-mal kräftig mit einem Scheuermittel und einem Scheuerschwamm. Erhitzen Sie es danach ca. eine Stunde in 2%iger Sodalösung. Vergleichen Sie die beiden Hälften nach dem Trocknen.

B 6 Lichtleiter aus biegsamen Glasfasern bei der Inspektion eines Hohlkörpers

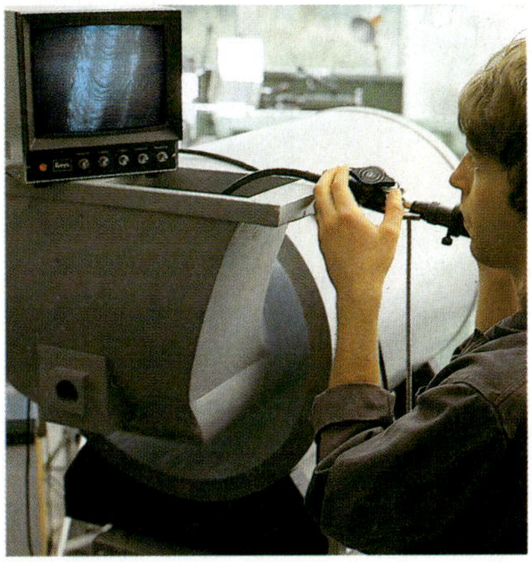

7.7 Keramische Werkstoffe

B 1 Formen eines Tonkrugs auf der Töpferscheibe

V 1 Geben Sie Lehm in ein Becherglas und setzen Sie verd. Salzsäure zu. Halten Sie einen mit Kalkwasser benetzten Glasstab darüber.

V 2 Stellen Sie einen Ziegelstein hochkant in eine mit wenig Wasser gefüllte Schale und beobachten Sie ihn am nächsten Tag.

B 2 Brennofen in einer Porzellanfabrik

Silicate kommen in der Erdrinde in großer Vielfalt vor (↗ Kap. 7.5). Zu den wichtigsten zählt als Bestandteil des Granits der *Feldspat*, ein Natrium- oder Kalium-aluminium-silicat. Bei seiner Verwitterung entsteht *Ton*, der in seiner reinsten Form aus *Aluminiumsilicat* besteht. Er ist neben Sand und Kalk Bestandteil fast aller Böden. Ton ist der Rohstoff der Keramikindustrie. Zur Produktion verwendet man solchen Ton, der schon von Natur aus Sand, Feldspat und Eisenverbindungen enthält **(Töpferton)** oder mischt reinen Ton mit Quarzsand und Feldspat.

Tonwaren. Aus feuchtem Ton werden Gegenstände geformt (▶ B 1), die nach dem Trocknen gebrannt werden. Die Tonpartikel *erweichen* dabei oberflächlich und *verbacken* miteinander. Schwach gebrannter Ton ist noch wasserdurchlässig (▶ V 2). Viele Tonwaren werden daher in einem weiteren Arbeitsgang mit einer **Glasur** versehen, die beim zweiten Brennen zu einem glasartigen Überzug schmilzt. *Lehm*, ein stark mit Sand und Kalk (▶ V 1) vermischter Ton, dient zur Herstellung von Ziegelsteinen und Dachziegeln.
Aus einem weißlichen Ton (ohne Eisenverbindungen!), vermischt mit Quarz und Feldspat, wird **Steingut** (Geschirr, Sanitärteile, Spülbecken) gewonnen. Zur Herstellung von **Steinzeug** für Laborgeräte, Röhren und Platten wird das Gemisch bei *höherer Temperatur* gebrannt. Das Material sintert dadurch stärker zusammen und bildet eine dichte, harte Masse.

Porzellan. Zur Herstellung werden *Kaolin* (Aluminiumsilicat), *Feldspat* und *Quarz* zu einem Brei angerührt und geformt. Nach dem Trocknen erfolgt der erste Brand bei 900 °C. Dann trägt man die Glasur auf, eventuell auch Farbverzierungen, und brennt nochmals bei 1450 °C (▶ B 2). Die Substanzen verbacken dabei zu einer einheitlichen dichten Masse.

Glaskeramik. Der *keramische Zustand* ist gekennzeichnet durch ein *Nebeneinander* von *kristallinen Bereichen* und *glasartigen Zonen*, die beim Zusammensintern des Materials entstehen. Ausgehend von Glas kann man diesen Aufbau ebenfalls erreichen, indem man Glas *teilweise* zum *Kristallisieren* bringt. Dieser neue Werkstoff besitzt eine sehr geringe Wärmeleitfähigkeit und widersteht Temperaturschocks (Kochmulden, Kochgeschirr).

B 3 Tonwaren im Überblick. Die Zuordnung erfolgt nach der Beschaffenheit des Scherbens

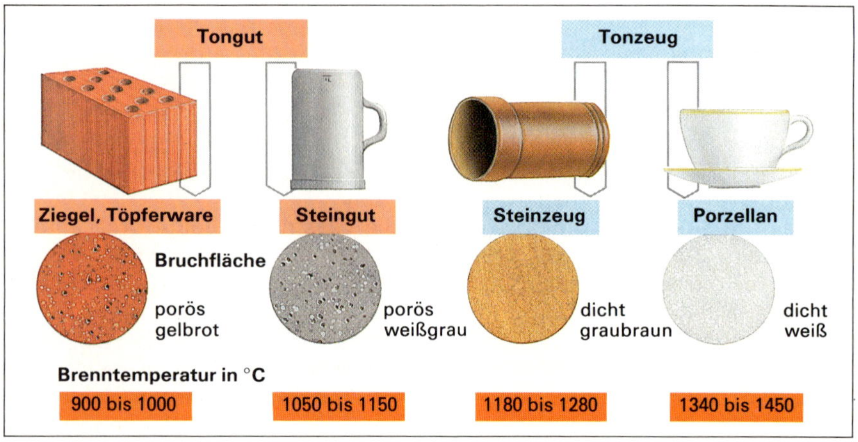

7.8 Zement und Beton

Kalkmörtel benötigt zum Abbinden ständige Luft(Kohlenstoffdioxid)zufuhr (▶ V 8, ↗ Kap. 7.2). Das Bauen unter *Luftabschluss*, vor allem unter Wasser, ist damit nicht möglich. Dies erklärt die große Bedeutung von Zement, der auch unter diesen Bedingungen abbindet (▶ V 1). Kalkmörtel bezeichnet man daher als **Luftmörtel**, Zementmörtel als **Wassermörtel**. Zement ist für die Bauwirtschaft ein unentbehrlicher Stoff.

Herstellung. Ein Gemisch aus *Ton* (Aluminiumsilicat) und *Kalk* wird fein gemahlen. Manchmal kann auch der in der Natur vorkommende *Mergel*, ein natürliches Gemisch aus beiden Stoffen, verwendet werden. Das Gemisch wird in *Drehrohröfen* von 50 bis 100 m Länge und 2 bis 3 m Durchmesser erhitzt (▶ B 1). Diese Öfen sind schwach geneigt und drehen sich in ca. zwei Minuten einmal um ihre Achse. Dadurch wandert der Inhalt langsam nach unten, wobei er im oberen Teil getrocknet und im unteren Teil bei 1450 °C gebrannt wird. Dabei bilden sich vor allem *Calcium-*, *Aluminium-* und *Eisensilicate*. Die Temperatur wird von einer Flamme am unteren Ende des Drehrohrofens erzeugt. Die zusammengebackene Masse, der „Klinker", wird fein vermahlen und als **Zement** verkauft. Durch Zusatz von ca. 5 % *Gips* zu den Ausgangsverbindungen wird eine *Abbindeverzögerung* des Zements erreicht.

Verarbeitung. Wird Zement mit Wasser angerührt, so erstarrt er ohne andere Zusätze zu einer festen Masse. Da beim Zusammenbringen mit Wasser *Wärme frei wird* (▶ V 2), ist zu vermuten, dass Zement beim Abbinden mit Wasser *reagiert*, ähnlich wie Gips. Dabei erfolgt die Umsetzung des Wassers mit den beim Brennen entstehenden Silicaten. Die auftretenden Reaktionsprodukte bilden kleinste Kristalle, die ineinander verfilzen und dadurch das Gefüge stark verfestigen (▶ B 3).

Beton. Die Verfestigung tritt auch noch ein, wenn Zement mit der 6- bis 8fachen Menge *Sand* und *Kies* gemischt wird. Eine solche Mischung bezeichnet man als Beton. Zur weiteren Festigung des Betons werden häufig noch *Stahlstäbe* oder *-gitter* eingelegt. Man erhält dann **Stahlbeton** (▶ V 3, ▶ B 2). Der Beton schützt das Eisen vor Korrosion und haftet fest an diesen Einlagen. Da sich Beton und Eisen bei Erwärmung gleich stark ausdehnen, entstehen bei Temperaturschwankungen keine Spannungen, die Risse im Beton erzeugen könnten.
Stahlbeton vereinigt in sich die *Härte* und *Druckfestigkeit* des Betons mit der *Zugfestigkeit* des Stahls. Mit dieser Kombination sind Konstruktionen möglich geworden, die mit der herkömmlichen Steinbauweise nicht zu erreichen sind, z. B. von Brücken und Hochhäusern.

B 1 Herstellung von Zement aus einem Gemisch von Kalk und Ton in einem Drehrohrofen

V 1 Stellen Sie aus einem Teil Zement bzw. Löschkalk und drei Teilen Sand unter Zugabe von Wasser Zement- bzw. Kalkmörtel her. Verteilen Sie jede Mischung auf drei Streichholzschachteln. Lassen Sie die offenen Schachteln a) an der Luft, b) in einem geschlossenen Einmachglas und c) in einer Schale unter Wasser stehen. Welcher Mörtel wird hart?

V 2 Verrühren Sie Zement mit Wasser zu einem Brei und stellen Sie die Temperaturänderung fest.

V 3 Stellen Sie nach ▶ V 1 Zementmörtel her und geben Sie ihn mit einem Stück engmaschigen Drahtnetzes in eine Streichholzschachtel. Überprüfen Sie die Festigkeit. Vergleichen Sie mit dem Produkt von ▶ V 1 a.

B 2 Stahlbeton

B 3 Silicatkristalle

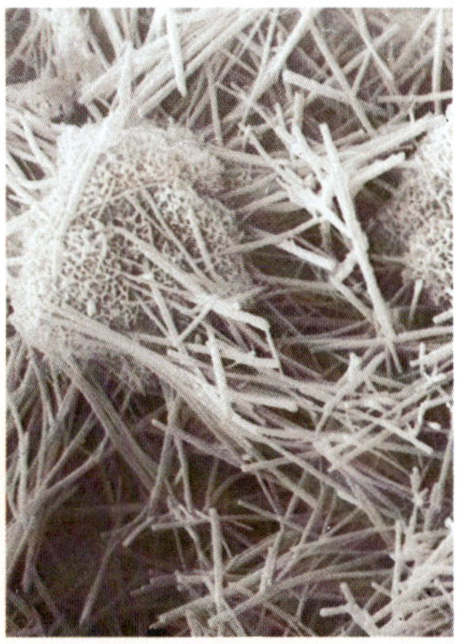

7.9 Überprüfung und Vertiefung

Gestein	Ort	Wasserhärte (°dH)
Buntsandstein	Kaiserslautern	1
Grundgebirge (Granit, Gneis)	Freiburg i. B.	1,5
Quarzite, Grauwacken (Harz)	Braunschweig	2,5
Basalt (Vogelsberg)	Frankfurt a. M.	5
Ruhrschotter	Essen	9
Braunkohlensande	Kiel	16
Eiszeitl. Sande	Hamburg	20
Keuper	Tübingen	27
Muschelkalk	Würzburg	37
–	Bodenseewasser	ca. 10

B 1 Zu Aufgabe 3

B 2 Zu Aufgabe 10

1 Kann man festes Calciumhydrogencarbonat durch Eindampfen der Lösung gewinnen? Begründen Sie.

2 Ist das Aufschäumen beim Auftropfen von Salzsäure auf einen Gesteinsbrocken ein eindeutiger Nachweis für Calciumcarbonat? Begründen Sie.

3 Welche Probleme werden im Haushalt durch eine sehr hohe Wasserhärte verursacht, ▶ B 1? Erklären Sie den Zusammenhang zwischen geologischem Untergrund und Wasserhärte.

4 Beschreiben Sie einen Versuch, mit dem man den Carbonatanteil einer Bodenprobe bestimmen kann.

5 10 mg Calciumoxid in 1 l Wasser können durch Bildung waschinaktiver Kalkseife etwa 0,1 g Seife binden. Welche Seifenmasse wird gebunden, wenn man von 60 l Badewasser mit einer Wasserhärte von 23 °dH ausgeht?

6 Um das in 1 g Eierschalen enthaltene Calciumcarbonat vollständig zur Reaktion zu bringen, wurden bei einem Versuch 180 ml Salzsäure (c = 0,1 mol/l) benötigt. Berechnen Sie daraus den Massenanteil des Calciumcarbonats in Eierschalen.

7 In Neubauten, die mit Kalkmörtel gemauert werden, stellt man häufig Koksöfen auf. Warum ist dies besonders günstig?

8 Kann man wasserfreie Kohlensäure herstellen? Begründen Sie.

9 Beim Kalkbrennen werden zwei Tonnen reiner Kalk eingesetzt. Welches Volumen besitzt die dabei entstehende Kohlenstoffdioxidportion unter Normbedingungen?

10 Warum werden immer mehr Container zum Sammeln von Altglas aufgestellt (▶ B 2)?

11 Informieren Sie sich über Quarz und Silicate als Schmucksteine.

12 Viele Silicate kommen als Mineralien in der Natur vor. Das Mineral Asbest bildet stängelige, faserige Kristalle, Glimmer dagegen ausgesprochen blättrige (▶ B 6, ↗ Kap. 7.5). Welche Silicatstruktur könnte man demnach diesen Mineralien zuordnen?

13 Unterschiedliche Stoffe dehnen sich beim Erwärmen in der Regel verschieden stark aus. Warum reißt Stahlbeton nicht bei starken Temperaturschwankungen?

14 In den Alumosilicaten ist ein Teil der Siliciumatome durch Aluminiumatome ersetzt. Die Vielfalt der Silicatstrukturen wird dadurch weiter gesteigert. Zeolithe sind Alumosilicate mit technischer Bedeutung, die eine mit röhrenartigen Hohlräumen durchsetzte Struktur, ähnlich wie Quarz, besitzen. In den Hohlräumen können Moleküle oder Ionen anderer Stoffe eingelagert werden. Versuchen Sie zu erklären, warum diese Zeolithe als „Molekularsieb" zur Trennung unterschiedlich großer Moleküle verwendet werden können.

15 Welche Bedeutung besitzen Tonschichten im Erdreich oberhalb von Salzlagern?

16 Vergleichen Sie das Abbinden von Zementmörtel mit dem Abbinden von Kalkmörtel. Welche grundlegenden Unterschiede bestehen zwischen den beiden Prozessen?

17 Siliciumdioxid dient auch als Skelettsubstanz in Pflanzen und Tieren. So ist es bei Gräsern und Schachtelhalmen in die Zellwände eingelagert. Die Gehäuse von Kieselalgen, Sonnen- und Strahlentierchen bestehen ebenfalls meist aus Siliciumdioxid. Aus ihren vorzeitlichen Ablagerungen gewinnt man Kieselgur, das ähnliche Eigenschaften wie ein getrocknetes Kieselgel besitzt. Warum kann man Kieselgur als Verpackungsmaterial für Flaschen, die ätzende Flüssigkeiten enthalten, verwenden?

Diese Begriffe sollten Ihnen etwas sagen:

Wasserhärte, temporäre und permanente Härte, Gesamthärte, Halbleiter, Dotieren, Kondensation, Repetiereinheit, Tyndall-Effekt, kolloide Lösung, Erweichungsbereich, amorphe Substanz.

8 Erdöl, Erdgas, Kohle – wichtige Energieträger

Unser Energiebedarf wird heute weitgehend durch Energie liefernde Verbrennungsvorgänge gedeckt. Als Brennstoffe dienen Kohle, Erdgas und Erdölprodukte (z. B. Heizöl, Benzin). Man gewinnt Wärme, elektrische und mechanische Energie.
Damit ist jedoch auch eine hohe Belastung unserer Umwelt mit Schadstoffen verbunden. Welche

rimärenergieverbrauch
der ehemaligen Bundesrepublik Deutschland

io. t SKE

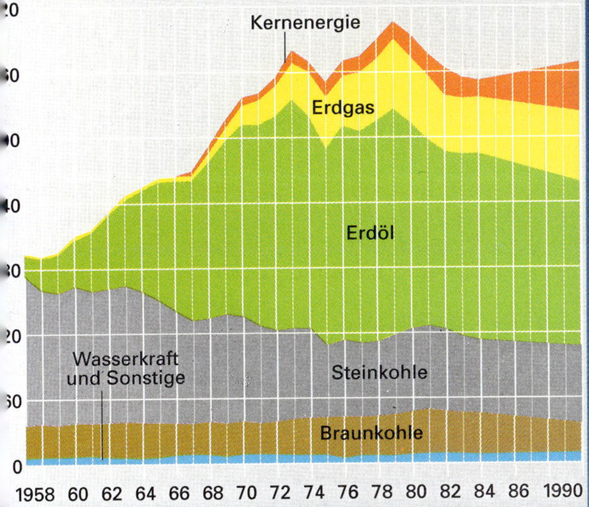

Auswirkungen diese Beeinträchtigungen unseres Lebensraumes auf lange Sicht haben werden, ist zum Teil noch unabsehbar. In zunehmendem Maße wird bereits von katastrophalen globalen Auswirkungen gesprochen, wenn z. B. über den Treibhauseffekt diskutiert wird.
Neu entwickelte Technologien können nur Ansätze bieten, die anstehenden Probleme zu lösen. Sie können keine Gedanken- und Rücksichtslosigkeit im Umgang mit unserer Umwelt wettmachen. Verantwortungsvolles und bewusstes Verhalten jedes einzelnen Menschen sind die wichtigste Voraussetzung, die gestellte Aufgabe zu meistern.

8.1 Kohlenwasserstoffe

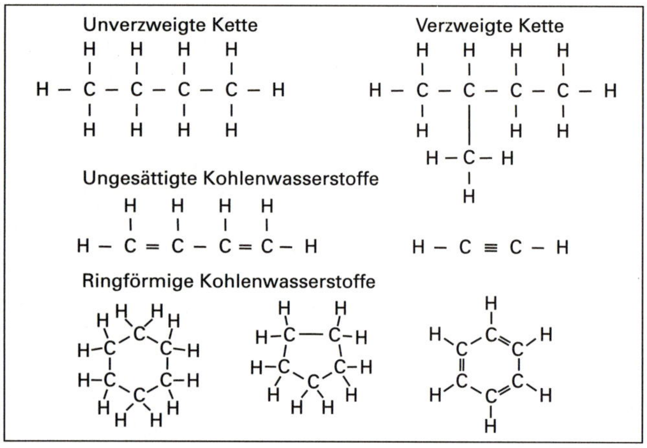

B 1 Einige Kohlenwasserstoffmoleküle

V 1 Man leitet nach ▶ B 2 in eine dickwandige Abklärflasche Methan (Erdgas) ein und entzündet es nach negativem Ausfall der Knallgasprobe am Ende des Glasrohrs. Nach kurzer Zeit wird die Gaszufuhr unterbrochen und das Gaseinleitungsrohr aus der Flasche entfernt. (Schutzscheibe!) Erklären Sie die Beobachtungen.

V 2 Bestimmen Sie das Volumen und die Masse einer Methanprobe. Rechnen Sie das Volumen auf Normbedingungen um und berechnen Sie die Normdichte ϱ_n. Berechnen Sie mit der Gleichung $M = \varrho_n \cdot V_{mn}$ die molare Masse M des Methans. Geben Sie die Masse für ein Molekül Methan und die Molekülformel an.

B 2 Methan/Luft-Gemische sind explosiv. Links: Demonstrationsexperiment. Rechts: Meldung über Grubengasunglück

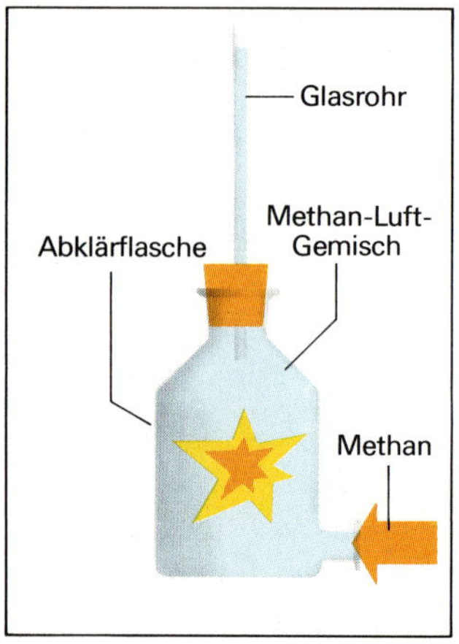

Schweres Grubenunglück in Frankreich

PARIS. Eine Schlagwetterexplosion, die sich am Freitag in 710 m Tiefe in einer Kohlengrube der französischen Bergarbeiterstadt Lievin ereignete, hat 36 Menschenleben gefordert. Die Kumpel waren nach fünftägiger Feierschicht erstmals wieder eingefahren. Es wird vermutet, dass sich während dieser Zeit in den Schächten Grubengas angesammelt hat und das hoch explosive Methan-Luft-Gemisch infolge eines Kurzschlusses in einer elektrischen Leitung gezündet wurde.

Die Rohstoffe Erdöl, Erdgas und Kohle sind in frühen Erdzeitaltern aus pflanzlichen und tierischen Ablagerungen entstanden und gehören damit zur Gruppe der *fossilen Primärenergieträger*. Sie sind im Gegensatz zu Energiequellen wie Sonne, Wasser oder Wind nicht erneuerbar, d. h. ihre Vorräte auf der Erde sind begrenzt. Dies zwingt uns zur Erschließung weiterer Energiequellen und zum sparsamen Umgang mit Energie in Haushalt und Technik.
Den Hauptanteil von Erdöl und Erdgas bildet eine Gruppe von Verbindungen, deren Moleküle nur aus Kohlenstoff- und Wasserstoffatomen bestehen, die **Kohlenwasserstoffe**.

Die Sonderstellung des Kohlenstoffatoms. Entsprechend der Stellung von Kohlenstoff im PSE besitzen die Kohlenstoffatome 4 Valenzelektronen. Damit nimmt der Kohlenstoff innerhalb der 2. Periode genau eine Mittelstellung zwischen den Elementen ein, deren Atome zur Erreichung der Edelgaskonfiguration Elektronen abgeben und jenen, deren Atome Elektronen aufnehmen. Beide Wege, die Bildung von C^{4+}-Ionen bzw. C^{4-}-Ionen, können vom Kohlenstoffatom nicht bzw. nur in sehr wenigen Fällen beschritten werden.

Damit bildet das Kohlenstoffatom praktisch nur Bindungen mit 4 gemeinsamen Elektronenpaaren aus, das Kohlenstoffatom ist **vierbindig**. Hinzu kommt die, wie bei keinem anderen Element so stark ausgeprägte Fähigkeit zur Selbstverknüpfung. Es entstehen **Kohlenstoffgerüste** aus Kohlenstoffatomen.
Binden die verbleibenden Valenzelektronen der Kohlenstoffatome nur Wasserstoffatome, so entstehen die so genannten **Kohlenwasserstoffe**. In ▶ B 1 sind einige Kohlenwasserstoffverbindungen formuliert.

Verbindungen, die nur aus Kohlenstoff- und Wasserstoffatomen aufgebaut sind, nennt man Kohlenwasserstoffe.

Methan – der einfachste Kohlenwasserstoff. Methan, CH_4, ist ein farb- und geruchloses Gas, es ist brennbar und bildet mit Luft hochexplosive Gemische (▶ V 1, ▶ B 2). Beim Verbrennen von Methan entstehen Kohlenstoffdioxid und Wasser:

$$CH_4 + 2\,O_2 \longrightarrow CO_2 + 2\,H_2O$$

Methan ist der Hauptbestandteil des Erdgases. Der Volumenanteil von Methan im gereinigten Erdgas beträgt je nach Herkunft 85 % bis 95 %. Methan ist auch der Hauptbestandteil des in Steinkohlelagern eingeschlossenen Grubengases.

Beim Faulen organischer Verbindungen unter Luftabschluss entsteht ein Gemisch aus Methan und Kohlenstoffdioxid. Die wirtschaftliche Nutzung ergibt ein Biogas mit einem Methananteil von 60 %.

Der räumliche Aufbau des Methanmoleküls. Werden die vier bindenden Elektronenpaare, die sich aus den vier Außenelektronen des Kohlenstoffatoms und den vier Elektronen der vier Wasserstoffatome ergeben, so um den Atomrumpf des Kohlenstoffatoms angeordnet, dass ihre gegenseitige Abstoßung minimal ist, ergibt sich daraus eine tetraedrische Anordnung der Wasserstoffatome um das Kohlenstoffatom.

Bei der zeichnerischen Darstellung in der Ebene ist eine räumliche Anordnung umständlich. Man bedient sich der Strukturformel, die man sich als Schattenprojektion des Kugelstabmodells entstanden denken kann (▶ B 4).

Die homologe Reihe der Alkane. Fügt man formal zum Methanmolekül weitere C-Atome hinzu und sättigt diese mit Wasserstoffatomen ab, so gelangt man zu immer höheren Kohlenwasserstoffen (▶ B 3). Die allgemeine **Summenformel** dieser Verbindungsreihe ergibt sich zu:

$$C_nH_{2n+2}$$

Kohlenwasserstoffe, deren Moleküle sich nach dieser Summenformel aufbauen lassen, heißen **Alkane**. Die Molekülform von Alkanen kann kettenförmig oder verzweigt sein. Da jedes Kohlenstoffatom tetraedrisch von vier anderen Atomen umgeben ist, ist die Kette der aneinander gebundenen Kohlenstoffatome nicht geradlinig.

Nomenklatur der Alkane. Zur besseren Übersichtlichkeit verwendet man zur Benennung der Alkane **Halbstrukturformeln**, in denen Molekülteile wie Summenformeln zusammengefasst sind. Die längste Kette bildet den Stammnamen des Alkans. Seitenketten erhalten ebenfalls ihren Namen nach der Zahl der Kohlenstoffatome, jedoch mit der Endsilbe **„-yl"** statt „-an" (▶ B 5).

B 4 Ableitung der Strukturformel des Methanmoleküls aus der Schattenprojektion des Kugel-Stab-Modells

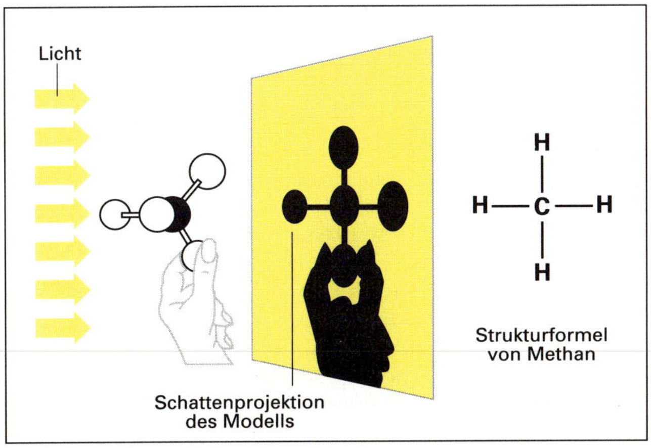

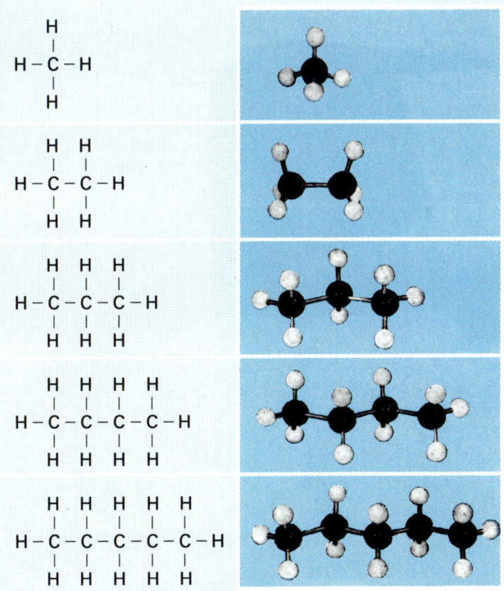

Name	Summenformel	Strukturformel	Kugel-Stab-Modell
Methan	CH_4		
Ethan	C_2H_6		
Propan	C_3H_8		
Butan	C_4H_{10}		
Pentan	C_5H_{12}		
Alkan	C_nH_{2n+2}	$CH_3-(CH_2)_{n-2}-CH_3$	

B 3 Die ersten Glieder der homologen Reihe der Alkane in Formel- und Modelldarstellung

B 5 Benennung eines Alkans. Die Länge der Hauptkette bestimmt den Grundnamen der Verbindung

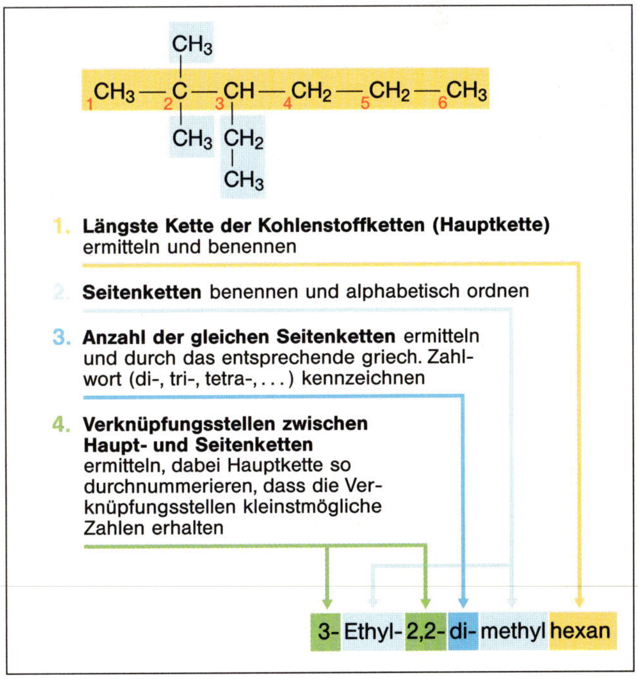

8.2 Erdöl und Erdgas

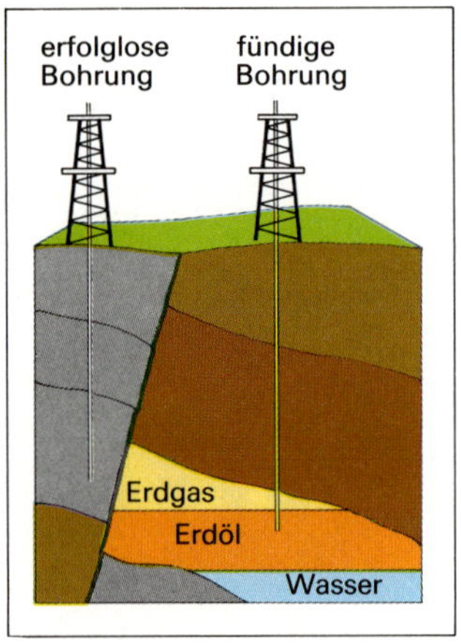

B 1 Erdöllagerstätte im Schnitt

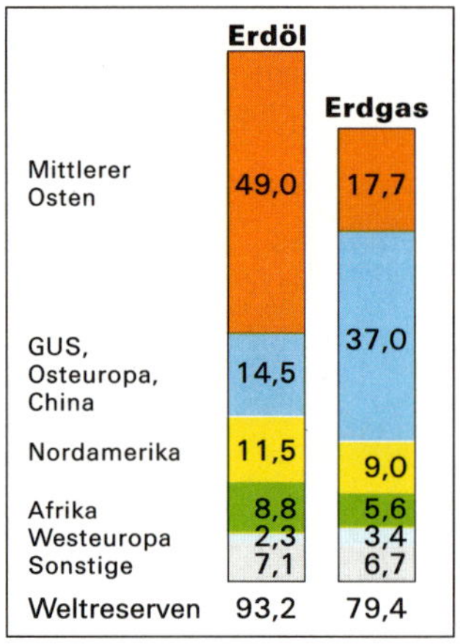

B 2 Erdöl- und Erdgasvorräte in der Welt (in Mrd. t)

B 3 Ölbohrinsel in der Nordsee

Alle der Erde entstammenden, organischen, brennbaren, flüssigen oder gasförmigen Stoffe zählt man zum *Erdöl* oder *Erdgas*. Kommen beide in einem Gebiet gemeinsam vor, so kann für beide von einem gleichen Entstehungsprozess ausgegangen werden.

Entstehung. Nach dem heutigen Kenntnisstand sind Erdöl und Erdgas aus den Kohlenhydraten, Eiweißstoffen und Fetten von winzigen Wassertieren und Wasserpflanzen entstanden, die vor Jahrmillionen in riesiger Anzahl flache küstennahe Gewässer besiedelten. Aus absterbenden Mikroorganismen sowie Sanden, Tonen und Kalken, die meist von Flüssen in die Gewässer verfrachtet wurden, bildete sich eine mächtige, sauerstoffarme Faulschlammschicht. Aus ihr entstanden unter dem Einfluss von Druck, Wärme, Bakterien sowie mineralischen und organischen Katalysatoren die Verbindungen des Erdgases und Erdöls. Erdgas kann auch im Zusammenhang mit der Bildung von Kohle entstehen.

Lagerstätten und Förderung. Erdöl und Erdgas findet man in porösen Sedimentgesteinen, die von undurchlässigen Schichten abgeschlossen sind. In die *Speichergesteine* sind sie häufig erst aus ihren weit entfernten Entstehungsorten hineingewandert.

Auf der Suche nach dem Erdöl und Erdgas müssen Bohrungen bis zu den Lagerstätten vorgetrieben werden. Wird das Erdölspeichergestein angebohrt, kann das Erdöl durch den Druck des begleitenden Erdgases und Wassers (▶ B 1) von selbst aus der Bohrmündung fließen. Genügt der Lagerstättendruck nicht oder lässt er im Laufe der Förderung nach, wird das Erdöl an die Erdoberfläche gepumpt.

Auf der Suche nach neuen Erdgas- und Ölquellen dringt man in immer unwegsamere Gebiete und immer größere Tiefen vor. Besonders aufwändig ist die Erschließung und Förderung von Erdöl- und Erdgasvorkommen unter dem Meeresspiegel (▶ B 3).

Die größten *Erdöl- und Erdgasreserven* lagern nach dem heutigen Kenntnisstand im Mittleren Osten, in der Gemeinschaft unabhängiger Staaten (GUS) und in China (▶ B 2). Bei gleich bleibender Förderung reichen diese Weltvorräte voraussichtlich nur noch wenige Jahrzehnte.

Transport. Die meisten Erdölquellen liegen weit entfernt von den Verbraucherzentren. Das frisch geförderte *Rohöl* wird an Ort und Stelle in großen Tanks gespeichert und durch Rohrleitungen (Pipelines) zur nächsten Erdölraffinerie zur Weiterverarbeitung oder zum nächsten Hafen transportiert. Vor dem Transport muss das Rohöl *entgast* (von gelöstem Erdgas befreit), *entwässert* und wegen der Korrosionsgefahr auch *entsalzt* werden.

Rohöl kann bis zu 0,2% Wasser und 0,02% Salze gelöst enthalten. Hochseetanker, die heute eine Transportkapazität von bis zu 500 000 Tonnen erreichen, transportieren das Rohöl zu den Häfen der Verbraucherländer (▶ B 6).

Das manchmal mit dem Erdöl geförderte *Erdgas* wird häufig einfach *abgefackelt*. Rohstoff- und Energieknappheit und damit steigende Preise führen jedoch dazu, das Erdgas zu Verbraucherzentren zu befördern oder es in die Lagerstätten zurückzudrücken und damit zu speichern. Die umfangreichen Erdgasreserven des Mittleren Ostens und Nordafrikas konnten bisher kaum in die Verbraucherzentren Nordamerikas und Europas exportiert werden, weil Erdgas schwieriger als Erdöl zu transportieren ist.

Gasförmig ist Erdgas nur in Rohrleitungen wirtschaftlich transportfähig. Um über weite Entfernungen in Schiffen transportiert zu werden, muss Erdgas vom gasförmigen in den flüssigen Zustand versetzt werden. Dadurch verringert sich sein Volumen auf ein Sechshundertstel. Dieses geschieht dadurch, dass man Erdgas unter −160 °C abkühlt.
In Spezialschiffen, deren Tanks besonders gut isoliert sind, wird das flüssige Erdgas zum Bestimmungshafen transportiert und dort in das Versorgungsnetz eingespeist. Enthält Erdgas *Schwefelwasserstoff*, muss es von diesem befreit werden, um genutzt werden zu können.

Gefährdung des Wassers. Gelangen Rohölprodukte bei Transport oder Lagerung in die Umwelt, so kann es zur Gefährdung von Flüssen, Seen und Grundwasser kommen. Aus umgestürzten Tankzügen, aus undichten Heizöltanks, aus Lecks in Ölleitungen, Motoren usw., aber auch durch unerlaubtes Wegschütten von Altöl, können Benzin und Öle im Boden versickern.

Ein Liter Benzin oder Mineralöl macht rund *fünf Millionen Liter* Wasser ungenießbar. Mineralölverseuchtes Wasser kann mit Ölbindern behandelt werden. Ölhaltige Bindemittel müssen umweltgerecht entsorgt, z. B. verbrannt oder dem Sondermüll zugeführt werden.

Gefährdung der Weltmeere. Mit der Größe der Tanker, der wachsenden Anzahl der Bohrinseln und durch Tankerspülungen gelangen nach Schätzungen insgesamt jährlich fünf bis zehn Millionen Tonnen Erdöl in die Weltmeere. Durch eine *Ölpest* (▶ B 4) werden Fischbestände und Muschelbänke zerstört, Seevögel gehen zugrunde. Badestrände werden oft kilometerweit verschmutzt.

Größte Ölpest der Geschichte

MÜNCHEN. Am Samstag, dem 19. Januar 1991, hat Saddam Hussein als eine seiner Verteidigungsmaßnahmen im Golfkrieg die Öffnung von Ölquellen vorgenommen und so skrupellos die größte Ölpest aller Zeiten ausgelöst. Mitte Februar trieb ein 160 Kilometer langer und 60 Kilometer breiter Ölteppich an der Küste Saudi-Arabiens entlang. In dem rund 1000 Kilometer langen, aber im Schnitt nur 35 Meter tiefen Wasserkorridor bis zur Straße von Hormuz sind Seevögel, Fische, Delphine und Schildkröten massenhaft verendet.
Bereits in den ersten beiden Kriegswochen flossen aus zwölf Quellen 1,8 Milliarden Liter Rohöl ins Meer, das ist rund 40-mal so viel wie bei der Exxon-Valdez-Katastrophe vor Alaska.

B 4 Zeitungsbericht über die Ölkatastrophe am Persischen Golf im Golfkrieg 1991

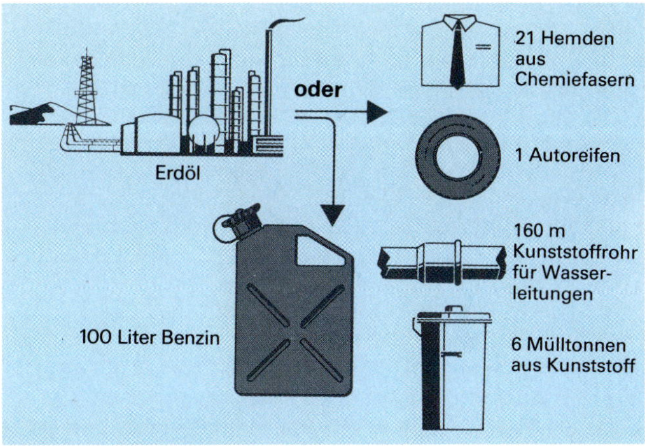

B 5 Erdölprodukte

B 6 Erdöltanker beim Löschen der Ladung in die Vorratstanks einer Raffinerie

B 7 Erdöl- und Erdgasversorgung von Süddeutschland

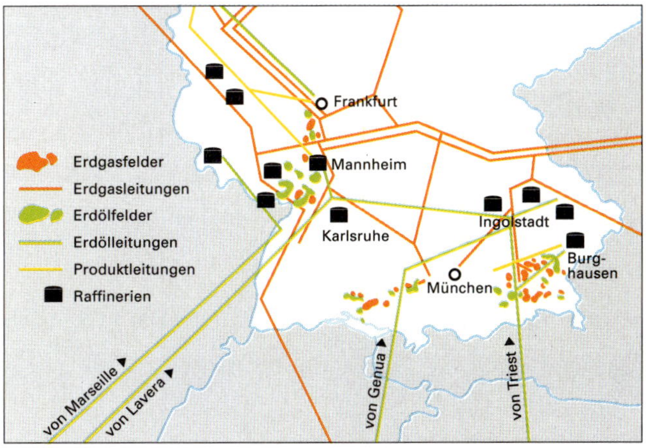

8.3 Verarbeitung des Rohöls

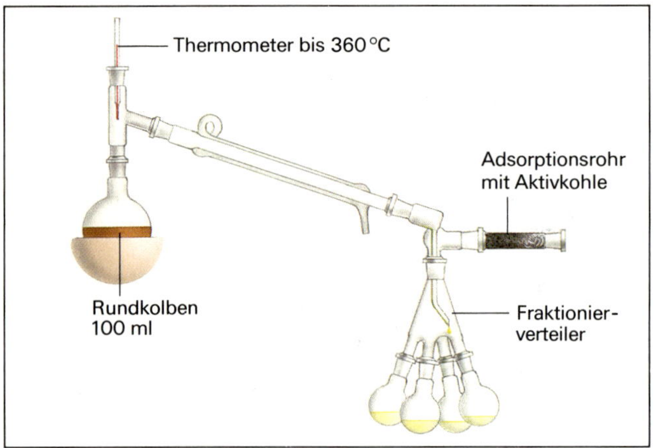

B 1 Rohöldestillation im Schulversuch

V 1 a) In den Destillationskolben der Apparatur ▶ B 1 werden etwa 40 ml Erdöl, einige Siedesteinchen und etwas Entschäumer gegeben. Die Pilzheizhaube und die Kühlwasserzufuhr werden angestellt. Während der gesamten Destillation wird der Temperaturverlauf beobachtet. Sobald die Temperatur über 70 °C ansteigt, wird durch Drehen der Schliffhülse des Fraktionierverteilers der zweite Spitzkolben zum Eintropfen des Destillats bereitgestellt. Bei 150 und 180 °C verfährt man in gleicher Weise. Bei 180 °C wird die Kühlwasserzufuhr abgestellt, bei 250 °C wird die Pilzheizhaube ausgeschaltet.
(Schutzscheibe! Schutzbrille! Keine offene Flammen!)
b) Die Fraktionen werden auf Aussehen, Geruch, Viskosität und Entflammbarkeit untersucht.

B 2 Eigenschaften einiger Rohölfraktionen im Vergleich

Fraktionen	Siedebereich in in °C	Flammtemperaturbereich in °C	Dichtebereich in g/cm³	Viskosität
Benzine:				nimmt zu
Leichtbenzin	40 bis 80	−55 bis −35	0,63 bis 0,68	
Mittelbenzin	80 bis 110	−35 bis −15	0,68 bis 0,73	
Schwerbenzin	110 bis 140	−15 bis 21	0,73 bis 0,78	
Mitteldestillate:				
Petroleum/ Kerosin	150 bis 250	21 bis 55	0,77 bis 0,83	
Dieselöl/ Leichtes Heizöl	250 bis 360	55 bis 100	0,81 bis 0,86	
Schweres Heizöl	nur im Vakuum	100 bis 270	0,90 bis 0,98	
Schmieröle	unzersetzt destillierbar	>200	0,80 bis 0,95	

Das je nach seiner Herkunft hellbraune bis pechschwarze, dünn- bis dickflüssige Rohöl ist ein *Gemisch* aus weit mehr als tausend *verschiedenen Kohlenwasserstoffen*. Neben diesen enthält es noch geringe Anteile an organischen Sauerstoff-, Stickstoff- und Schwefelverbindungen und einige anorganische Verbindungen. Erst durch die Aufarbeitung des Rohöls erhält man die gewünschten *Produkte* wie z. B. Benzin, Heizöl und Schmieröl. Diese Stoffe können durch Destillation von Rohöl gewonnen werden.

Destillation von Rohöl. Wird Rohöl in einer Destillationsapparatur (▶ B 1, ▶ V 1 a) erhitzt, steigt die Temperatur an, gleichzeitig verdampft ständig etwas Rohöl, und Dampf kondensiert. Das kontinuierliche Ansteigen der Temperatur während der Destillation weist darauf hin, dass Rohöl durch diese Destillation nicht in einzelne Reinstoffe, sondern nur in *Gemische* von Stoffen *mit ähnlichen Siedetemperaturen*, in **Fraktionen**, getrennt werden kann.
Die bei der Destillation erhaltenen Fraktionen unterscheiden sich in ihren Eigenschaften (▶ V 1 b). Würden die einzelnen Fraktionen erneut destilliert, könnten sie weiter aufgetrennt werden. Eine *stufenweise Destillation* des Rohöls in Fraktionen, die **fraktionierte Destillation**, wird in großem Umfang in der *Erdölraffinerie* durchgeführt.

Fraktionierte Destillation. In den Raffinerien wird das Rohöl in einem *Röhrenofen* schnell auf 360 °C bis 400 °C erhitzt, wobei es zum größten Teil verdampft. Das Dampf/Flüssigkeits-Gemisch wird seitlich in den unteren Teil des **Destillationsturmes** (▶ B 3) geleitet. Dieser ist in seinem Innern durch zahlreiche *Zwischenböden („Glockenböden“)* stockwerkartig unterteilt. Entsprechend der von unten nach oben abnehmenden Temperatur sammeln sich die Bestandteile des Rohöls mit den höheren Siedetemperaturen auf den unteren, die niedriger siedenden auf den oberen Böden.
Zur besseren Trennung werden die aufsteigenden Dämpfe durch die über die Durchlässe gestülpten Glocken so umgeleitet, dass sie durch die Flüssigkeitsschichten auf den Böden strömen. In der Flüssigkeit gelöste, noch niedriger siedende Bestandteile verdampfen, im Dampf enthaltene höher siedende Verbindungen kondensieren. Steigt das Niveau der Flüssigkeit über die Oberkante des Durchlassrohres, so läuft sie in den nächst tieferen Boden zurück. So findet zwischen zwei Böden ständig eine Destillation statt. Die Kondensate werden auf bestimmten Böden gesammelt und in Vorratstanks abgeleitet.

Je nach Aufbau des Destillationsturmes und je nach Betriebsbedingungen fallen verschiedene Rohölfraktionen an.

Rohölfraktionen. Am Kopf des Destillationsturmes werden die *gasförmigen Kohlenwasserstoffe* abgezogen. Sie werden zu Heizzwecken in der Raffinerie verbrannt, Propan und die Butane kommen auch als „Flüssiggase" in den Handel. Ein Teil der Gase wird *abgefackelt.* Die Fackel ist eine Sicherheitseinrichtung, um bei möglichem Überdruck austretende Gase kontrolliert zu verbrennen.

Benzine und *Mitteldestillate* müssen vor ihrer Weiterverwendung noch aufbereitet werden. Wichtig ist die *Entfernung der Schwefelverbindungen*, da bei deren Verbrennung Schwefeldioxid entsteht. Am Boden des Destillationsturmes verbleibt der bei etwa 400 °C und 1013 hPa nicht mehr verdampfbare *Rückstand.* Ein Teil davon wird als schweres Heizöl eingesetzt.

Vakuumdestillation. Die Verbindungen des Rückstands würden sich beim Erhitzen über 400 °C zersetzen, den Rückstand leitet man deshalb nach erneutem Aufheizen in einen zweiten Destillationsturm, in dem eine Destillation unter *vermindertem Druck* (etwa 50 hPa) stattfindet. Durch die Verminderung des Drucks werden die Siedetemperaturen der Verbindungen des Rückstands um bis zu 150 °C gesenkt, so dass der Rückstand schon bei niedrigeren Temperaturen in weitere Fraktionen aufgetrennt werden kann. Bei dieser **Vakuumdestillation** gewinnt man *Schmieröle* und *feste Kohlenwasserstoffe*, die z. B. zu Bohnerwachs und Kerzen (Paraffinkerzen) weiterverarbeitet werden können. Der Rückstand der Vakuumdestillation, das *Bitumen*, wird für Isolieranstriche, Straßenbeläge und Dachpappe verwendet.

B 3 Fraktionierte Destillation von Rohöl. Bei der Destillation unter Atmosphärendruck (links) und der Vakuumdestillation (rechts) werden Fraktionen für sehr verschiedene Verwendungszwecke gewonnen

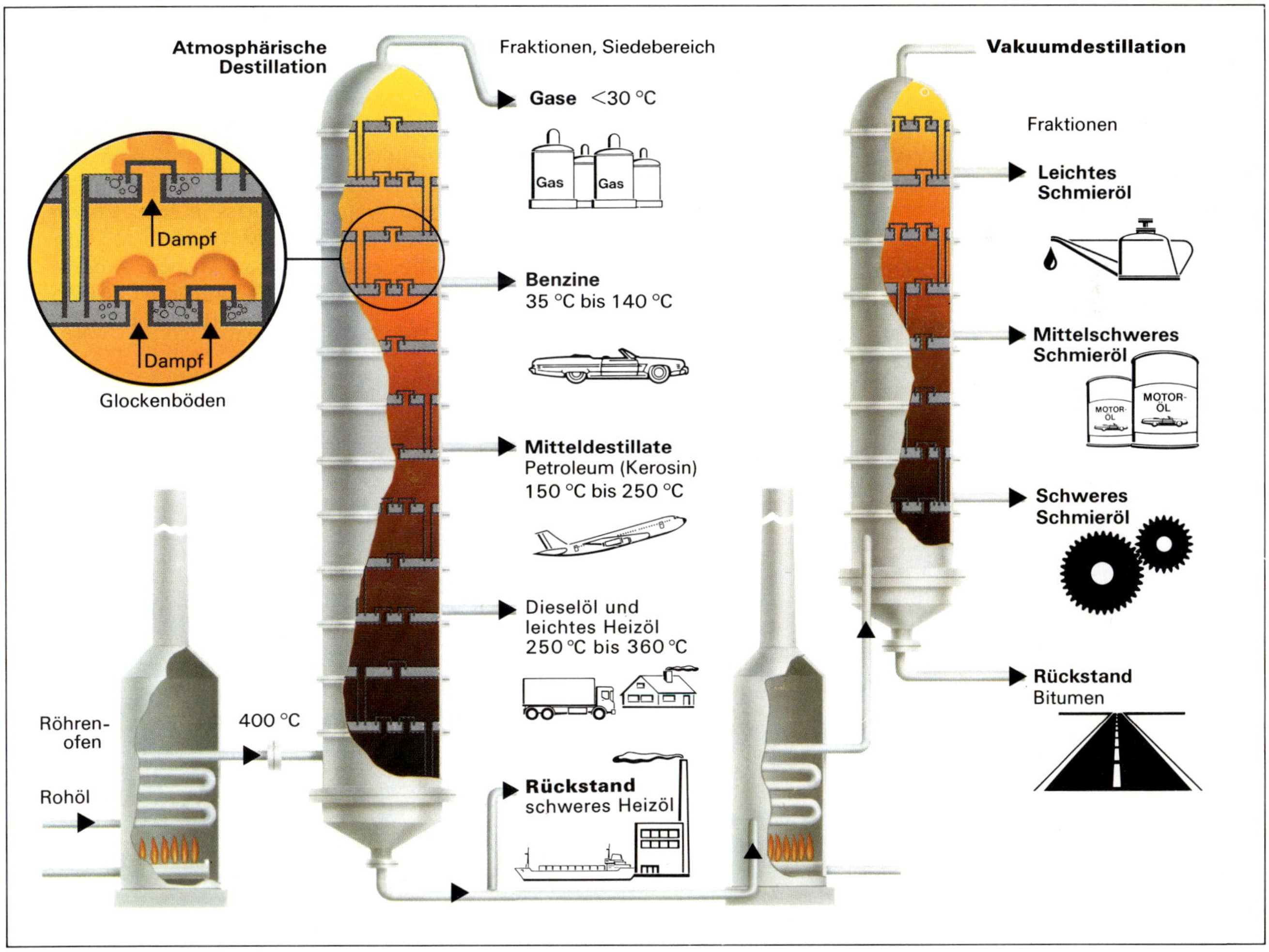

8.4 Cracken

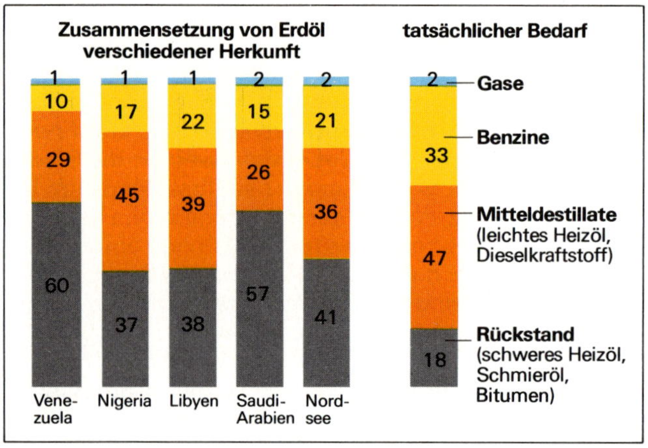

B 1 Bedarf an Erdölbestandteilen und deren Vorkommen (in Prozent)

V 1 Man erhitzt in einer Apparatur nach ▶ B 2 zunächst den Perlkatalysator und bringt dann das Paraffinöl zum Sieden.
a) Die entweichenden Dämpfe werden durch eine Kühlfalle geleitet und nach Durchführung der Knallgasprobe über einer Glasrohrspitze entzündet.
b) In der gekühlten Vorlage sammelt sich eine Flüssigkeit. Man prüft Entflammbarkeit und Viskosität und vergleicht beide Stoffeigenschaften mit denen von Benzin und Paraffinöl. (Abzug!)

A 1 Worauf ist die Schwarzfärbung des Katalysators in ▶ V 1 zurückzuführen?

A 2 Welche Stoffe haben eine höhere Siedetemperatur: Benzine oder Paraffinöle?

B 2 Cracken von Paraffinöl mit einem Katalysator

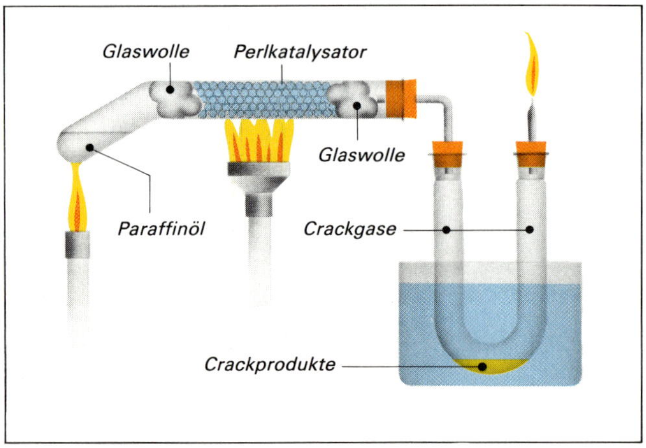

Der Anteil an Benzin, Dieselkraftstoff und leichtem Heizöl ist im Erdöl wesentlich niedriger als der Anteil am tatsächlichen Bedarf (▶ B 1). In den Raffinerien werden daher die hoch siedenden Fraktionen zu Benzin und Dieselkraftstoff bzw. leichtem Heizöl weiterverarbeitet.

Da die Verbindungen des Benzins, Dieselkraftstoffs bzw. leichten Heizöls aus kleineren Kohlenwasserstoffmolekülen als die des schweren Heizöls und des Rückstands der fraktionierten Destillation bestehen, müssen die großen Kohlenwasserstoffmoleküle in kleinere zerlegt werden. Diese Zerlegung nennt man *Cracken* (von engl. to crack, aufbrechen).

Crackverfahren. In der Technik werden verschiedene Crackverfahren angewandt.
Beim *thermischen Cracken* werden die hoch siedenden Fraktionen (z. B. schweres Heizöl aus der atmosphärischen Destillation) unter Druck auf etwa 450 bis 500 °C erhitzt. Hohe Temperaturen führen dazu, dass die großen Moleküle in so starke Schwingungen geraten, dass die C – C-Bindungen aufbrechen.
Beim *katalytischen Cracken*, das bei etwa 500 °C in Gegenwart eines Katalysators erfolgt, wird ein wesentlich höheres Umwandlungsergebnis und eine bessere Qualität erreicht.
Neben dem Benzin werden beim Cracken, besonders beim katalytischen Cracken, gasförmige gesättigte und ungesättigte Kohlenwasserstoffe (▶ V 1, ▶ B 2) und auch Kohlenstoff gewonnen, der sich auf dem Katalysator niederschlägt. Zur Trennung des Kohlenwasserstoffgemisches schließt sich eine Destillation an. Damit der Katalysator erneut verwendet werden kann, wird der Kohlenstoff abgebrannt.

B 3 Cracken schematisch. Lange Moleküle werden unter dem Einfluss von Druck und Temperatur in kleinere gespalten

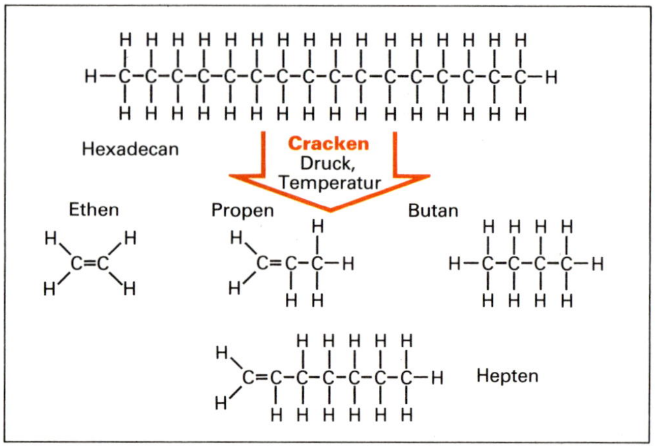

8.5 Kohle

Entstehung der Kohle. In allen Kohlevorkommen findet man Pflanzenabdrücke (▶ B 1). Aus Pflanzen ausgedehnter *Moor- und Sumpfwälder* haben sich vor etwa 270 Millionen bis 350 Millionen Jahren hauptsächlich Stein- und Braunkohle gebildet. Die Geologen nennen dieses Erdzeitalter deshalb Karbon (von lat. carbo, Kohle).
Zunächst entstand aus den abgestorbenen Pflanzen unter Einwirkung anaerober Bakterien *Torf*. In den wechselnden Perioden der Hebung und Absenkung der Landmassen (▶ B 3) bildeten sich immer neue Torfschichten. Diese wurden von Gebirgsschutt, Sand- und Tonsedimenten überdeckt. Der von ihnen ausgeübte Druck und die dabei entstehende Wärme führten zu einer Verfestigung und Umwandlung der lockeren Torfschichten zu *Braunkohle*.
Erst bei Einwirkung von starkem tektonischen Druck und erhöhter Temperatur im Zusammenhang mit gebirgsbildenden Vorgängen bildete sich *Steinkohle*. Aus den organischen Verbindungen entstand in dem Prozess der Kohlebildung, der **Inkohlung**, ein Gemisch von überwiegend makromolekularen Verbindungen. Diese bestehen hauptsächlich aus ringförmigen Kohlenwasserstoffbausteinen.

Je weiter die Inkohlung fortgeschritten ist, desto höher ist der Kohlenstoffanteil in den Verbindungen der Kohle (▶ B 5). Allerdings besteht nicht unbedingt eine Parallele zwischen dem geologischen Alter einer Kohle und ihrem Inkohlungsgrad. Während der Inkohlung wurde ständig Methan frei, das sich in Erdgaslagerstätten sammelte, wenn es nicht in die Atmosphäre entweichen konnte.
Die Zusammensetzung der verschiedenen Kohlearten wird durch Bestimmung des Anteils der Elemente erfasst, die am Aufbau der Verbindungen der Kohle beteiligt sind.

Kohle als Energieträger. Stein- und Braunkohle sind die einzigen Primärenergieträger, von denen Deutschland große Lagerstätten besitzt. Die Erhaltung und Verwendung heimischer Kohle darf deshalb nicht allein unter technisch-wirtschaftlichen Gesichtspunkten, sondern muss auch unter dem Aspekt der Zukunftssicherung gesehen werden.
Nordrhein-Westfalen besitzt große Vorräte an Braun- und Steinkohle. Im rheinischen Braunkohlengebiet bei Köln liegt die Kohle nur einige bis einige hundert Meter unter der Erdoberfläche und kann im Tagebau abgebaut werden. Braunkohle wird häufig am Förderort gleich zum Betrieb von Elektrizitätskraftwerken verbrannt. Nur ein kleiner Teil wird entwässert und zu Briketts gepresst. Steinkohle wird im Ruhrgebiet inzwischen zum Teil unter 1200 m Tiefe abgebaut.

B 1 Pflanzenabdruck einer Braunkohleschicht

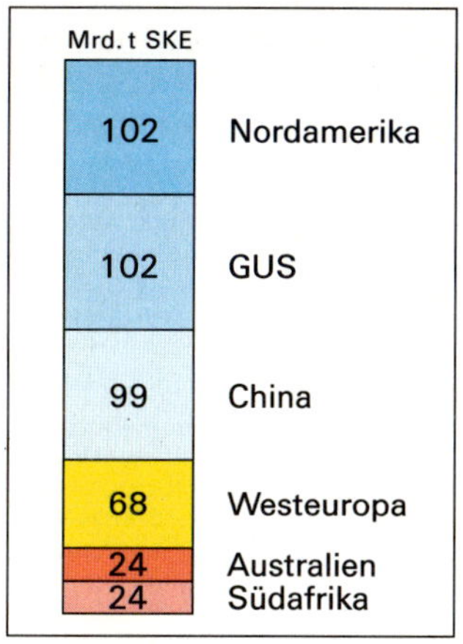

B 2 Steinkohlevorräte in der Welt

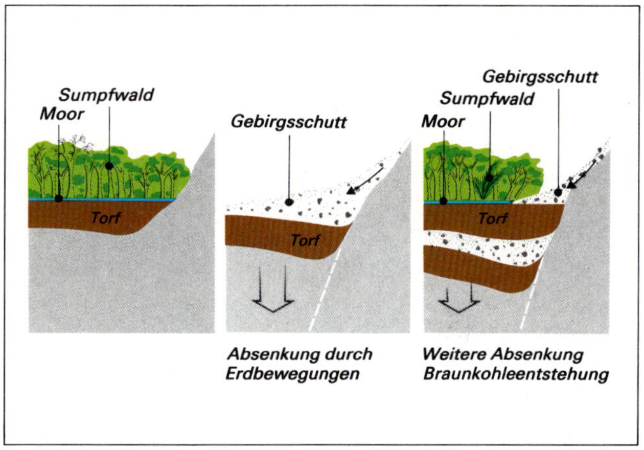

B 3 Entstehung von Kohle. Versunkene Sumpfwälder wandelten sich unter Druck und Erdwärme in Kohle um

B 4 Kohlesorten. a) Braun-, b) Steinkohle, c) Anthrazit

B 5 Kohlenstoffgehalt und Heizwert von Brennstoffen

Brennstoff	Kohlenstoff-anteil (%)	Heizwert in kJ/kg
Holz	50	13600
Torf	56	15700
Braunkohle	70	18800
Steinkohle	85	31400
Holzkohle	90	31600
Anthrazit	92	34300

8.6 Gasförmige Schadstoffe

Emission: Die von einer technischen Anlage oder einem technischen Produkt abgegebenen festen, flüssigen oder gasförmigen Stoffe, die in die Atmosphäre gelangen.

Emittent: Technische Anlagen, Produkte und Einrichtungen, die Emissionen erzeugen.

Immission: Einwirkung der Emission auf die belebte und unbelebte Natur.

MAK: Für gesundheitsschädliche Arbeitsstoffe hat eine Kommission „**M**aximale **A**rbeitsplatz-**K**onzentrationen" festgelegt: „Es sind Grenzwerte für den durchschnittlichen Gehalt an Luftverunreinigungen für die Dauer eines Arbeitstages von 8 Stunden, bei denen im Allgemeinen eine Gesundheitsgefährdung oder unangemessene Belästigung nicht zu erwarten ist."

MIK: Für verschiedene, ausgewählte Luftverunreinigungen werden „**M**aximale **I**mmissions-**K**onzentrationen" vorgeschlagen und definiert: „Es sind diejenigen Konzentrationen von Schadstoffen in bodennahen Schichten der freien Atmosphäre, die nach den derzeitigen Erfahrungen im Allgemeinen für Mensch, Tier und Pflanze bei Einwirkung von bestimmter Dauer und Häufigkeit als unbedenklich gelten können."

TA LUFT: Die „**T**echnische **A**nleitung zur Reinhaltung der Luft" dient zur Genehmigung und Überwachung von Anlagen. Sie enthält u. a. Emissions- und Immissionsgrenzwerte und festgelegte Verfahren zu deren Ermittlung.

IW_1: Langzeit-Immissionsgrenzwert (Jahresmittel)
IW_2: Kurzzeit-Immissionsgrenzwert (Halbstundenmittel)

Außer mit dem Sauerstoff in der Atmosphäre kommen die Lebewesen bei der Atmung auch mit den anderen Luftbestandteilen in intensiven Kontakt. Bei einem erwachsenen Menschen kommen täglich ca. 12 000 l Luft durch die Atemtätigkeit mit der ca. 80 m^2 großen Gesamtoberfläche der Lungenbläschen in Berührung. Neben Verunreinigungen aus natürlichen Quellen (z. B. Vulkantätigkeit) setzen die vier Emittentengruppen Kraft- und Fernheizwerke, Industrie, Haushalte und Verkehr eine Reihe gasförmiger Schadstoffe frei.

Schwefeloxide (SO_2, SO_3). Schwefeldioxid ist ein Begleitprodukt der Verbrennung fossiler Brennstoffe, vor allem von Kohle und Mineralöl. Trotz steigender Produktion in der Industrie ist die Gesamtemission an Schwefeldioxid seit 1972 rückläufig. Dies ist vor allem auf Energieeinsparungen, Verringerung des Schwefelgehalts in Brennmaterialien, Verwendung schwefelarmer Kohle und Errichtung von Rauchgasentschwefelungsanlagen zurückzuführen.
Schwefeldioxid ist an der Entstehung des sauren Regens maßgeblich beteiligt und führt direkt oder indirekt über Schwefeltrioxid zu Schäden an Pflanzen und Baumaterialien wie Eisen, Kalkstein, Beton usw. Beim Menschen treten vor allem Bronchialbeschwerden auf.

Für Schwefeldioxid (SO_2) gelten folgende Werte:
MAK: $5\ mg \cdot m^{-3}$; MIK: $1\ mg \cdot m^{-3}$;
IW_1: $0{,}14\ mg \cdot m^{-3}$; IW_2: $0{,}40\ mg \cdot m^{-3}$.

Stickstoffoxide (NO_x) unterschiedlicher Zusammensetzung entstehen aus dem Sauerstoff und Stickstoff der Luft bei hohen Temperaturen, wie sie bei Verbrennungs- und Explosionsvorgängen auftreten.
Zunächst entsteht das farblose **Stickstoffmonooxid, NO**:

$$N_2(g) + O_2(g) \longrightarrow 2\,NO(g) \qquad | \quad \Delta H_R^\circ = +181\ kJ$$

Mit Luftsauerstoff reagiert Stickstoffmonooxid sofort weiter zu **Stickstoffdioxid, NO_2**:

$$2\,NO(g) + O_2(g) \longrightarrow 2\,NO_2(g) \qquad | \quad \Delta H_R^\circ = -115\ kJ$$

B 1 Strukturformeln einiger Nichtmetalloxide

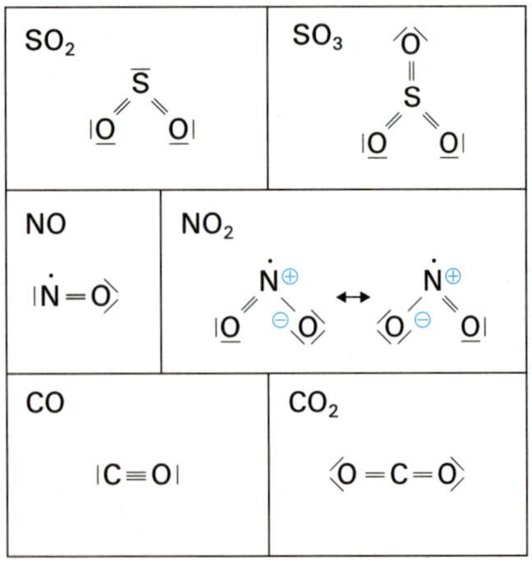

B 2 Größen und Einheiten zur Beschreibung von Schadstoffgehalten, -emissionen und -immissionen

Massenkonzentration	=	$\frac{\text{Masse des Schadstoffs}}{\text{Volumen der Flüssigkeit}}$	$mg \cdot l^{-1}$
Massenanteil	=	$\frac{\text{Masse des Schadstoffs}}{\text{Masse des Bodens, Lebensmittels, ...}}$	$mg \cdot kg^{-1}$
Emissions-massenkonzentration	=	$\frac{\text{Masse des Schadstoffs}}{\text{Volumen des Abgases}}$	$mg \cdot m^{-3}$
Immissions-massenkonzentration	=	$\frac{\text{Masse des Schadstoffs}}{\text{Volumen der Luft}}$	$\mu g \cdot m^{-3}$
Volumenanteil	=	$\frac{\text{Volumen des Schadstoffs}}{\text{Volumen der Luft}}$	10^{-2} (1 %)

ppm: parts per million = 10^{-6} (1 ppm); ppb: parts per billion = 10^{-9} (1 ppb)

Obwohl die Abgasgrenzwerte für Kraftfahrzeuge in den letzten Jahren drastisch erniedrigt wurden und die geplante Senkung des durchschnittlichen Benzinverbrauchs von 9 auf 7 l je 100 km nahezu erreicht wurde, wird durch erwartete Steigerung der Pkw-Zahl in Deutschland auf 50 Millionen (1966: 13 Millionen!) und die Verdoppelung des Güterfernverkehrs von 1988 bis 2010 keine spürbar Senkung der Stickstoffoxidemission eintreten. Die Stickstoffoxide sind ebenfalls an der Entstehung des sauren Regens beteiligt. Beim Menschen können Reizungen an den Augen und Atmungsorganen auftreten.

Für Stickstoffdioxid (NO_2) gelten folgende Werte:
MAK: $9\ mg \cdot m^{-3}$; MIK: $0{,}1\ mg \cdot m^{-3}$;
IW_1: $0{,}08\ mg \cdot m^{-3}$; IW_2: $0{,}30\ mg \cdot m^{-3}$.

Kohlenstoffoxide (CO, CO_2). Kohlenstoffmonooxid entsteht bei unvollständiger Verbrennung von Kohlenstoffverbindungen:

$$2\,C(s) + O_2(g) \longrightarrow 2\,CO(g) \qquad | \quad \Delta H_R^\circ = -221\ kJ$$

Allgemeine Energiesparmaßnahmen mit gleichzeitiger Verbesserung des Wirkungsgrads bei Heizungsanlagen sind die Ursachen für den Rückgang der Gesamtemission seit 1970. Seit 1978 überprüfen die Schornsteinfeger durch jährliche Messung im Abgas der Haushaltsfeuerung die Temperatur und den Gehalt an Kohlenstoffmonooxid. Bei Ölfeuerung werden die Abgase zusätzlich auf Ruß und Ölderivate untersucht.

Kohlenstoffmonooxid gelangt über Atemwege und Lungenbläschen ins Blut. Es zeigt eine etwa 300fach höhere Affinität zum Blutfarbstoff Hämoglobin als Sauerstoff. Damit vermag schon ein CO-Anteil der Luft von 0,1% die Hälfte des Hämoglobins zu blockieren. Beim Ausfall von 60% bis 70% des Hämoglobins tritt der Tod ein.

Kohlenstoffdioxid entsteht als Hauptverbrennungsprodukt fossiler Energieträger. Es ist kein Schadgas im eigentlichen Sinn, jedoch wird ein Ansteigen seiner Konzentration in der Atmosphäre mit Sicherheit Klimaveränderungen nach sich ziehen.

Für Kohlenstoffmonooxid (CO) gelten folgende Werte:
MAK: $33\ mg \cdot m^{-3}$; MIK: $10\ mg \cdot m^{-3}$;
IW_1: $10\ mg \cdot m^{-3}$; IW_2: $30\ mg \cdot m^{-3}$.

Organische Verbindungen. In die Luft abgegebene Kohlenwasserstoffe sind überwiegend unverbrannte Treibstoffe aus Motoren und verdunstete Lösungsmittel. Halogenkohlenwasserstoffe entstehen meist als unerwünschte Nebenprodukte bei Verbrennungsprozessen. So bildet sich das hochgiftige „Dioxin" (2,3,7,8-Tetrachlordibenzo-p-dioxin, „TCDD") bei Verbrennung oder auch unsachgemäßer Lagerung von Müll unter gewissen Voraussetzungen.

Stäube entstehen in unterschiedlichster Form und Zusammensetzung vor allem bei thermischen Kraftwerken, Müllverbrennungsanlagen, Hüttenwerken, Zementfabriken und in der chemischen Industrie je nach Produktionsaufgaben. Für den Menschen sind besonders die bis zu einem Massenanteil von 80% in der Gesamtemission enthaltenen *Feinstäube* (Korndurchmesser $< 10\ \mu m$), die in die Lunge gelangen, als kritisch zu beurteilen.

Für Stäube gelten folgende Werte:
MAK: $6\ mg \cdot m^{-3}$; MIK: $0{,}3\ mg \cdot m^{-3}$;
IW_1: $0{,}15\ mg \cdot m^{-3}$; IW_2: $0{,}30\ mg \cdot m^{-3}$.

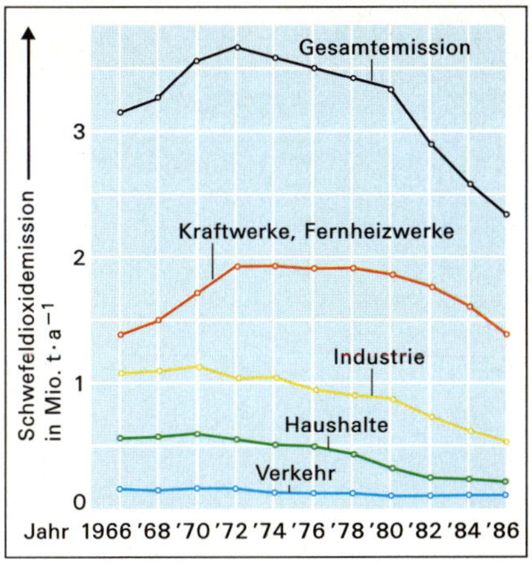

B 3 Schwefeldioxidemission in den alten Bundesländern

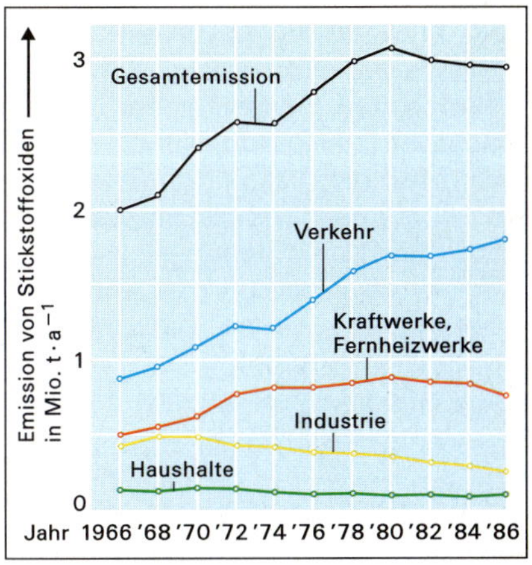

B 4 Stickstoffemission in den alten Bundesländern

B 5 Kohlenstoffmonooxidemission in den alten Bundesländern

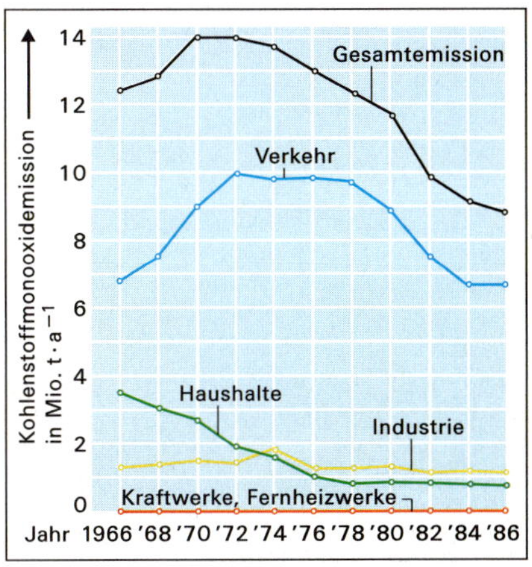

8.7 Belastung der Luft durch Schadstoffe

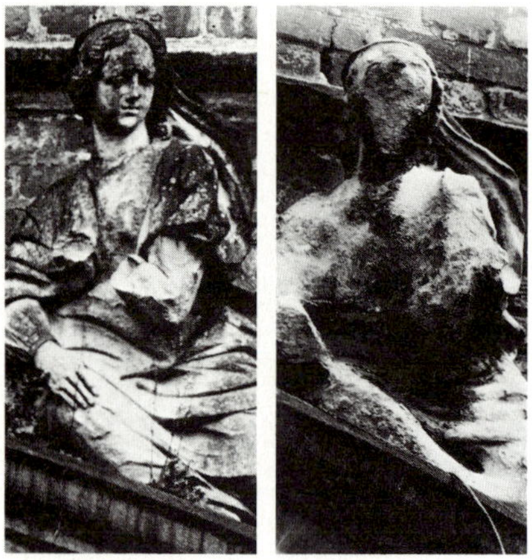

B 1 Schäden an Kunstwerken.
Links: 1908. Rechts: 1969

V 1 Modellversuch zur Demonstration einer Smog-Wetterlage. In zwei hohe Standzylinder ($h \approx 30$ cm, $d \approx 6$ cm) wird mit einer Pipette jeweils ca. 1 ml konzentrierte Salzsäure auf den Boden gegeben.
Bei einem Standzylinder wird die obere Hälfte mit dem Gasbrenner gleichmäßig erwärmt. In beide Glasgefäße wird dann mit einer zweiten Pipette jeweils ca. 1 ml konzentriertes Ammoniakwasser gegeben.

Saurer Regen. Der saure Regen ist eine direkte Folge der Selbstreinigungskraft der Atmosphäre vor allem für Stickstoffoxide und Schwefeldioxid unter Bildung von Salpetersäure und Schwefelsäure. Dadurch beträgt der mittlere pH-Wert für Regenwasser in Deutschland inzwischen etwa 4, während unbelastetes Regenwasser einen pH-Wert von 5,6 zeigt.

Eingeleitet wird die Bildung der Säuren durch Hydroxylradikale, •OH, die in der Troposphäre, der Luftschicht bis zu einer Höhe von 10 km bis 12 km, unter dem Einfluss von UV-Strahlen aus Ozon und Wasser entstehen. Die gebildeten Säuren gelangen als Stäube (Trockendeposition) oder als Regen, Nebel, Tau oder Schnee (Nassdeposition) zur Erde (▶ B 2).

Der saure Regen ist für zahlreiche Schäden, vom Fischsterben bis zum Waldsterben mitverantwortlich. Große Schäden ergeben sich an Gebäuden und Kunstwerken (▶ B 1); Schwefelsäure reagiert mit Kalkstein zu Gips:

$$CaCO_3(s) + H_2SO_4(l) + 2\,H_2O(l) \longrightarrow CaSO_4 \cdot 2\,H_2O(s) + H_2O(l) + CO_2(g)$$

Der entstehende Gips ist leichter löslich und nimmt außerdem durch den Einbau von Hydratwasser ein größeres Volumen ein. Beides führt zur Bildung von Rissen und zur Verwitterung unter Mitwirkung von Frost.

Smog. Hohe Schadstoffkonzentrationen werden bei normaler Wetterlage durch die aufsteigende Warmluft in höhere, kältere Luftschichten transportiert (▶ B 3). Ist die Temperaturschichtung jedoch umgekehrt (invers), bleibt die kühlere Luft mit ihrer höheren Dichte in Bodennähe (**Inversionswetterlage**). Diese austauscharme Luftschicht kann bis zu 1000 m hoch sein und zu extrem hohen Schadstoffkonzentrationen führen, was man als Smog (von engl. smoke, Rauch und engl. fog, Nebel) bezeichnet (▶ V 1, ▶ B 4).

Durch solch eine Inversionswetterlage stieg in London vom 5. bis zum 9. 12. 1952 die Zahl der Verstorbenen von 250 auf 900 täglich. Man nennt daher diesen Smogtyp auch **London-Smog**.

B 2 Bildung von Schwefelsäure und Salpetersäure
in der Atmosphäre

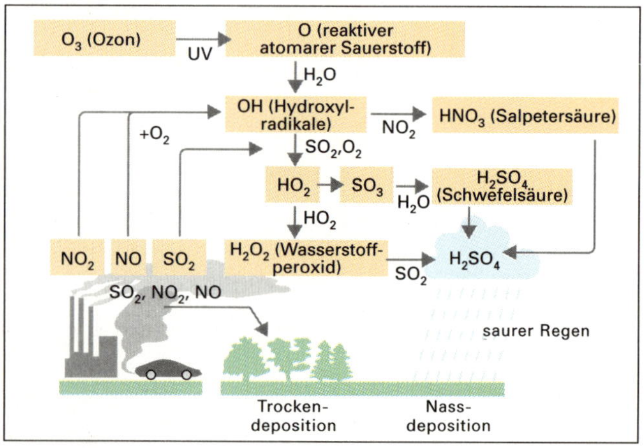

B 3 Gute lufthygienische Verhältnisse

B 4 Smog-Wetterlage

Er entsteht vor allem im Winter und ist durch hohe Konzentration von Schwefeldioxid, Kohlenstoffmonooxid und Ruß geprägt. Mit Nebelteilchen bilden sich Schwefelsäuretröpfchen, die zusammen mit Rußpartikeln und weiteren sich im Nebel ansammelnden Schadstoffen zu starken Reizungen der Atemwege führen.

Neuartige Waldschäden. Seit 1981 sind in Deutschland die großflächigen Waldschäden nicht mehr zu übersehen. Sie sind mit den *Rauchgasschäden* in unmittelbarer Nähe der Emittenten nicht vergleichbar.
Die jetzigen Baumschäden sind erstmals weitab von bekannten Emissionszentren und in Höhenlagen (über 750 m) beobachtet worden. Als mögliche Faktoren der Baumschäden werden hauptsächlich unter Einfluss von UV-Strahlen entstehende Umwandlungsprodukte von Schwefel- und Stickstoffoxiden, vor allem Ozon und andere oxidierende Stoffe angesehen. Diese Stoffe entstehen in höheren Lagen und durch die Windverfrachtung der Ausgangsstoffe oft weitab von Ballungszentren.

Ozon wirkt besonders toxisch. Es zerstört die Schutzschicht der Blätter und erleichtert dadurch den Eintritt weiterer Schadstoffe ins Blatt. Nasse und trockene Depositionen von Schadgasen durch Nebel bzw. Wind greifen zusätzlich Blattgewebe und Zellmembranen an.

Obwohl die Konzentration eines Schadstoffes oft unter dem als schädlich bekannten Grenzwert liegt, führt die Summe aller Faktoren zur Überschreitung der Schadschwelle.

Durch die Übersäuerung des Bodens spielt zusätzlich die Freisetzung von z. B. Schwermetallionen für Schäden an Bäumen eine große Rolle.

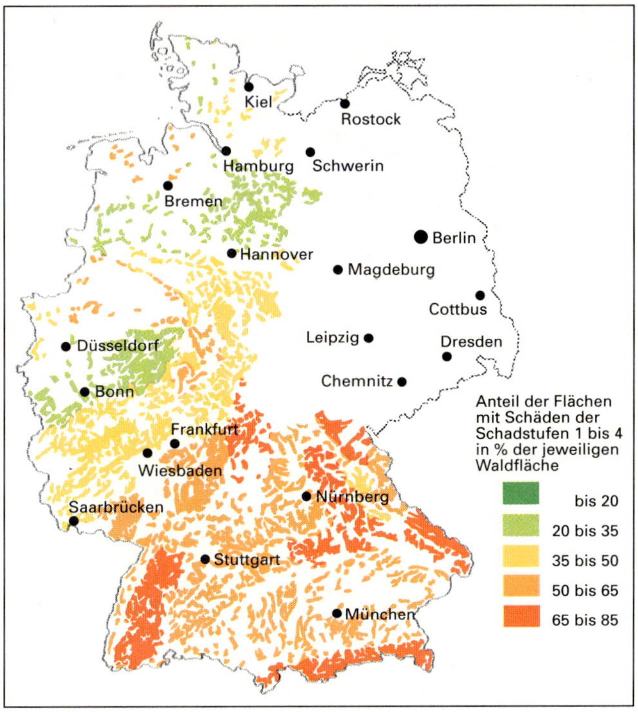

B 5 Waldschadenskarte der alten Bundesländer (1987)

B 6 Schadbilder an Nadelbäumen

B 7 Mögliche Zusammenhänge beim Baumsterben

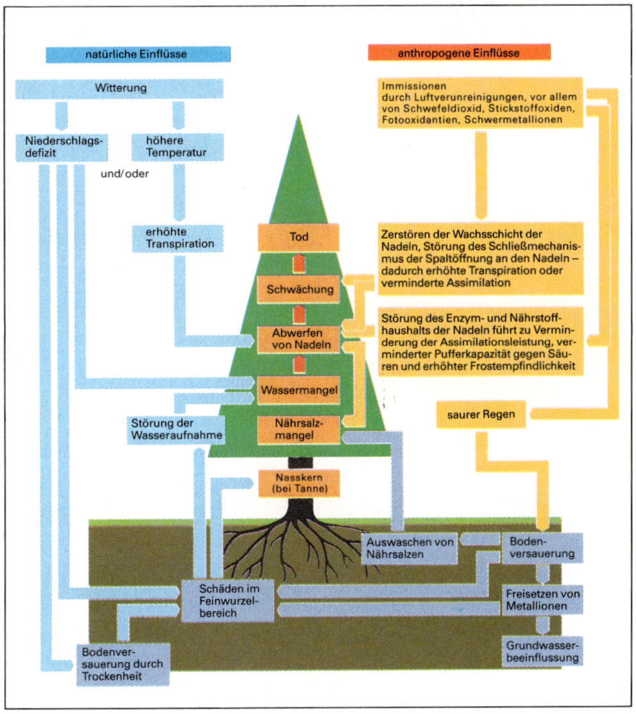

8.8 Belastung der Luft durch Spurengase

Treibhauseffekt. Unser Klima wird durch natürliche Stoff- und Energiekreisläufe zwischen Festland, Ozeanen und Atmosphäre geprägt. Seit Beginn der Industrialisierung machen sich jedoch zunehmend anthropogene, d. h. vom Menschen verursachte Einflüsse auf das klimatische Geschehen der Erde bemerkbar.

Die Jahresmitteltemperatur auf der Erde wird von der natürlichen Anwesenheit einiger Spurengase in der Atmosphäre bestimmt. Ohne diese Spurengase läge diese Temperatur bei −18 °C, also um 33 °C niedriger als heute. Den Hauptbeitrag zu diesem Temperaturunterschied leisten Wasserdampf (≈ 21 °C) und die Spurengase Kohlenstoffdioxid (≈ 7 °C) (▶ V 1) und bodennahes Ozon (≈ 2,5 °C).

Die Zunahme von Spurengasen birgt die Gefahr von schleichenden, weltweiten Klimaveränderungen. Dies zeigt sich sehr deutlich am Anstieg der CO_2-Konzentration in der Atmosphäre, was hauptsächlich auf dem Verbrennen großer Mengen fossiler Energieträger oder z. B. umfangreicher Brandrodungen in den Tropen beruht.

Die steigende CO_2-Konzentration in der Atmosphäre verhindert, durch Absorption der längerwelligen, von der Erde reflektierten Wärmestrahlung im infraroten Spektralbereich, zunehmend die Wärmeabstrahlung der Erde. Bei gleich bleibender solarer Einstrahlung im kurzwelligeren Spektralbereich steigt damit die Strahlungsbilanz der Erde und somit die Lufttemperatur in Bodennähe (Treibhauseffekt).
Klimamodelle sagen bis zum Jahre 2050 eine Verdoppelung der CO_2-Konzentration auf 600 ml/m³ und damit eine globale Erwärmung der Erde um 2 bis 4 °C voraus.

Folgen davon wären das Abschmelzen von Teilen der antarktischen Eismassen und damit verbunden ein Ansteigen des Meeresspiegels sowie Verschiebungen von Niederschlagszonen, die erhebliche Probleme der Wasserversorgung und der Ernährungssicherung mit sich bringen würden.

Neben Kohlenstoffdioxid tragen noch andere Spurengase wie Wasserdampf, Methan, Distickstoffmonooxid oder halogenierte Kohlenwasserstoffe zu klimatischen Veränderungen, insbesondere zur Veränderung der Temperatur, bei. Diese Gase sind untereinander durch chemische Reaktionen vernetzt. Diese Reaktionen sind wiederum temperaturabhängig, man spricht von einer *Rückkopplung*. Berücksichtigt man noch den Einfluss thermischer Effekte, so wird deutlich, dass Prognosen nur durch enge Zusammenarbeit der beteiligten Wissenschaftsgebiete unter Einsatz leistungsfähiger Rechner zu stellen sind.

Fotochemischer Smog. In Ballungsgebieten können sich beim Zusammenwirken extremer Fahrzeugdichten und Inversionswetterlagen hohe Schadstoffkonzentrationen in Bodennähe bilden. Unter intensiver Sonneneinstrahlung an heißen Tagen kann es über **fotochemische Reaktionen** zur Bildung stark oxidierender Stoffe (Fotooxidantien), wie Ozon, Alkylradikale oder Peroxyacetylnitrat (PAN), kommen:

$$NO_2 \xrightleftharpoons{\text{Sonnenlicht}} NO + \cdot\overline{\underline{O}}\cdot$$

$$O_2 + \cdot\overline{\underline{O}}\cdot \rightleftharpoons O_3 \qquad \text{Ozon}$$

$$R-H + \cdot\overline{\underline{O}}\cdot \longrightarrow R\cdot + \cdot\overline{\underline{O}}-H \qquad \text{Alkyl- und Hydroxylradikale}$$

$$\cdot\overline{\underline{O}}\cdot + \cdot\overline{\underline{O}}-H \longrightarrow \cdot\overline{\underline{O}}-\overline{\underline{O}}-H \qquad \text{Peroxyradikale}$$

$$R\cdot + O_2 \longrightarrow R-\overline{\underline{O}}-\overline{\underline{O}}\cdot \qquad \text{Peroxyradikale}$$

Ozon und die freien Radikale bilden mit bestimmten Kohlenwasserstoffen stark toxische und augenreizende Stoffe.

V 1 Wärmeaufnahme von Gasen. Ein Rundkolben (Boral pula; $V = 1\,l$) wird mit Stickstoff gefüllt und mit durchbohrtem Stopfen und Thermometer verschlossen. Der Kolben wird aus ca. 25 cm Entfernung mit einer 120-W-Glühlampe (Reflecta 30°; Strahler) bestrahlt, und nach 3 Minuten wird die Temperaturänderung notiert.

Der Versuch wird mit Kohlenstoffdioxid wiederholt. Anschließend werden ca. 20 ml Wasser durch Schütteln im Rundkolben verteilt. Dann wird nochmals 3 Minuten bestrahlt.

Vor jeder Bestrahlung ist darauf zu achten, dass die Temperatur im Kolben den gleichen Ausgangswert hat.

B 1 Kohlenstoffdioxid- und Temperaturanstieg in der Atmosphäre

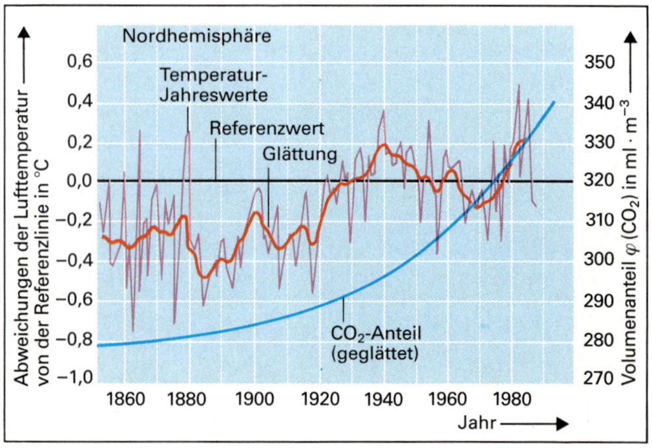

Belastung der Luft durch Spurengase

Dieser fotochemische Smog trat das erste Mal in Los Angeles auf **(Los-Angeles-Smog)**.
Auch bei uns ist bodennahes Ozon zum Problem geworden. An heißen Sommertagen werden manchmal über 200 $\mu g/m^3$ Ozon gemessen. Hauptsächlich verantwortlich hierfür sind Stickstoffoxid-Emissionen durch die hohe Fahrzeugdichte.

Die Ozonschicht in der Stratosphäre. In Bodennähe ist Ozon ein Schadstoff für alle Arten von Lebewesen. In der Stratosphäre, der Atmosphärenschicht zwischen 15 km und 50 km Höhe ist Ozon lebensnotwendig. Die „Ozonschicht", die bei Normbedingungen nur ca. 3 mm dick wäre, absorbiert die kurzwelligen, für Lebewesen äußerst gefährlichen UV-Strahlen.
Das vereinfachte Reaktionsschema zeigt, dass sich eine konstante Ozonkonzentration einstellt:

$$O_2 \xrightarrow{\text{UV-Strahlung}} 2\ \cdot\overline{\underline{O}}\cdot$$
$$\cdot\overline{\underline{O}}\cdot + O_2 \longrightarrow O_3$$
$$O_3 \xrightarrow{\text{UV-Strahlung}} O_2 + \cdot\overline{\underline{O}}\cdot$$

Reaktionen in ungestörter Atmosphäre führen zu konstanter Ozonkonzentration

Als 1987 über der Antarktis in den Monaten September und Oktober eine stark verringerte Ozonkonzentration gemessen wurde (**„Ozonloch"**), sind die *Chlorfluorkohlenwasserstoffe* (CFKW; häufig noch FCKW genannt) in Verdacht geraten, diese lebensnotwendige Schutzhülle um die Erde zu zerstören. Sie sind farb- und geruchlos, nicht ätzend, nicht brennbar, ungiftig und inert, d. h. reaktionsträge. Diese idealen Industriechemikalien schienen gefahrlos verwendbar als Treibmittel in Spraydosen, Kühlflüssigkeit in Kühlschränken, Reinigungsmittel für Platinen, Leder und Textilien und zum Aufschäumen von Kunststoffen, die als Dämmstoffe und Verpackungen dienen. Durch ihre Reaktionsträgheit reichern sich die CFKWs über Jahre hinweg an und gelangen allmählich auch in die Stratosphäre, in der sie das Ozongleichgewicht stören:

$$CFCl_3 \xrightarrow{\text{UV-Strahlung}} \cdot CFCl_2 + |\overline{\underline{Cl}}\cdot$$
$$|\overline{\underline{Cl}}\cdot + O_3 \longrightarrow ClO + O_2$$
$$ClO + \cdot\overline{\underline{O}}\cdot \longrightarrow O_2 + |\overline{\underline{Cl}}\cdot$$

Reaktionen nach der CFKW-Hypothese: 1 Chloratom kann auf katalytischem Weg bis 100 000 Ozonmoleküle zerstören

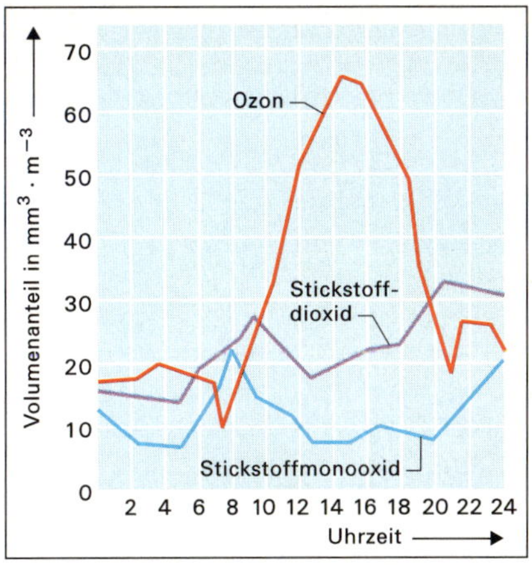

B 2 Schadstoffkonzentrationen an einem sonnigen Sommertag

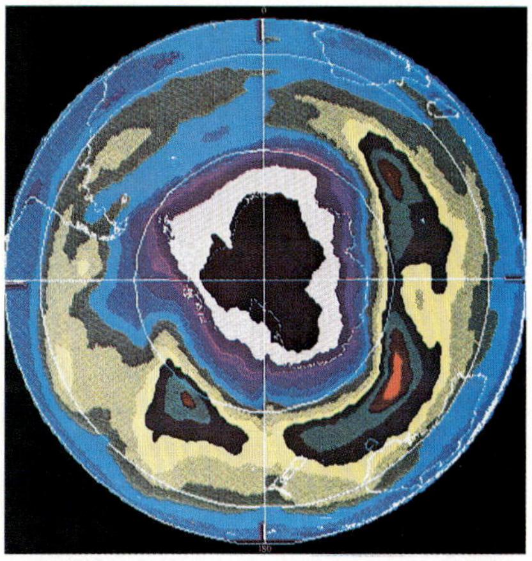

B 3 Ozonloch (schwarz, lila, violett). 15. 10. 1987

B 4 Entwicklung und Auswirkungen klimawirksamer Spurengase in der Atmosphäre (Übersicht)

Spurengas	chemische Formel	derzeitiger Volumenanteil	atmosphärische Verweilzeit	derzeitiger Zuwachs	zu erwartende Temperaturerhöhung *	wichtigste anthropogene Quellen
Kohlenstoffdioxid	CO_2	$360 \cdot 10^{-6}$	5 bis 10 a	$0{,}4\% \cdot a^{-1}$	2 bis 4 °C	fossile Brennstoffe, Waldrodungen, Bodenerosion
Ozon (nur bodennah)	O_3	$30 \cdot 10^{-9}$	30 bis 90 d	$1\% \cdot a^{-1}$	0,9 °C	indirekt aus Stickstoffoxiden, Kohlenstoffmonooxiden, Methan u. a. (Kraftverkehr, fossile Brennstoffe, Industrie)
Chlorfluorkohlenwasserstoffe	„CFKWs"	$0{,}4 \cdot 10^{-9}$	50 bis 100 a	$4\% \cdot a^{-1}$	0,5 °C (?)	Treibmittel in Sprühdosen, Kühlmittel, Kunststoffverschäumung
Distickstoffmonooxid	N_2O	$0{,}3 \cdot 10^{-6}$	20 bis 100 a	$0{,}25\% \cdot a^{-1}$	0,12 °C	Überdüngung, fossile Brennstoffe, Verbrennung von Biomasse
Methan	CH_4	$1{,}65 \cdot 10^{-6}$	4 bis 7 a	$1{,}5\% \cdot a^{-1}$	0,09 °C	Reisanbau, Großviehhaltung, Verbrennung von Biomasse, fossile Brennstoffe, Erdgaslecks
Ammoniak	NH_3	$<1 \cdot 10^{-9}$	7 bis 14 d	?	0,09 °C	Großviehhaltung, fossile Brennstoffe, Kläranlagen
Tetrachlormethan	CCl_4	$0{,}14 \cdot 10^{-9}$	?	?	0,06 °C	Reinigungsmittel, Industrie

* in dem Zeitraum, bis der CO_2-Volumenanteil $600 \cdot 10^{-6}$ erreicht hat

8.9 Schadstoffreduzierung von Kraftwerken

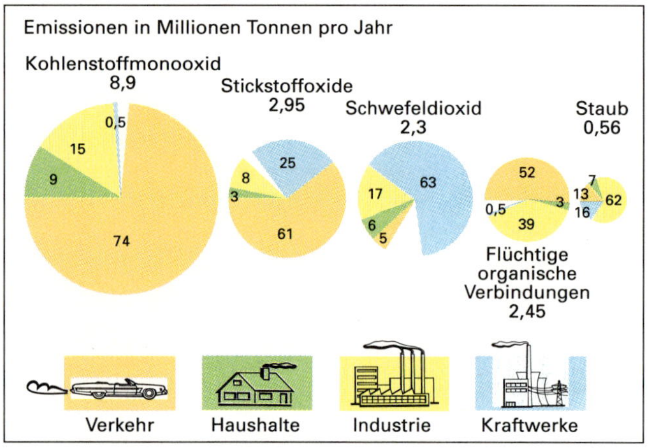

B 1 Ausmaß der Luftverschmutzung in der Bundesrepublik Deutschland 1986

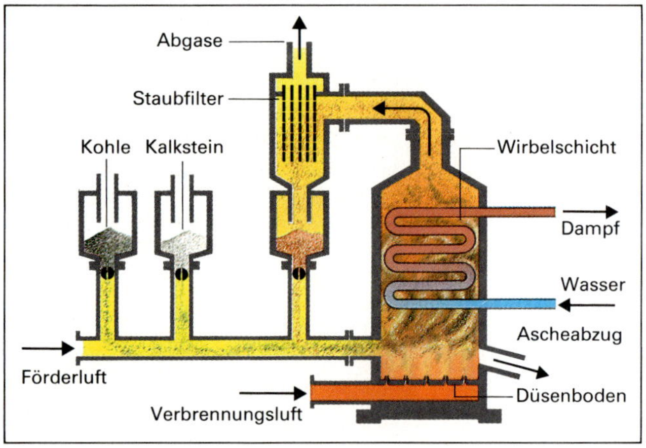

B 2 Wirbelschichtfeuerung schematisch

B 3 Funktionsweise einer Rauchgasentschwefelungsanlage

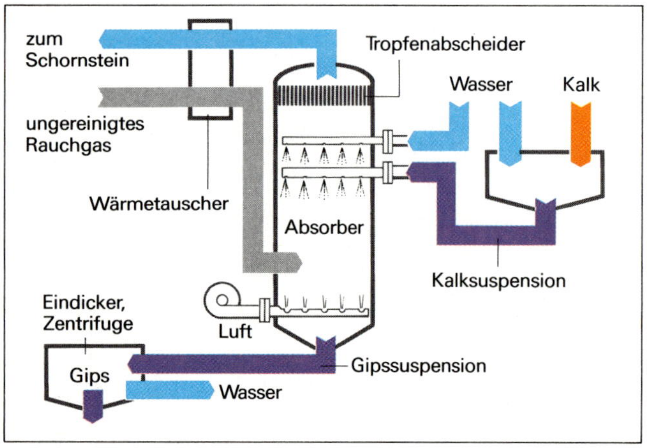

Belastungen durch Industrieanlagen. 1965 wurden in südskandinavischen Flüssen und Binnenseen erstmals größere Fischsterben beobachtet. Messungen ergaben bei den Niederschlägen pH-Werte von ungefähr 4. Dieser *saure Regen* wurde auf die „Politik der hohen Schornsteine" zurückgeführt: In den Ballungsgebieten Mitteleuropas hatte durch den Bau sehr hoher Schornsteine (200 bis 300 m) die Luftbelastung verringert werden sollen. Die Schadstoffe in den oberen Luftschichten werden so über große Entfernungen – auch über Ländergrenzen hinweg – transportiert.

Es waren daher vor allem die konventionellen Kraftwerke und Fernheizwerke gefordert, ihre Emissionen an Schwefeldioxid und Stickstoffoxiden durch **„Entschwefelung"** und **„Entstickung"** drastisch zu verringern.
Im Gegensatz zu Heizöl und Erdgas lässt sich Kohle nur schwer entschwefeln. Daher wurden verschiedene Verfahren zur Rauchgasentschwefelung entwickelt. Eine wirksame „Direktentschwefelung" in der Feuerung ist nur beim Wirbelschichtverfahren möglich.

Wirbelschichtfeuerung. Die Wirbelschichtfeuerung besitzt eine gewisse Umweltfreundlichkeit bei vergleichsweise geringen Kosten. Bei der Wirbelschichtfeuerung wird die aufbereitete Kohle in einer Wirbelschicht (▶ B 2), der Kalk zugesetzt wird, bei Temperaturen zwischen 800 °C und 900 °C verbrannt. Das entstehende *Schwefeldioxid* reagiert sofort mit dem Kalk und dem Sauerstoff zu *Gips*:

$$2\,SO_2(g) + 2\,CaCO_3(s) + O_2(g) \longrightarrow 2\,CaSO_4(s) + 2\,CO_2(g)$$

$$CaSO_4(s) + 2\,H_2O(l) \longrightarrow CaSO_4 \cdot 2\,H_2O(s)$$

Der entstehende Gips ist allerdings mit Schwermetallen belastet, so dass er deponiert werden muss. Wegen der vergleichsweise niedrigen Verbrennungstemperatur gehen auch die Stickstoffoxidemissionen zurück. In die Wirbelschicht tauchen Heizflächen ein, die wegen der sehr guten Wärmeübertragungsverhältnisse kompakt gehalten werden können. Neben den Vorteilen der Umweltfreundlichkeit und der kompakten Bauweise zeichnet sich die Wirbelschichtfeuerung dadurch aus, dass auch Kohlen mit einem hohen Gesteinsanteil eingesetzt werden können. Die Wirbelschichtfeuerung eignet sich besonders gut für die Wärmeerzeugung, z. B. in Blockheizwerken und Industriebetrieben.

„Rauchgasentschwefelung". Die meisten Kraftwerke besitzen eine Rauchgasentschwefelungsanlage („REA"). Beim Kalksteinverfahren (Nassverfahren) wird in **Absorbertürmen** dem Rauchgas eine wässrige Suspension von Kalksteinmehl entgegengesprüht.

$$SO_2(g) + CaCO_3(s) \xrightarrow{+H_2O} CaSO_3(s) + CO_2(g)$$

Schadstoffreduzierung von Kraftwerken

Das entstehende Calciumsulfit ($CaSO_3$) wird im unteren Teil des Turms mittels eingeblasener Luft zu Gips oxidiert, der getrocknet und zu *Pellets* verpresst wird.

$$2\,CaSO_3(s) + O_2(g) + 2\,H_2O(l) \longrightarrow 2\,CaSO_4 \cdot 2\,H_2O(s)$$

Der gebildete Gips ist schadstoffarm und kann deshalb weiterverarbeitet werden. Seit Juni 1988 darf die SO_2-Massenkonzentration im gereinigten Abgas nicht mehr als 15 % vom Ausgangswert betragen, höchstens jedoch 400 mg · m^{-3}. Bei neuen Anlagen gehen die Emissionen sogar von ca. 2000 auf 200 mg · m^{-3} zurück.

„Entstickung". Als 1983 neben dem Schwefeldioxid auch die Stickstoffoxide für die neuartigen Waldschäden verantwortlich gemacht wurden, kam die Forderung, bis 1988 bei den Kraftwerken, die fossile Brennstoffe verfeuern, einen Emissionswert für NO_x von 200 mg · m^{-3} zu erreichen. Durch niedrige Verbrennungstemperaturen – etwa in der Wirbelschichtfeuerung – lässt sich die NO_x-Emission deutlich verringern.

Der geforderte Grenzwert kann jedoch nur mit einer Stickstoffminderungsanlage (DENOX-Anlage, ▶ B 4) erreicht werden. Die Stickstoffoxide reagieren mit dem zugesetzten Ammoniak an einem Katalysator bei ca. 350 °C selektiv zu Stickstoff und Wasser.

$$4\,NO(g) + 4\,NH_3(g) + O_2(g) \longrightarrow 4\,N_2(g) + 6\,H_2O(l)$$
$$2\,NO_2(g) + 4\,NH_3(g) + O_2(g) \longrightarrow 3\,N_2(g) + 6\,H_2O(l)$$

Die Stickstoffoxidemission kann damit um 80% auf unter 200 mg · m^{-3} verringert werden.

Kostenstruktur. Ausreichende Umweltschutzmaßnahmen bilden bei der Errichtung eines Kraftwerks einen hohen Kostenanteil (▶ B 5). Bei Betrieb solch eines Kraftwerkes entfallen außerdem 25% der Stromerzeugungskosten auf Umweltschutzmaßnahmen.

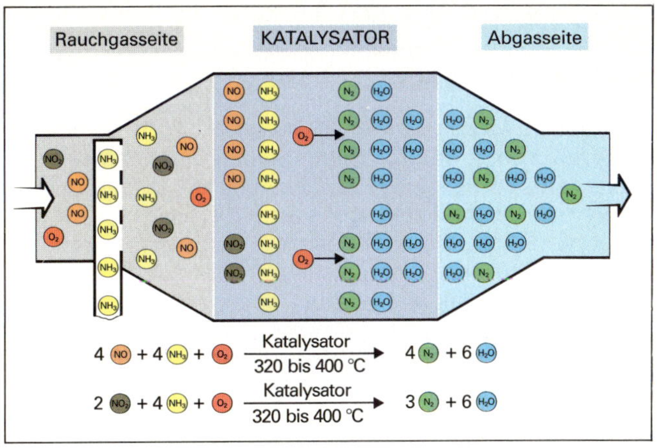

B 4 Funktionsschema einer DENOX-Anlage

V 1 Modellversuch zum Kalksteinverfahren. In einem Reaktionsrohr wird Schwefel verbrannt und das Verbrennungsgas mit einer Wasserstrahlpumpe durch eine Suspension von pulverisiertem Calciumcarbonat (1 g Calciumcarbonat auf 150 ml Wasser) unter ständigem Rühren gesaugt. Wenn die Suspension aufklart, wird das Einleiten des Gases sofort beendet. Durch die Lösung wird unter Rühren Luft gesaugt, bis ein Niederschlag entsteht. Er wird abfiltriert, in verdünnter Salzsäure aufgelöst und mit Bariumchloridlösung geprüft.

A 1 Berechnen Sie das Volumen von Schwefeldioxid, das maximal von 1 g Calciumcarbonat gebunden werden kann.

B 5 Kostenstruktur bei einem 750 Megawatt-Steinkohlekraftwerk (Stand 1983)

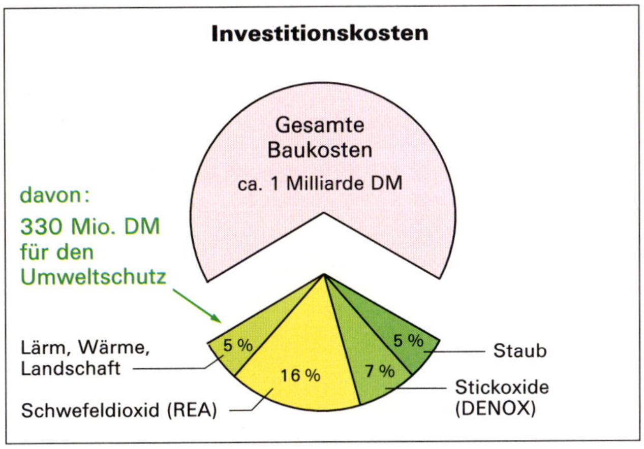

B 6 Funktionsschema eines emissionsarmen Kohlekraftwerks

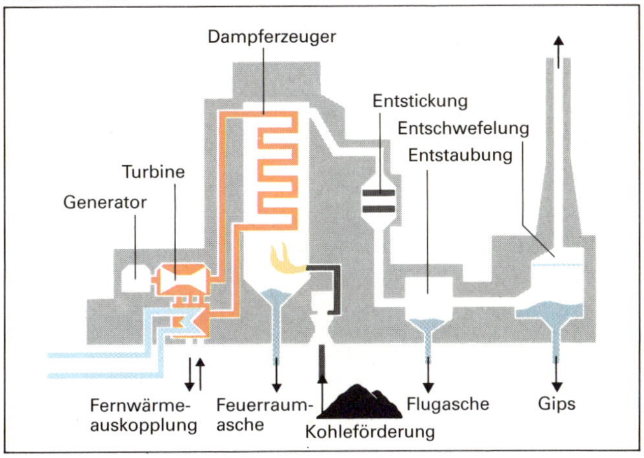

8.10 Schadstoffreduzierung bei Kraftfahrzeugabgasen

Belastungen durch den Verkehr. In Deutschland wächst der Kraftfahrzeugbestand weiterhin an. So kommt im Mittel ungefähr auf jeden zweiten Einwohner ein Personenkraftfahrzeug. Obwohl ständig sparsamere Motoren entwickelt wurden, gehören die Kraftfahrzeuge heute zu den größten Emittenten an *Stickstoffoxiden, Kohlenwasserstoffen* und *Kohlenstoffmonooxid*. Für die Verbrennung von 1 l Treibstoff werden etwa 10 000 l Luft benötigt, die nachher stark belastet den Auspuff verlassen. Der Grad der Belastung hängt unter anderem von der Einstellung des Motors ab. Deshalb werden in einer jährlichen **Abgasuntersuchung** (AU) die „Leerlaufdrehzahl", der Gehalt an Kohlenstoffmonooxid und die Zündung überprüft.

Das Gefährdungspotential durch Abgase aus dem Kraftfahrzeugverkehr ist für den Menschen als besonders hoch einzuschätzen, da diese Abgase im Gegensatz zu Industrie- und Haushaltsabgasen in sehr geringer Bodenhöhe emittiert werden. Besonders Kleinkinder sind daher hohen Immissionskonzentrationen ausgesetzt. In Innenstädten sind bei den Immissionswerten neben den Autos die Haushaltsfeuerungen mit etwa 2%, die Abgase aus Industriekaminen mit nur etwa 1% beteiligt.

Seit 1923 werden dem Benzin organische Bleiverbindungen (z. B. Tetraethylblei) zugesetzt, um dessen Klopffestigkeit zu erhöhen. Durch das Benzinbleigesetz wurde der Bleigehalt des Benzins ab 1. 1. 1972 auf $0{,}4\ g \cdot l^{-1}$, und ab 1. 1. 1976 auf $0{,}15\ g \cdot l^{-1}$ begrenzt. Die Einführung von bleifreiem Benzin verringert die Umweltbelastung durch bleioxidhaltigen Feinstaub aus dem Auspuff und führt so zu einer deutlichen Verminderung der Bleiionenkonzentrationen im Blut. Bleiionen sind starke Enzymgifte und führen vor allem zu Störungen der Hämoglobinsynthese, der Nierenfunktion und bei Kindern zu Leistungsminderungen im Zentralnervensystem.

An jeder Tankstelle gibt es *Super- und Normalbenzin*. Was hat es damit auf sich?

Die Verbrennung im Benzinmotor. Beim Verdichten des Benzin/Luft-Gemisches entsteht Wärme. Sie kann das Gemisch schon vor dem Auslösen des Zündfunkens durch Selbstentzündung zur Explosion bringen. Dadurch wird auf den Kolben zu früh ein starker Druck ausgeübt, der seine Aufwärtsbewegung hemmt. Solche Drucksteigerungen sind als **Klopfen** hörbar (▶ B 2). Klopfen verringert die Leistungsfähigkeit des Motors und erhöht den Verschleiß.

Die Klopffestigkeit von Benzin ist von seiner Zusammensetzung abhängig. In Motorbenzinen können mehr als 150 verschiedene Kohlenwasserstoffe nachgewiesen werden. Kettenförmige Alkane sind klopffreudig, da sie sich schon bei niederen Temperaturen entzünden. Alkane mit verzweigten Kohlenstoffketten sind umso klopffester, je mehr Verzweigungen das Molekül enthält. Um die Klopffestigkeit von Kraftstoffen vergleichen zu können, benutzt man das besonders klopffeste 2,2,4-Trimethylpentan (Isooctan) als *Maß für die Klopffestigkeit*. Es hat die **Octanzahl** 100. Das klopffreudige Normalheptan erhält die Octanzahl 0. Verhält sich ein Kraftstoff in einem Prüfmotor wie ein Gemisch aus 20 % Normalheptan und 80 % Isooctan, so hat der Kraftstoff die Octanzahl 80.

In Deutschland hat das Benzin etwa folgende Octanzahlen: *Normalbenzin* 90 bis 93, *Superbenzin* 96 bis 98. Ob ein Motor Super- oder Normalbenzin benötigt, hängt von seiner Verdichtung ab.

B 1 Emissionen aus einem Mittelklasse-Pkw bei konstanten Geschwindigkeiten (Prüfstand)

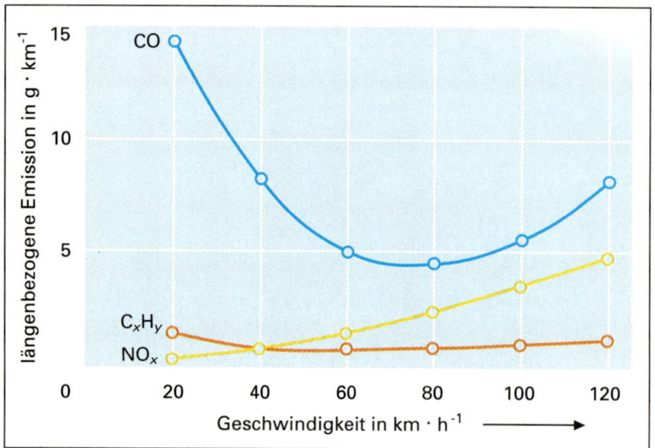

B 2 Verbrennung im Motor. Links: Auslösung durch Zündfunken. Rechts: Vorzeitige Selbstentzündung (Klopfen)

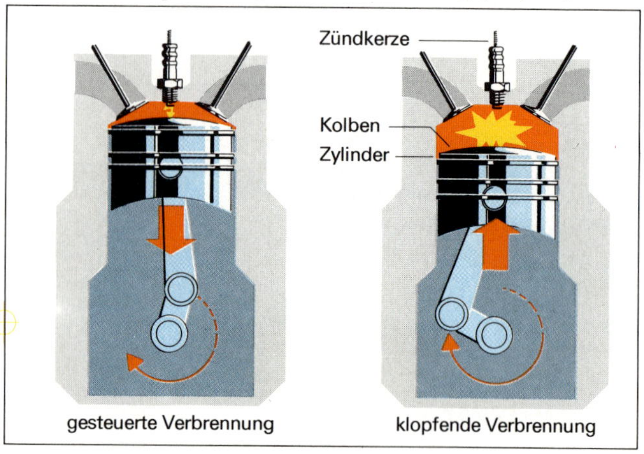

Schadstoffreduzierung bei Kraftfahrzeugabgasen

Erhöhung der Klopffestigkeit. Die bei der Erdöldestillation gewonnenen Benzinfraktionen enthalten überwiegend kettenförmige Alkane mit niedriger Octanzahl. Zur Erhöhung der Klopffestigkeit werden unverzweigte Alkane unter Einwirkung von Platinkatalysatoren Temperaturen von etwa 500 °C ausgesetzt und dabei in verzweigte und ringförmige Kohlenwasserstoffe umgewandelt. Dieser Vorgang heißt **Reformieren**.

Da hochverdichtete Motoren besonders klopffeste Kraftstoffe benötigen, fügt man dem reformierten Superbenzin heute noch giftige organische Bleiverbindungen zu (max. 0,15 Gramm pro Liter), die die Octanzahl und damit die Klopffestigkeit weiter erhöhen. Normalbenzin dagegen wird seit dem 1. 2. 1988 nur noch bleifrei hergestellt.

Die nötige Klopffestigkeit wird jedoch durch Zusatz der organischen Verbindung Benzol erzielt. Allein beim Tanken verdunsten damit in Deutschland jährlich etwa 60 000 t dieser giftigen und Krebs erzeugenden Substanz. 1990 wurde daher vom Umweltministerium eine Verordnung vorgelegt, die die Einführung einer so genannten Gasrückführ-Zapfpistole an allen Tankstellen vorsieht.

Dreiwegekatalysator. Mit einem **geregelten** *Dreiwegekatalysator* können die drei Hauptbestandteile (Kohlenstoffmonooxid, Stickstoffoxide, Kohlenwasserstoffe) im Abgas von Benzinmotoren um über 90% verringert werden. Voraussetzung ist dazu, dass das Benzin/Luft-Gemisch möglichst genau auf den stöchiometrischen Wert eingeregelt wird. Die **Luftzahl** λ (Lambda) beträgt dann 1. Bei Luftüberschuss entsteht ein *„mageres"* ($\lambda > 1$), bei Benzinüberschuss ein *„fettes" Gemisch* ($\lambda < 1$). ▶ B 3 zeigt den Verlauf der Schadstoffemission ohne Katalysator in Abhängigkeit von λ. Die **Sauerstoffsonde** oder **Lambdasonde** vor dem Katalysator misst im Abgas den Restsauerstoff. Für die Schadstoffumwandlung (**Konversion**) wird mithilfe der λ-Sonde abwechselnd ein oxidierendes ($\lambda > 1$) und ein reduzierendes ($\lambda < 1$) Milieu erzeugt. Bei $\lambda > 1$ werden Kohlenstoffmonooxid und Kohlenwasserstoffe oxidiert, bei $\lambda < 1$ entsteht ein höherer Anteil an Kohlenstoffmonooxid, der die Stickstoffoxide reduziert. Der Katalysator kann durch Fremdstoffe im Abgas „vergiftet" werden. Vor allem durch Bleiverbindungen im Benzin verlieren die Edelmetalle schnell ihre katalytische Wirkung sowie die λ-Sonde ihre Funktion.

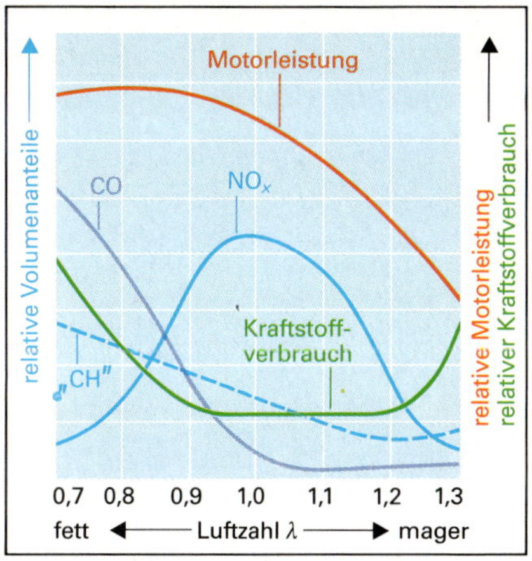

B 3 Schadstoffemission ohne Katalysator in Abhängigkeit von λ

Konvertierung der Kohlenwasserstoffe:

$C_7H_{16} + 11\ O_2 \longrightarrow 7\ CO_2 + 8\ H_2O$

$C_2H_6 + 4\ H_2O \longrightarrow 2\ CO_2 + 7\ H_2$

Konvertierung von Kohlenstoffmonooxid:

$2\ CO + O_2 \longrightarrow 2\ CO_2$

$CO + H_2O \longrightarrow CO_2 + H_2$

Konvertierung der Stickstoffoxide:

$2\ NO + 2\ CO \longrightarrow N_2 + 2\ CO_2$

$16\ NO + C_5H_{12} \longrightarrow 8\ N_2 + 6\ H_2O + 5\ CO_2$

$2\ NO + 2\ H_2 \longrightarrow N_2 + 2\ H_2O$

einige Nebenreaktionen:

$2\ SO_2 + O_2 \longrightarrow 2\ SO_3$

$SO_2 + 3\ H_2 \longrightarrow H_2S + 2\ H_2O$

$2\ NO + 5\ H_2 \longrightarrow 2\ NH_3 + 2\ H_2O$

$4\ NH_3 + 5\ O_2 \longrightarrow 4\ NO + 6\ H_2O$

$2\ H_2 + O_2 \longrightarrow 2\ H_2O$

B 4 Chemische Reaktionen am Abgaskatalysator

B 5 Schemabild eines Abgaskatalysators mit elektronenmikroskopischer Aufnahme des platinbeschichteten Keramikkörpers

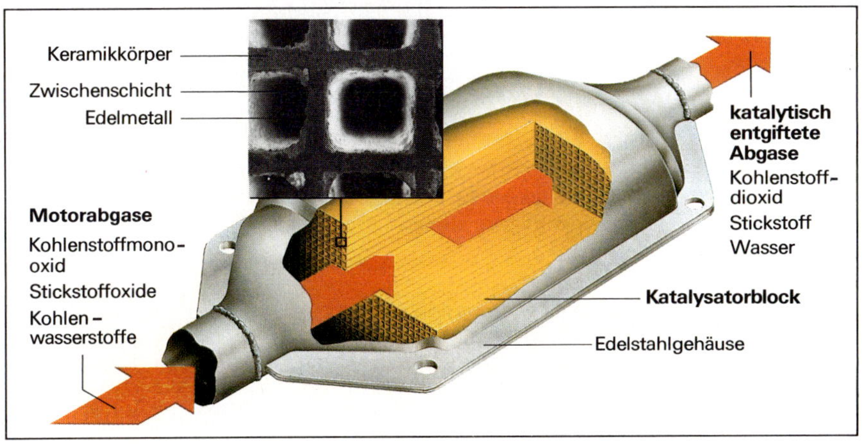

B 6 Schadstoffemission mit geregeltem Dreiwegekatalysator

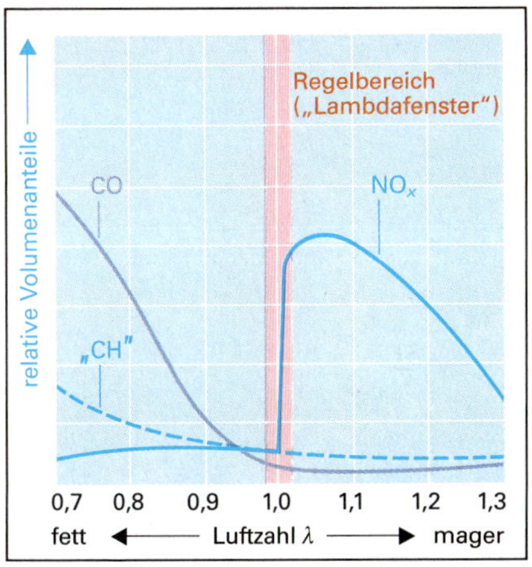

8.11 Überprüfung und Vertiefung

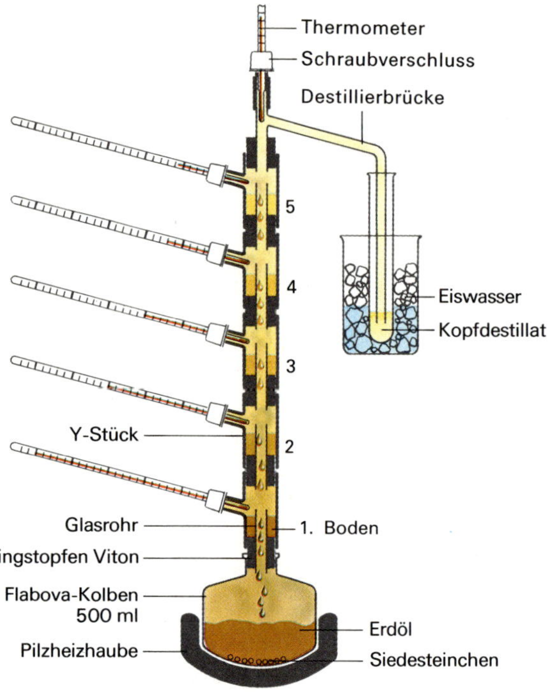

Destillat vom	Temperatur vor Probeentnahme	Dichte der Fraktion (g/cm³)
1. Boden	150 °C	0,73
2. Boden	100 °C	0,69
3. Boden	75 °C	0,67
4. Boden	60 °C	0,66
5. Boden	52 °C	0,64
Kolonnenkopf	46 °C	0,62

B 1 Zu Aufgabe 2

B 2 Zu Aufgabe 5

Energieträger	Weltreserven in Mrd. t Öleinheiten	Weltreserven in %	Weltförderung in Mrd. t Öleinheiten	Weltförderung in %
Erdöl	93,2	13,5	2,7	46,5
Erdgas	79,4	11,5	1,3	22,5
Kohle	452,1	65	1,8	31
Ölsande	41,1	6	–	–
Schieferöl	27,4	4	–	–
insgesamt	693,2	100	5,8	100

1 Erläutern und vergleichen Sie die wesentlichen Unterschiede in der Zusammensetzung von Erdgas, Erdöl und Steinkohle.

2 Durch Destillation kann Rohöl in verschiedene Kohlenwasserstoff-Fraktionen getrennt werden. Die Trennung wird verbessert, wenn einer ersten Destillation (Verdampfen – Kondensieren) weitere Destillationen nachfolgen. Eine solche stufenweise (fraktionierte) Destillation kann mit der in ▶ B 1 abgebildeten Apparatur im Schullabor durchgeführt werden.
In einem Versuch sind etwa 150 ml Rohöl mit der Pilzheizhaube langsam erwärmt worden. Nach etwa einer Stunde sind mit verschiedenen Spritzen, auf deren Kanülen dünne Schläuche steckten, Proben von den verschiedenen Böden entnommen und untersucht worden.
a) Welche Fraktionen sind überwiegend aus dem Rohöl durch diese Destillation gewonnen worden? Ziehen Sie zur Beantwortung auch ▶ B 2, ↗ Kap. 8.3, heran.
b) Welche ungefähren Flammtemperaturen werden die Fraktionen der einzelnen Böden haben?
c) Stellen Sie die Vorzüge heraus, die diese Apparatur (▶ B 1) gegenüber der einfachen Destillationsapparatur von ▶ B 1, ↗ Kap. 8.3, hat.
d) Warum ist die Trennleistung einer Glockenbodenkolonne, wie sie in ▶ B 3, ↗ Kap. 8.3, dargestellt ist, sehr viel größer als die der in ▶ B 1 dargestellten Apparatur?

3 Heizöl kann Schwefelverbindungen bis zu einem Massenanteil des Schwefels von 0,2% enthalten.
a) Berechnen Sie Masse und Volumen des jährlichen Schwefeldioxidausstoßes für einen Haushalt, der 3000 l Heizöl (ϱ(Heizöl) = 0,84 kg/l) im Jahr verbraucht.
b) Berechnen Sie die mittlere Schwefeldioxidemission pro Tag der Heizperiode.
c) Berechnen Sie, welches Luftvolumen täglich zum Verdünnen dieser Tagesemission auf den langfristigen Immissionsgrenzwert erforderlich ist.

4 Berechnen Sie das Luftvolumen, das benötigt wird, um die Emissionen eines Mittelklasse-Pkws bei 60 km/h und 120 km/h auf die Langzeitimmissionsgrenzwerte zu verdünnen.

5 Begründen Sie anhand von ▶ B 2, wie lange die heute bekannten Weltvorräte an fossilen Energieträgern bei gleichbleibender Förderung noch reichen.

Diese Begriffe sollten Ihnen etwas sagen:

Kohlenstoffgerüst, homologe Reihe, Nomenklatur, fraktionierte Destillation, Vakuumdestillation, Crackverfahren, Inkohlung, Emission, Emittent, Immission, MAK-Wert, MIK-Wert, ppm, ppb, saurer Regen, Trocken- und Nassdeposition, London-Smog, Inversionswetterlage, Spurengas, Treibhauseffekt, fotochemischer Smog, Entschwefelung, Entstickung, Wirbelschichtverfahren, Dreiwegekatalysator.

Hinweise zur Vermeidung von Unfällen beim Experimentieren

Experimentieren macht Freude. Schwere Verletzungen und Unfälle können diese Freude trüben und sogar zu dauerhaften Gesundheitsschäden führen. Durch sorgfältige Beachtung der Regeln zum Experimentieren lassen sich Unfälle ausschließen und zudem bessere Ergebnisse erzielen.

Vor der Versuchsdurchführung

- Versuchsanleitung sorgfältig lesen und besprechen
- Mit dem Experimentieren erst auf Anweisung des Lehrers bzw. der Lehrerin beginnen
- Die Anlagen für Gas, Wasser und elektrischen Strom erst mit Genehmigung des Lehrers bedienen
- Geräte und Chemikalien vor Versuchsbeginn auf Sauberkeit und einwandfreie Beschaffenheit überprüfen und auf dem Arbeitsplatz in der Mitte bereitstellen
- Längere Haare zusammenbinden (Brandgefahr!)
- Taschen und Kleidungsstücke aus dem Experimentierbereich entfernen
- Schutzbrille aufsetzen und ggf. Schürze anlegen
- Auf keinen Fall darf im Experimentierraum gegessen oder getrunken werden

Während der Versuchsdurchführung

- Versuchsanleitung genau einhalten, so dass das Experiment gefahrlos und erfolgreich verläuft
- Auch kleinere Versuchsapparaturen mit Stativmaterial sicher befestigen
- Schläuche kurz und sicher verlegen (Brenner!)
- Glasrohre und Thermometer unter Drehen in Stopfen einführen und Glycerin als Gleitmittel verwenden
- Reagenzgläser nur bis zur Hälfte füllen, beim Erhitzen leicht schütteln und niemals mit der Öffnung auf Personen richten
- Größere Portionen und starkes Erhitzen nur unter Verwendung von Siedesteinchen
- Pipettieren mit dem Mund ist verboten

Umgang mit Chemikalien

- Chemikalien dürfen niemals in Lebensmittelbehältern aufbewahrt werden
- Chemikalienbehälter müssen dauerhaft und eindeutig beschriftet sein
- Chemikalienbehälter mit gefährlichem Inhalt sind durch internationale Gefahrensymbole gekennzeichnet
- Sparsamster Gebrauch von Chemikalien vermindert Kosten, Gefahren und Umweltbelastung
- Die Chemikalienflasche wird zum Öffnen mit dem Etikett zur Hand und mit der Flaschenöffnung vom Gesicht weggehalten. Der Stopfen wird umgekehrt auf den Tisch gelegt. Nach der Entnahme wird die Flasche sofort wieder verschlossen
- Einmal entnommene Chemikalien werden niemals in den Behälter zurückgegeben
- Geruchsproben werden nur nach Aufforderung durch den Lehrer durchgeführt

Nach der Versuchsdurchführung

- Chemikalienreste werden grundsätzlich nicht in den Abguss gegeben sondern den vom Lehrer dafür bereitgestellten Gefäßen zugeführt
- Feste Gegenstände (z. B. Filterpapier) werden in nicht brennbare Abfallbehälter, Glasbruch in den Sammelbehälter gegeben
- Gebrauchte Gefäße werden gespült, getrocknet und weggeräumt
- Labortische werden gereinigt. Gas- und Wasserhähne werden überprüft

Richtiges Experimentieren verhindert Verletzungen

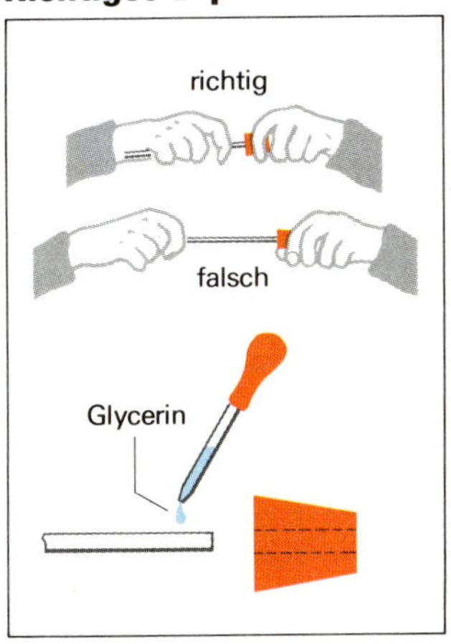

Internationale Gefahrensymbole kennzeichnen gefährliche Stoffe

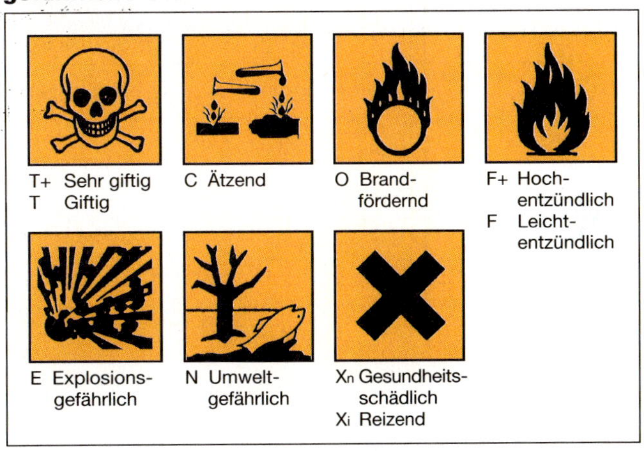

Tabellen

Dezimale Vielfache und Teile von Einheiten

Vorsatz		Faktor
p	Piko	10^{-12}
n	Nano	10^{-9}
µ	Mikro	10^{-6}
m	Milli	10^{-3}
c	Zenti	10^{-2}
d	Dezi	10^{-1}
da	Deka	10
h	Hekto	10^{2}
k	Kilo	10^{3}
M	Mega	10^{6}

Griechische Zahlwörter
(nach chemischer Nomenklatur)

½	hemi	10	deca
1	mono	11	undeca
2	di	12	dodeca
3	tri	13	trideca
4	tetra	14	tetradeca
5	penta	15	pentadeca
6	hexa	16	hexadeca
7	hepta	17	heptadeca
8	octa	18	octadeca
9	nona	19	enneadeca
10	deca	20	eicosa

Griechisches Alphabet

Α	α	Alpha	Ν	ν	Ny
Β	β	Beta	Ξ	ξ	Xi
Γ	γ	Gamma	Ο	ο	Omikron
Δ	δ	Delta	Π	π	Pi
Ε	ε	Epsilon	Ρ	ϱ	Rho
Ζ	ζ	Zeta	Σ	σ (ς)	Sigma
Η	η	Eta	Τ	τ	Tau
Θ	ϑ (θ)	Theta	Υ	υ	Ypsilon
Ι	ι	Jota	Φ	φ	Phi
Κ	ϰ	Kappa	Χ	χ	Chi
Λ	λ	Lambda	Ψ	ψ	Psi
Μ	µ	My	Ω	ω	Omega

Größen und Einheiten

Größe				Einheit(en)	
Name	Zeichen	Beziehung	Erläuterungen	Name	Zeichen
Masse	m			Gramm Kilogramm	g kg
Volumen	V		Produkt aus drei Längen	Kubik[zenti]meter Liter Milliliter	$[c]m^3$ $1\,l = 1\,dm^3$ $1\,ml = 1\,cm^3$
Anzahl	N			Eins	1
Stoffmenge	n	$n = \frac{N}{N_A}$	$N_A = 6{,}022 \cdot 10^{23}$/mol (Avogadro-Konstante)	Mol	mol
Dichte	ϱ	$\varrho = \frac{m}{V}$	m: Masse der Stoffportion V: Volumen der Stoffportion		g/cm^3 $1\,g/l = 0{,}001\,g/cm^3$
molare Masse	M	$M = \frac{m}{n}$	m: Masse der Reinstoffportion n: Stoffmenge der Reinstoffportion		g/mol
molares Volumen	V_m	$V_m = \frac{V}{n}$	V: Volumen der Reinstoffportion n: Stoffmenge der Reinstoffportion		l/mol
Stoffmengen-konzentration	c	$c = \frac{n}{V}$	n: Stoffmenge einer Teilchenart V: Volumen der Mischung		mol/l
Massenanteil	w	$w_1 = \frac{m_1}{m_s}$	m_1: Masse des Bestandteils 1 m_s: Summe aller Massen	Prozent	1 $1\% = \frac{1}{100}$
Volumenanteil	φ	$\varphi_1 = \frac{V_1}{V_s}$	V_1: Volumen des Bestandteils 1 V_s: Summe aller Volumina vor dem Mischen	Prozent	1 $1\% = \frac{1}{100}$
Kraft	F	$F = m \cdot a$	a: Beschleunigung	Newton	$1\,N = 1\,\frac{kg \cdot m}{s^2}$
Druck	p	$p = \frac{F}{A}$	A: Flächeninhalt	Pascal Bar Millibar	$1\,Pa = 1\,\frac{N}{m^2}$ $1\,bar = 10^5\,Pa$ mbar
Energie	E	$W = F \cdot s$	Energie ist Fähigkeit zur Arbeit W s: Weglänge	Joule Kilojoule	$1\,J = 1\,N \cdot m$ kJ
Celsiustemperatur	t, ϑ			Grad Celsius	°C
thermodynamische Temperatur	T	$T = t + 273{,}15\,K$		Kelvin	K
elektrische Ladung	Q			Coulomb	C
elektrische Stromstärke	I	$I = \frac{Q}{t}$	Q: Ladung t: Zeit	Ampere	$1\,A = 1\,\frac{C}{s}$

Tabellen

Bindung	Bindungslänge pm	Bindungsenergie $kJ \cdot mol^{-1}$
H–H	74	−436
F–F	142	−159
Cl–Cl	199	−242
Br–Br	228	−193
I–I	267	−151
C–C	154	−346
Si–Si	232	−176
S–S	205	−255
P–P	221	−201

Bindung	Bindungslänge pm	Bindungsenergie $kJ \cdot mol^{-1}$
H–F	92	−567
H–Cl	128	−431
H–Br	141	−366
H–I	160	−298
H–O	96	−464
H–N	101	−390
H–S	135	−347
C–Cl	177	−327
C–Br	194	−210

Elektronegativitäten

Periode	Gruppe I	II	III	IV	V	VI	VII	VIII
1	H 2,1							He
2	Li 1,0	Be 1,5	B 2,0	C 2,5	N 3,0	O 3,5	F 4,0	Ne
3	Na 0,9	Mg 1,2	Al 1,5	Si 1,8	P 2,1	S 2,5	Cl 3,0	Ar
4	K 0,8	Ca 1,0	Ga 1,6	Ge 1,8	As 2,0	Se 2,4	Br 2,8	Kr
5	Rb 0,8	Sr 1,0	In 1,7	Sn 1,8	Sb 1,9	Te 2,1	I 2,5	Xe
6	Cs 0,7	Ba 0,9	Tl 1,8	Pb 1,8	Bi 1,9	Po 2,0	At 2,2	Rn
7	Fr 0,7	Ra 0,9						

Wichtige Stoffe und Ionen

Säuren		Anionen		Salze	
Salzsäure	HCl	Chloridion	Cl^-	Natriumchlorid	$NaCl$
Schwefelsäure	H_2SO_4	Hydrogensulfation	HSO_4^-	Natriumhydrogensulfat	$NaHSO_4$
		Sulfation	SO_4^{2-}	Natriumsulfat	Na_2SO_4
Schweflige Säure	H_2SO_3	Hydrogensulfition	HSO_3^-	Natriumhydrogensulfit	$NaHSO_3$
		Sulfition	SO_3^{2-}	Natriumsulfit	Na_2SO_3
Salpetersäure	HNO_3	Nitration	NO_3^-	Natriumnitrat	$NaNO_3$
Salpetrige Säure	HNO_2	Nitrition	NO_2^-	Natriumnitrit	$NaNO_2$
Kohlensäure	H_2CO_3	Hydrogencarbonation	HCO_3^-	Natriumhydrogencarbonat	$NaHCO_3$
		Carbonation	CO_3^{2-}	Natriumcarbonat	Na_2CO_3
Phosphorsäure	H_3PO_4	Dihydrogenphosphation	$H_2PO_4^-$	Natriumdihydrogenphosphat	NaH_2PO_4
		Hydrogenphosphation	HPO_4^{2-}	Natriumhydrogenphosphat	Na_2HPO_4
		Phosphation	PO_4^{3-}	Natriumphosphat	Na_3PO_4
Orthokieselsäure	H_4SiO_4	Silication	SiO_4^{4-}	Natriumsilicat	Na_4SiO_4

Moleküle				Laugen		Ionen	
Schwefeldioxid	SO_2			Natronlauge	$NaOH$	Hydroxidion	OH^-
Schwefeltrioxid	SO_3			Kalilauge	KOH	Oxoniumion	H_3O^+
Schwefelwasserstoff	H_2S	Hydrogensulfidion	HS^-	Kalklauge	$Ca(OH)_2$	Permanganation	MnO_4^-
		Sulfidion	S^{2-}	Barytlauge	$Ba(OH)_2$	Silberion	Ag^+
Kohlenstoffdioxid	CO_2					Kupfer(II)-Ion	Cu^{2+}
Kohlenstoffmonooxid	CO					Eisen(II)-Ion	Fe^{2+}
Ammoniak	NH_3	Ammoniumion	NH_4^+			Eisen(III)-Ion	Fe^{3+}
Stickstoffdioxid	NO_2						
Stickstoffmonooxid	NO						
Wasserstoffperoxid	H_2O_2						
Methan	CH_4						

Chemische Elemente

Die Elemente mit den Ordnungszahlen 60 bis 71 und 93 bis 105 sind nicht aufgeführt.
Eine Zusammenstellung aller Elemente befindet sich im Periodensystem am Ende des Buches.

Elementname	Zeichen	Ordnungszahl	Atommasse in u	Dichte [1] in g/cm^3 (Gase: g/l)	Schmelztemperatur in °C	Siedetemperatur in °C
Actinium	Ac	89	227,0278	10,1	1050	3200
Aluminium	Al	13	26,9815	2,70	660	2467
Antimon	Sb	51	121,757	6,68	630	1750
Argon	Ar	18	39,948	1,66	−189	−186
Arsen	As	33	74,9216	5,72	613 s	817 p
Astat	At	85	210,0	–	302	337
Barium	Ba	56	137,33	3,51	725	1640
Beryllium	Be	4	9,0122	1,85	1278	2970
Bismut	Bi	83	208,9804	9,8	271	1560
Blei	Pb	82	207,2	11,4	327	1740
Bor	B	5	10,811	2,34	2300	2550 s
Brom	Br	35	79,904	3,12	−7	59
Cadmium	Cd	48	112,41	8,65	321	765
Caesium	Cs	55	132,9054	1,88	28	669
Calcium	Ca	20	40,078	1,54	839	1484
Cer	Ce	58	140,116	6,65	799	3426
Chlor	Cl	17	35,453	2,95	−101	−35
Chrom	Cr	24	51,9961	7,20	1857	2672
Cobalt	Co	27	58,9332	8,9	1495	2870
Eisen	Fe	26	55,847	7,86	1535	2750
Fluor	F	9	18,9984	1,58	−219	−188
Francium	Fr	87	223,0	–	27	677
Gallium	Ga	31	69,723	5,90	30	2403
Germanium	Ge	32	72,6	5,32	937	2830
Gold	Au	79	196,9665	19,32	1064	3080
Hafnium	Hf	72	178,49	13,3	2227	4602
Helium	He	2	4,0026	0,17	−272 p	−269
Indium	In	49	114,818	7,30	156	2080
Iod	I	53	126,9045	4,93	113	184
Iridium	Ir	77	192,22	22,41	2410	4130
Kalium	K	19	39,0983	0,86	63	760
Kohlenstoff	C	6	12,0107	2,25 [2]	3650 [2]	4827
Krypton	Kr	36	83,80	3,48	−157	−152
Kupfer	Cu	29	63,546	8,92	1083	2567
Lanthan	La	57	138,9055	6,17	921	3457
Lithium	Li	3	6,941	0,53	180	1342
Magnesium	Mg	12	24,305	1,74	649	1107
Mangan	Mn	25	54,938	7,20	1244	1962
Molybdän	Mo	42	95,94	10,2	2610	5560
Natrium	Na	11	22,9898	0,97	98	883
Neon	Ne	10	20,179	0,84	−249	−246
Nickel	Ni	28	58,6934	8,90	1455	2730
Niob	Nb	41	92,9064	8,57	2468	4742
Osmium	Os	76	190,23	22,5	2700	5300
Palladium	Pd	46	106,4	12,0	1554	2970
Phosphor	P	15	30,9738	1,82 [3]	44 [3]	280
Platin	Pt	78	195,078	21,4	1772	3827
Polonium	Po	84	209,0	9,4	254	962
Praseodym	Pr	59	140,9077	6,77	931	3512
Protactinium	Pa	91	231,03588	15,4	–	–
Quecksilber	Hg	80	200,59	13,55	−39	356
Radium	Ra	88	226,0254	5,0	700	1140
Radon	Rn	86	222,0	9,23	−71	−62
Rhenium	Re	75	186,207	20,5	3180	5627
Rhodium	Rh	45	102,9055	12,4	1966	3727
Rubidium	Rb	37	85,4678	1,53	39	686
Ruthenium	Ru	44	101,07	12,3	2310	3900
Sauerstoff	O	8	15,9994	1,33	−219	−183
Scandium	Sc	21	44,9559	3,0	1541	2831
Schwefel	S	16	32,066	2,07	119	444
Selen	Se	34	78,96	4,81	217	685
Silber	Ag	47	107,868	10,5	962	2212
Silicium	Si	14	28,0855	2,32	1410	2355
Stickstoff	N	7	14,0067	1,17	−210	−196
Strontium	Sr	38	87,62	2,60	769	1384
Tantal	Ta	73	180,9479	16,6	2996	5425
Technetium	Tc	43	98,9062	11,5	2172	4877
Tellur	Te	52	127,60	6,0	449	990
Thallium	Tl	81	204,37	11,8	303	1457
Thorium	Th	90	232,0381	11,7	1750	4790
Titan	Ti	22	47,88	4,51	1660	3287
Uran	U	92	238,029	19,0	1132	3818
Vanadium	V	23	50,9415	5,96	1890	3380
Wasserstoff	H	1	1,0079	0,083	−259	−253
Wolfram	W	74	183,84	19,3	3410	5660
Xenon	Xe	54	131,30	5,49	−112	−107
Yttrium	Y	39	88,9059	4,47	1522	3338
Zink	Zn	30	65,39	7,14	419	907
Zinn	Sn	50	118,71	7,30	232	2270
Zirconium	Zr	40	91,224	6,49	1852	4377

[1] Dichteangaben für 20 °C und 1013 hPa

[2] Angaben gelten für Graphit;
Diamant: Schmelztemp. 3550, Dichte 3,51

[3] Angaben gelten für Weißen Phosphor;
Roter Phosphor: Schmelztemp. 590 p, Dichte 2,34

s = sublimiert
p = unter Druck
– = Werte nicht bekannt

Stichwortregister

Stichwortregister

Foto informiert über
- Aussehen und Aggregatzustand
- Metall- bzw. Nichtmetallcharakter
- wichtige Modifikationen
- besondere Reaktivität gegenüber Luft bzw. Luftfeuchtigkeit (Art der Aufbewahrung)
- Farbe der Gasdruckflaschen

rot: brennbar	grau: nicht brennbar
blau: Sauerstoff	grün: Stickstoff

Beispiel: 23,0 11 Na

Elementsymbol

Ordnungszahl

mittlere Atommasse in u

1600 226 88 Ra

	I 1	II 2	3 III A	4 IV A	5 V A	6 VI A	7 VII A	8	9 VIII
1	1,0 1 H								
2	6,9 3 Li	9,0 4 Be							
3	23,0 11 Na	24,3 12 Mg							
4	39,1 19 K	40,1 20 Ca	45,0 21 Sc	47,9 22 Ti	50,9 23 V	52,0 24 Cr	54,9 25 Mn	55,8 26 Fe	58,9 27 C
5	85,5 37 Rb	87,6 38 Sr	88,9 39 Y	91,2 40 Zr	92,9 41 Nb	95,9 42 Mo	4,2·10⁶a 98 43 Tc	101,1 44 Ru	102,9 45 R
6	132,9 55 Cs	137,3 56 Ba	138,9 57 La	178,5 72 Hf	180,9 73 Ta	183,8 74 W	186,2 75 Re	190,2 76 Os	192,2 77 Ir
7	22 min 223 87 Fr	1600 a 226 88 Ra	22 a 227 89 Ac	65 s 261 104 Rf	34 s 262 105 Db	21 s 266 106 Sg	440 ms 264 107 Bh	9,3 s 269 108 Hs	70 m 268 109 M

138,9 57 La	140,1 58 Ce	140,9 59 Pr	144,2 60 Nd	18 a 145 61 Pm	150,4 62 Sm	152,0 63
22 a 227 89 Ac	$1{,}4 \cdot 10^{10}$ a 232 90 Th	$3{,}3 \cdot 10^{4}$ a 231 91 Pa	$4{,}5 \cdot 10^{9}$ a 238 92 U	$2{,}1 \cdot 10^{6}$ a 237 93 Np	$8{,}0 \cdot 10^{7}$ a 244 94 Pu	74 243 95

Periodensystem der Elemente